U0296005

上海高校市级重点课程配套教材

数字化电力装备
——智能巡检技术

刘亚东　严英杰　裴　凌　姚林朋◎主编

上海交通大学出版社
SHANGHAI JIAO TONG UNIVERSITY PRESS

内容简介

本书是为适应新形势下的教学要求而编写的教材。本书力图以简洁、通俗的语言介绍电力行业智能技术,为学生之后学习其他课程打下坚实的基础。本书除了基础的电力系统知识之外,还增加了一些关于虚拟场景漫游、设备多层级建模、虚拟仿真等前沿技术在机器人方面的应用,旨在让学生紧跟时代潮流,了解前沿技术。本书论述清楚,逻辑严谨,内容深入浅出。全书共 5 章,内容涵盖电力行业智能技术的现状与发展趋势、变电站三维虚拟仿真技术、智能巡检装备控制交互技术、电力设备状态智能感知技术等专题。本书可作为电气工程及其他相关专业教学用书,也可供电力行业技术人员参考学习。

图书在版编目(CIP)数据

数字化电力装备:智能巡检技术/刘亚东等主编.

上海:上海交通大学出版社,2024.12—ISBN 978 - 7 - 313 - 31706 - 3

Ⅰ. TM407

中国国家版本馆 CIP 数据核字第 2024JX5477 号

数字化电力装备——智能巡检技术
SHUZIHUA DIANLI ZHUANGBEI——ZHINENG XUNJIAN JISHU

主　　编:	刘亚东　严英杰　裴　凌　姚林朋		
出版发行:	上海交通大学出版社	地　　址:	上海市番禺路 951 号
邮政编码:	200030	电　　话:	021 - 64071208
印　　制:	苏州市古得堡数码印刷有限公司	经　　销:	全国新华书店
开　　本:	710mm×1000mm　1/16	印　　张:	23.5
字　　数:	430 千字		
版　　次:	2024 年 12 月第 1 版	印　　次:	2024 年 12 月第 1 次印刷
书　　号:	ISBN 978 - 7 - 313 - 31706 - 3		
定　　价:	54.00 元		

版权所有　侵权必究

告读者:如发现本书有印装质量问题请与印刷厂质量科联系

联系电话: 0512 - 65896959

"新工科工程实践与科技
创新系列教材"编委会

主　任　裴　凌

编　委　刘亚东　刘彦博　时良仁　汪洋堃　姚林朋
　　　　乔树通　严英杰

本书编委会

组　编　上海交通大学电子信息与电气工程学院

主　编　刘亚东　上海交通大学电子信息与电气工程学院
　　　　　严英杰　上海交通大学电子信息与电气工程学院
　　　　　裴　凌　上海交通大学电子信息与电气工程学院
　　　　　姚林朋　上海交通大学电子信息与电气工程学院

参　编　宋晟炜　上海交通大学电子信息与电气工程学院
　　　　　冯　琳　上海交通大学电子信息与电气工程学院
　　　　　李　喆　上海交通大学电子信息与电气工程学院
　　　　　江俊杰　上海交通大学电子信息与电气工程学院
　　　　　许永鹏　上海交通大学电子信息与电气工程学院
　　　　　江秀臣　上海交通大学电子信息与电气工程学院
　　　　　邓　军　中国南方电网有限责任公司超高压输电公司电力科研院
　　　　　谢志成　中国南方电网有限责任公司超高压输电公司电力科研院
　　　　　张　巍　南方电网科学研究院有限责任公司
　　　　　程建伟　南方电网科学研究院有限责任公司
　　　　　张　帅　南方电网科学研究院有限责任公司

前　言

随着科技的不断进步和社会不断发展提出的新需要,电力行业正经历着前所未有的变革。在这一变革中,新技术的应用和创新成为推动行业发展的关键因素。特别是智能技术、虚拟场景搭建、设备建模和虚拟仿真等领域,其在电力行业中的应用不仅提高了运维效率,还为电力系统的安全稳定运行提供了有力保障。

本书为"新工科工程实践与科技创新系列教材"之一,该系列教材服务于上海交通大学电子信息与电气工程学院"工程实践与科技创新"系列课程教学。"工程实践与科技创新"系列课程入选 2024 年度上海高校市级重点课程,该课程是基于电院优势学科、优质教师资源以及现有科创实践基础打造的一系列创新课程,旨在促进大电类学科交叉融合,培养具有广泛创新能力和实践动手能力的优秀学生。

本书的主要特点如下。

(1) 本书聚焦于电力行业智能技术的现状与发展趋势、变电站三维虚拟仿真、智能巡检装备控制交互技术、电力设备状态智能感知技术以及应用场景等前沿科技领域。对于这些前沿科技领域学生可能会在学习过程中遇到困难,所以本书在介绍相关技术难点时从实例出发,让学生可以更好地理解相关知识。

(2) 本书涉及机器人、人工智能、传感器技术、定位导航技术和自主移动平台等内容,这些内容都是目前高校、科研院所和创新企业关注的前沿热点,是推动科研创新和教学改革的重要方向。本书讲解深入浅出,作者结合长期的科研和教学经验,在本书中介绍相关原理及基础知识的同时,融入应用场景和实践案例,旨在为有电类学科背景的学生,以及对无人系统、智能感知等技术感兴趣的学习者提供知识宝库。

(3) 本书在介绍变电站模型搭建时将每一步的步骤都解释得十分详细,学生可以在进行实机操作时按照书中介绍的过程与步骤一步步进行。每一位学生都能成功搭建自己设计的变电站。

本书的编写和出版得到了作者所在单位上海交通大学电子信息与电气工程

学院的大力支持,作者表示衷心感谢。此外,还有不少同事和研究生对本书的编写给予了热情支持和帮助,作者在此一并表示由衷的感谢。

由于编者水平有限,本书内容的深度和广度尚存在欠缺,欢迎广大同仁、读者予以批评指正。

编　者

目 录

CONTENTS

第1章 电力系统概述

在详细讨论变电站与电力设备巡检技术之前，我们要先搞清楚，什么是电力系统。

电力系统主要包括发电、输电、变电、配电和用电等电能生产与消费的环节，除此之外，还包含为保障其正常运行所需的调节控制及继电保护和安全自动装置、计量装置、调度自动化、电力通信等二次设施，由这些部分构成了一个完整的电力系统，如图1.1所示。它的功能是将自然界的一次能源通过发电动力装置（锅炉、汽轮机、发电机及电厂辅助生产系统等）转化成电能，经输、变电系统及配电系统将电能供应到各负荷中心，再通过各种设备转换成动力、热、光等不同形式的能量，为地区经济和人民生活服务。由于电源点与负荷中心多数处于不同地区，也无法大量储存，故其生产、输送、分配和消费都在同一时间内完成，并在同一地域内有机地组成一个整体，电能生产必须时刻与消费保持平衡。电能的集中开发与分散使用，以及电能的连续供应与负荷的随机变化，制约了电力系统的结构和运行。据此，电力系统要实现其功能，就需要在各个环节和不同层次设置相应的信息与控制系统，以便对电能的生产和输运过程进行测量、调节、控制、保护、通信和调度，确保用户获得安全、经济、优质的电能。

图1.1 电力系统组成

以下就分别从发电、输电、变电、配电和用电这 5 个角度入手，详细介绍电力系统的构成与实际应用。

1.1 ▶ 发电系统

发电系统是整个电力系统的核心，它负责将一次能源转化为电能，以满足社会的能源需求。发电系统由发电厂、发电机、输电线路和变电所等设施组成，它们协同工作以生产和输送电力。不同的发电方式，如燃煤发电、燃气发电、核能发电、水力发电和风力发电等，各有特点和优缺点，需要根据实际情况进行选择和配置。了解发电系统的组成、工作原理和运行方式对于更好地理解电力系统的运行和发展具有重要意义。

1.1.1 发电系统的组成

发电系统通常由以下部分组成。

（1）一次能源系统：包括各种能源转换系统和能源传输系统。例如，在火力发电中，需要先将化石燃料（如煤、石油或天然气）转化为热能，再转化为机械能，最后转化为电能。在风力发电中，风力驱动风车叶片旋转，通过变速器和发电机将机械能转化为电能。

（2）输配电系统：发电厂产生的电能需要通过输电线路输送到用电地区，再通过配电线路分配到各个用户。输配电系统包括变压器、输电线路、配电线路以及无功补偿系统等。

（3）控制系统：发电系统需要控制系统来进行电力生产、传输和分配。控制系统包括各种自动化设备和系统，如分布式控制系统（DCS）、可编程逻辑控制器（PLC）等，用于监测和控制发电系统的运行。

（4）保护系统：发电系统需要保护系统来确保电力生产和传输的安全。保护系统包括各种继电保护装置、自动重合闸装置等，用于监测发电系统的运行状态，确保能够及时发现异常情况并进行处理。

（5）辅助系统：发电系统还需要辅助系统来支持其运行。例如，水处理系统用于处理发电过程中产生的各种废水，燃料供应系统用于供应发电所需的燃料等。

发电系统的结构会根据不同的能源类型和规模而有所不同。例如，大型火力发电厂通常由锅炉、汽轮机、发电机等主要设备组成，而风力发电场则由多个风力发电机组成，分布在广阔的地理区域内。

1.1.2　发电方式

电力系统的发电系统是利用一次能源（煤炭、石油、天然气、水能、核能等）转化为电能的装置和设施。这些能源的转化过程可以通过不同的发电方式来实现，如燃烧发电、核能发电、水力发电、风力发电和太阳能发电等。这些发电方式各具特色。

（1）火力发电：火力发电是利用化石燃料（如煤、石油、天然气等）燃烧产生的热能，通过涡轮机将热能转化为机械能，再由发电机将机械能转化为电能。火力发电的优点是技术成熟、效率高，但排放的污染物和二氧化碳较多，对环境有一定影响。

（2）水力发电：水力发电是利用水位落差和流水的动能，通过水轮发电机组将水能转化为电能。水力发电的优点是可再生、环保、能源稳定，但对地形和水资源条件有明确要求。

（3）核能发电：核能发电是利用核反应堆中的核裂变或核聚变释放出的热能，通过蒸汽驱动涡轮机发电。核能发电的优点是能源密集度高、碳排放少，但需要处理放射性废料，存在一些安全问题。

（4）风力发电：风力发电是利用风的动能，通过风力发电机将风能转化为电能。风力发电的优点是可再生、环保、节能，但受地理位置和气候条件限制较大。

（5）太阳能发电（光伏发电）：太阳能发电是利用太阳辐射的能量，通过光伏电池将光能转化为电能。太阳能发电的优点是清洁、可再生、能源密集度高，但受地理位置和天气条件限制较大。包括太阳能发电在内的新能源发电方式是未来能源发展的重要方向之一。

从图 1.2 可以看出，中国发电结构呈现多元化的特点：2020 年我国电源结构以火电为主，占总发电量的 60%，而水力、光伏、风能和核能等可再生能源发电方式也占据了一定的比例。这种多元化的发电结构既反映了中国电力需求的多样性，又体现了中国在能源转型和可持续发展方面取得的成绩，既保留了传统的火力发电方式以满足基本能源需求，又积极发展和应用

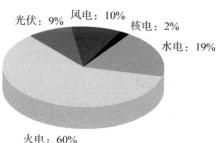

图 1.2　2020 年我国电源结构

可再生能源发电方式以实现可持续发展。在未来的能源转型过程中，中国将继续优化发电结构，提高清洁能源的比例，以实现经济、环境和社会效益的平衡发展。

除了以上列举的火电、水电、核电、风电和光伏发电，还有一些新型发电方式。

一种是生物质能发电。这种发电方式利用生物质(木材、农作物废弃物、动植物油脂等)作为燃料,通过燃烧产生热能,进而转化为电能。生物质能发电的优点在于可再生、环保,其废弃物排放量比传统的火电要低得多。另外,生物质能发电技术成熟,容量可大可小,适合农村等地区分布式能源的建设和开发。

另一种是地热能发电。地热能是一种来自地球内部的热能,利用地下热水的热能或者地热蒸汽的热能,通过发电机组将其转化为电能。地热能发电不仅环保,还可以减少对化石燃料的依赖,对于应对能源短缺和气候变化都有积极意义。

此外,潮汐能发电也是近年来备受关注的一种可再生能源。潮汐能发电利用潮汐现象产生的能量,通过水轮发电机组将其转化为电能。潮汐能发电具有可再生、无污染、能源稳定等优点,适合在沿海地区进行开发利用。

以上是一些常见的发电方式,每种方式都有其优缺点和适用范围。在能源开发和利用的过程中,我们需要综合考虑资源条件、环境因素、技术水平等多种因素,选择合适的发电方式,推动能源可持续发展。

1.2 ▶ 能源

发电系统中使用的能源主要包括传统能源、新能源、储能系统和综合能源。下面以我国为例,详细说明各种能源的具体使用途径和应用实例。

(1) 传统能源:传统能源主要包括煤炭、石油和天然气等。这些能源主要通过火力发电站和燃气发电站转化为电能。石油和天然气则主要用于燃气发电站,通过燃气轮机的燃烧产生电能。如图 1.3 所示为吴泾热电厂,其位于上海交通大学闵行校区周边,有两个高耸入云的烟囱。而煤炭发电站利用煤炭燃烧产生的高温高压蒸汽驱动汽轮机转动,从而产生电能,如图 1.4 所示,汽轮发电机是火力发电厂和核电厂中最常见的装置之一。这些发电厂使用煤炭、天然气等燃料或核燃料产生高温高压蒸汽,以驱动汽轮机转动,进而驱动发电机产生电能。

图 1.3 吴泾热电厂　　　　　　　　图 1.4 汽轮发电机

（2）新能源：主要包括太阳能、风能、水能、地热能等。这些能源主要通过太阳能电池板、风力发电机、水轮机和地热发电站等设施转化为电能。如图 1.5 所示，位于长江上游的三峡水电站及其辐射带动的一系列能源项目，不仅为长江上游及周边地区提供大量清洁能源，还减少了对化石燃料的依赖，降低二氧化碳等温室气体的排放，对于应对气候变化和保护生态环境具有重要意义。又如图 1.6 所示，位于浙江省海盐县的秦山核电站是中国自行设计、建造和运营管理的第一座核电站，其累计发电量超过 8 000 亿千瓦·时，相当于减少了约 7.4 亿吨的二氧化碳排放，这相当于植树造林约 502 个西湖绿地的环保效果。除了利用水力资源这种新能源发电之外，青海塔拉滩光伏电站利用太阳能电池板将阳光转化为电能，内蒙古辉腾锡勒风电场则利用风力发电机将风能转化为电能。

图 1.5　三峡水电站

图 1.6　秦山核电站

（3）储能系统：主要包括电池储能、压缩空气储能、飞轮储能等。在我国，电池储能技术得到了广泛应用，如用于数据中心、工业园区等场所的储能电站。例如，中国南方电网综合能源有限公司在南宁建设的电池储能电站，可实现电能的储存和释放，以满足数据中心和工业园区的用电需求。

（4）综合能源：将不同种类的能源进行组合利用，以实现能源的优化配置和高效利用。在我国，综合能源的典型应用是"风光储输一体化"项目。该项目将风能、太阳能、储能和输电相结合，通过智能控制和优化调度，实现多种能源的协同供应和互补利用，提高了电力系统的稳定性和可靠性。

发电系统中使用的各种能源具有不同的特点和应用场景。在实践中，应根据实际情况选择合适的能源类型和利用方式，以实现能源的可持续发展和高效利用。

下文将从传统能源、新能源、储能系统、综合能源这 4 个方面详细介绍发电系统的组成与工作原理。

1.2.1　传统能源

我国目前的主要发电模式仍是火力发电，因此在传统能源中使用最多的还是火力发电,本节主要介绍火电厂及其升级改造。

火电厂的主要构成有燃烧系统、汽水系统、电气系统等,这些系统构成了火电厂的核心结构(见图1.7)。此外,火电厂还包括一些辅助生产系统,如燃煤的输送系统、水的化学处理系统、灰浆的排放系统等,这些系统在火电厂的运行中也发挥着重要的作用。

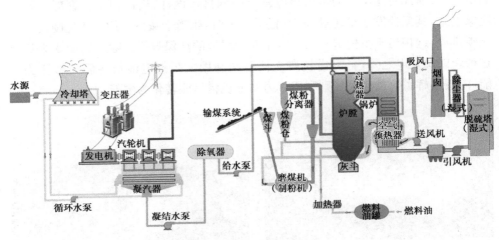

图 1.7　火电厂的核心结构

燃烧系统是火电厂最重要的组成部分之一,它包括燃料供给系统、燃烧设备和废气处理系统。燃料供给系统负责将燃料输送到燃烧设备中,燃烧设备则将燃料燃烧产生高温高压的燃烧气体,废气处理系统则对燃烧产生的废气进行处理,减少对环境的污染。汽水系统主要由给水泵、循环泵、给水加热器、凝汽器等组成。其功能是利用燃料的燃烧使水变成高温高压蒸汽,并使水进行循环。主要流程有汽水流程、补给水流程、冷却水流程等。电气系统主要由电厂主接线、汽轮发电机、主变压器、配电设备、开关设备、发电机引出线、蓄电池直流系统及通信设备、照明设备等组成。基本功能是保证按电能质量的要求向负荷或电力系统供电。主要流程包括供电用流程、厂用电流程。控制系统则主要由锅炉及其辅机系统、汽轮机及其辅机系统、发电机及电工设备、附属系统组成。主要工作流程包括汽轮机的自启停、自动升速控制流程、锅炉的燃烧控制流程等。

而另外一些辅助生产系统在火电厂中也扮演着不可或缺的角色,并承担着必不可少的职责。燃煤输送系统主要负责将燃煤从煤场输送到锅炉的炉膛中。水的化学处理系统主要负责处理锅炉用水,以防止水垢的产生并保证锅炉的安全运行。灰浆排放系统主要负责将锅炉燃烧产生的灰渣、烟气处理后的废水和废气处理产生的灰浆排放出去。

这些系统与主系统协调工作、相互配合,共同完成电能的生产任务。大型火电厂必须保证所有系统、设备的正常运转,因此火电厂装有大量的仪表,用来监视这些设备的运行状况。火电厂同时还会设置自动控制系统,以便及时对主辅设备进行调节。

以上的描述与介绍让我们对传统火电厂的组成与各部分功能有了一个全面的认识。经过这么多年的发展,我国的火力发电行业取得了显著的成就,火力发电装备制造水平明显提高,实现了多种功率等级的全覆盖,相关技术指标已经达到世界领先水平,发电自动化水平显著提升,可编程控制技术、分布式控制技术、现场总线技术已经逐步实现了自主化,正在逐步推进信息化建设。为了响应当前电力市场不断发展的需求,提高火力发电的灵活性等,构建智慧电厂是传统火电厂发展的必然要求。

综合国内国外智慧电厂的相关信息,智慧电厂的建设目标可统一归纳如下:面向电厂的全生命周期,基于信息技术(云计算技术、物联网技术)、数据分析技术(数据挖掘技术、大数据技术)、智能感知技术(视频识别技术、虚拟现实技术、机器人技术)等,实现生产发电的智能化以及发电业务管理的智慧化,为电网持续提供安全、可靠、稳定、清洁、灵活、经济的电能。智慧电厂基本特征如下。

(1) 信息感知:基于先进的手段对电力生产过程中的环境、位置、状态等信息进行全方位、多角度的感知、识别、检测。

(2) 数据融合:基于云计算技术、大数据技术等对电力生产过程中产生的大量数据进行有效的处理、分析,实现大量数据的有效异构、深度融合。

(3) 智能业务:从电厂的核心业务出发,采用预测控制技术、自抗扰技术、神经网络技术等先进的控制算法,进行核心业务的多目标最优解寻取,构建具备"自主学习、自主适应、智能诊断"的智能发电体系和智慧管理体系。采用模式识别技术、人工智能技术,获得电力生产过程中多个关键性指标的内在关联性及关联规律,由此对发电机组所处的实时状态进行判断,并实时给出优化调整策略,提高电厂发电质量。

(4) 管控协调:在智慧管理系统与智能发电系统之间构建数据共享机制、业务共享机制,实现生产指标最优化及经济效益最大化。

在高精度数据感知及监测技术基础上,形成一个数字化的数字孪生电厂,实现数字孪生体和物理电厂间的实时数据交互,并对电厂进行全生命周期管理,电厂数字孪生模型如图 1.8 所示。上海电气集团股份有限公司(简称上海电气)已经开始在火电厂进行智慧电厂的探索。作为中国装备制造领域最大的企业集团之一,上海电气已有近 120 年历史,最早可追溯到 1902 年严裕棠创立的上海大隆机器厂。上海电气不断创新,与国家一起成长,创造了中国和世界装备制造业史上多个"第一"。

图 1.8 电厂数字孪生模型

2018 年,为实现成本节约与效率提升的双赢,上海电气决定统一规划,建设集团层面的工业互联网平台——"星云智汇"(见图 1.9),旨在支撑业务的同时加快集团内部数据的互联互通、共享共治。具体来说,"星云智汇"平台包括 3 层架构体系,自下至上依次为接入层、平台层和应用层。其中,接入层通过大范围、深层次的数据采集,以及异构数据的协议转换与边缘处理,构建工业互联网平台的数据基础,基于虚拟化、分布式存储、并行计算等技术,实现网络、计算、存储等计算机资源的池化管理。平台层基于通用 PaaS 叠加大数据处理、工业数据分析、工业微服务等创新功能,构建可扩展的开放式云操作系统。应用层形成满足不同行业、场景的工业 SaaS 和工业 APP,最终实现工业互联网平台的价值。在此基础上,上海电气在 2020 年进一步发布了"星云智汇"工业互联网 2.0 版。与原始版本相比,全新升级后的 2.0 版在人工智能、商业智能和开发智能等方面都进行了大幅升级和优化。平台新设的"星·云智""星·云图""星·云器""星·云闪联"

图 1.9 上海电气工业互联网平台

等模块可实现对产品运行的实时监控、数据可视化分析,提供远程维护、故障预测、性能优化、可视化开发集成环境等一系列服务,如图1.10所示。现已形成一套完整的三维智能统一管控模式,对发电量、设备状态进行实时监测(见图1.11)。

图1.10 三维智能统一管控模式

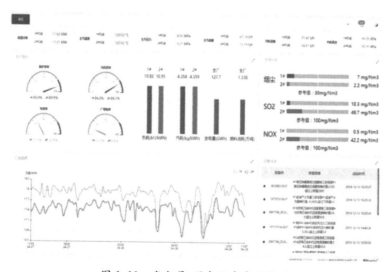

图1.11 发电量、设备状态实时监测

工业互联网通过人、机、物的全面互联,成为支撑企业转型和经济可持续发展的重要引擎,正在重塑生产方式和商业模式。以工业互联网为抓手,上海电气扎实推进构建数字驱动的全新工业生产制造和服务体系。"星云智汇"以服务集团内部企业为初衷使命,以各产业和领域的应用需求为导向,不断扩展和延伸应用范围和深度,目前已形成针对火电、燃机、风电、分布式能源、环保、康复医疗等领域的多个行业级应用,提升了企业核心竞争力。上海电气在内部能力提升的基础上,大力发挥丰富应用场景的优势,进一步深挖数据要素价值,向外进行赋能,用大数据支撑用户资产的运维优化,助力更多制造业企业的数字化转型。与此同时,上海电气还进一步扩展平台领域,致力于把企业级的互联网平台打造成国家级乃至世界级的互联网平台,服务长三角区域一体化发展国家战略。未来,上海电气将持续推进"星云智汇"工业互联网平台的建设,将其打造成海量数据资产的承载体和工业全要素链接的枢纽,夯实新经济的"技术底座",探索数字化转型"上海模式"。

根据上述案例分析,对传统火电厂进行构建智慧电厂的升级改造,其升级后的整体架构大致可以分为基础数据、智能平台、智能应用、人工智能4个层面。按照智慧电厂的建设标准和规范,规划了"一个中心,一个平台,四大功能,十二个功能模块",即智慧管控中心、厂级大数据平台,这十二个功能成为整个智慧电厂的构建基础,将作为智慧电厂的应用界面。智能发电与智慧决策相融合,使得电厂能够高效、环保、经济运行。

1.2.2 新能源

2020年,我国在联合国大会宣布"二氧化碳排放力争于2030年前达到峰值,努力争取2060年前实现碳中和"。实现"双碳"目标,电力行业是重中之重。

在过去的5年里,我国全社会的碳排放量持续增长,这与中国经济的快速发展密切相关。然而,电力行业的碳排放量趋势却有所不同。在"十四五"期间,我国在经济社会快速发展的同时,也加快推进绿色低碳转型,积极参与全球气候治理并取得了突出成效,我国电力行业的碳排放量总体上呈下降趋势,这表明我国在电力行业的减排工作取得了积极成果。

从电力行业碳排放量的趋势来看,尽管全社会的碳排放量在增加,但电力行业的碳排放量在2018年小幅上升之后,这几年来一直在逐年下降(见图1.12)。

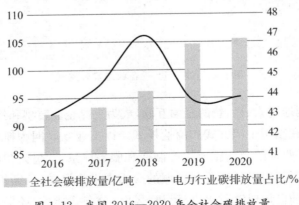

图 1.12　我国 2016—2020 年全社会碳排放量

这主要得益于我国对电力行业的结构调整和优化，加大对清洁能源的支持力度，同时对传统高耗能、高污染的电力行业进行技术升级和改造。

尽管电力行业的碳排放量有所下降，但以目前电力行业的发展（"双碳"）现状来看（见图 1.13），实现电力行业的全面绿色低碳转型仍面临着诸多挑战，任重而道远。

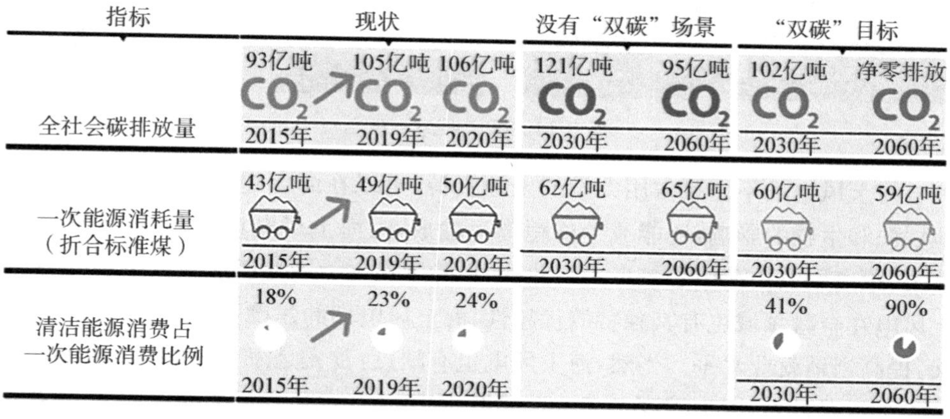

指标	现状			没有"双碳"场景		"双碳"目标	
全社会碳排放量	93亿吨 CO_2 2015年	105亿吨 CO_2 2019年	106亿吨 CO_2 2020年	121亿吨 CO_2 2030年	95亿吨 CO_2 2060年	102亿吨 CO_2 2030年	净零排放 CO_2 2060年
一次能源消耗量（折合标准煤）	43亿吨 2015年	49亿吨 2019年	50亿吨 2020年	62亿吨 2030年	65亿吨 2060年	60亿吨 2030年	59亿吨 2060年
清洁能源消费占一次能源消费比例	18% 2015年	23% 2019年	24% 2020年			41% 2030年	90% 2060年

图 1.13　"双碳"现状与目标

首先，新能源的发展是实现电力行业绿色低碳转型的关键。我国政府在"十四五"规划中明确提出要大力发展新能源，推动能源结构优化。这一战略决策为我国新能源发展指明了方向。然而，在实际操作中，新能源的发展仍面临一些困难。例如，新能源发电并网技术尚需完善，储能技术也需要进一步提升以解决电力供需的时空矛盾。此外，新能源产业的发展还受到地区自然条件的限制。

其次，电力行业的碳排放量下降也与我国对传统电力行业的改造和技术升级密切相关。然而，要实现这一目标，需要大量的资金和技术支持。如果缺乏足够的资金和技术支持，电力行业的绿色低碳转型将寸步难行。

我国能源结构将实现从煤电为主向非化石能源发电为主的转换，新能源，包括风、光、核、水、生物质等为主体的发电系统将逐渐占据主要地位。风电占全国电源总装机容量的 12.8%，光伏占全国电源总装机容量的 11.5%，总比重超过水电。

图 1.14、图 1.15、图 1.16 分别展示了不同形式的新能源在中国各地的广泛应用。图 1.14 所示为风电在我国主要应用的两种形式：陆上风电和海上风电，其各有优点和缺点。陆上风电的发电效率较高，陆上风电场的风速和风能资源相对稳定，能够产生连续的动力，建设和维护成本较低，同时不需要考虑海上风浪、水下地形和风机耐久度等问题，因此适用性比海上风电更加广泛。然而，陆上风电也存在一些缺点：其电场需要占用大量的土地资源，建设也受到地理位置的很多限制，需要靠近用电负荷中心，方便电力输送和消纳。

图 1.14　陆上和海上风电

　　海上风电场不需要占用大量的土地资源,可以在海上建设,从而避免了对当地居民和生物的影响,还能减少长距离运输成本;海上风电场一般都在沿海地区建设,距离用电负荷中心较近。与此同时,除了在电力行业所展现出来的优势,海上风电在金融领域也有其独特的优越性,海上风电场的建设可以促进海洋经济发展,提高当地就业水平。当然,海上风电也有缺点:首先是海上风电场的建设和维护成本相对较高,因为需要考虑海上风浪、水下地形和风机耐久度等问题;其次海上施工难度也较大。虽然海上风电是一种可再生能源,但仍然会对环境产生一定的影响,例如对海洋生态和渔业的影响等。相较于陆上发电,海上风电场的建设受到气候和地理条件的限制更大,需要在适合的海域内建设海上风电场,同时需要考虑海浪、潮汐等因素的影响。

　　图 1.15 展示了分布式光伏与集中式光伏在日常生活中的应用场景。集中式光伏发电是指将光伏电池板集中安装在大型光伏电站内,通过长距离输电线路将电力输送到远距离负荷中心。这种发电方式的特点是发电规模大,通常为数百兆瓦甚至吉瓦级,占地面积大。集中式光伏优势明显,其选址比较灵活,可以利用荒漠地区丰富和相对稳定的太阳能资源构建大型光伏电站,从而获得更多的电力。大型光伏电站能带来大规模的发电,用来满足大规模的电力需求。集中式光伏可以在不同气候条件下运行,其运行方式也很灵活,可以更方便地进行无功和电压控制,易于实现电网频率调节。

图 1.15　分布式和集中式光伏

然而,集中式光伏发电也存在一些缺点:建设和维护成本较高,需要大量的资金投入和长期的运营管理;长距离输电线路可能导致输电损耗和电压跌落等。

分布式光伏发电是指将光伏电池板安装在用户侧,直接向当地负荷供电。它与大电网之间的电力交换是单向的。这种发电方式的特点是发电规模较小,通常在数千瓦到数百千瓦之间,占地面积也较小。分布式光伏发电有以下优点:首先,光伏电源处于用户侧,发电供给当地负荷,视作负载,可以有效减少对电网供电的依赖,减少线路损耗;其次,分布式光伏可以充分利用建筑物表面,将光伏电池作为建筑材料的部分,有效减少光伏电站的占地面积;分布式光伏与智能电网和微电网的有效接口运行灵活,在适当条件下可以脱离电网独立运行并且在一定程度上缓解局部地区的电力短缺问题。

然而,分布式光伏发电也存在一些缺点:其配电网中的潮流方向会适时变化,逆潮流导致额外损耗,相关的保护都需要重新整定,变压器分接头需要不断变换;电压和无功调节困难;大容量光伏的接入后功率因数的控制存在技术困难;短路电力增大等。

分布式光伏在居民区与学校中的应用非常广泛。在居民区,分布式光伏可以安装在居民的屋顶上,利用太阳能发电,既能够满足家庭的电力需求,又可以将多余的电力出售给电网。这不仅有助于减少电费支出,还可以为环保事业做出贡献。在学校中,分布式光伏也可以安装在校园的空地上,如屋顶、操场等地方,发电量可以满足学校日常用电需求,同时也可以为学校节省电费支出。分布式光伏装置在学校中的应用还有助于培养学生的环保意识和社会责任感,如图 1.16 所示为上海交通大学闵行校区内设置的分布式光伏板。

图 1.16　校园内分布式光伏板

1.2.3 储能系统

电力系统的储能系统是一种能够将电能储存并在需要时释放的设备或系统。它利用化学或者物理的方法将产生的能量储存起来,并在需要时以电能形式释放。这种储能系统可以应用在电源侧、电网侧、用电侧,通过储存电能优化电能的输入与输出,提高新能源的利用率,解决新能源电能与传统电能共存的冲突,提高电网的稳定性与灵活性。同时,储能系统还可以为微电网提供部分谐波治理功能,提升供电质量。在电力系统的发电系统中,储能系统的应用非常广泛,对于提高电力系统的效率和稳定性具有重要意义。

在过去的十几年里,风能、太阳能、水能等新能源发电技术取得了长足的进步,其成本也大幅下降,可以在满足国内市场需求的同时出口到其他国家。但是,新能源发电系统中的储能系统却面临着诸多挑战。新能源发电系统中的储能系统是指将电力从一种形式转化为另一种形式的装置,这种装置主要包括电池、超级电容、压缩空气储能等。在新能源发电系统中,储能系统作为一种灵活可靠的调节设备,不仅可以提高新能源发电系统的效率,还可以提高电能质量,保障新能源发电系统运行的安全性与稳定性。

储能不仅可提高常规发电和输电的效率、安全性和经济性,还是实现可再生能源平滑波动、调峰调频,满足可再生能源大规模接入的重要手段,是分布式能源系统、电动汽车产业的重要组成部分,在能源互联网中具有举足轻重的地位。

虽然储能系统在新能源发电系统中起着非常重要的作用,但由于其自身功率密度小、工作环境恶劣等问题,当前仍无法得到广泛应用。为了解决这些问题,储能技术不断发展、创新以抽水蓄能、压缩空气储能、飞轮储能为主的机械储能,以各类电池为主的电化学储能技术,以超级电容为主的电磁储能技术和以熔融盐为主的储热技术日趋成熟,为储能提供多样化选择。

1) 机械储能技术

电力系统的机械储能技术主要包括抽水蓄能、压缩空气储能和飞轮储能等。这些技术都是利用机械能进行能量储存和释放,对于提高电力系统的稳定性和可靠性具有重要作用。

抽水蓄能技术是最成熟的储能技术之一,它利用上下水库之间的水位差进行蓄能和释能。在电力需求低谷期,利用富余电力将水从下水库抽至上水库,以势能的形式储存;在电力需求高峰期,将水从上水库放至下水库,以动能的形式释能。抽水蓄能具有储能容量大、储能周期长、地理位置限制小等优点,适用于大容量、长时间、大规模的能量储存和释放。但是,抽水蓄能的建设成本较高,对环境也有一定影响,需要综合考虑环保和经济效益。

压缩空气储能技术利用空气作为介质进行能量储存和释放。在电力需求低谷期,将电能转化为空气的压力能;在电力需求高峰期,将空气释放,利用其压力能进行发电。

压缩机是压缩空气储能系统的核心,主要分为往复式和螺杆式两种。往复式压缩机通过活塞往复运动实现压缩和排气过程,在吸气过程中空气压力先上升,达到一定压力后进入气缸内,在活塞上腔和下腔之间形成低压区。当活塞向下移动时,气缸内的压缩空气被吸入气缸并通过排气口排出;当活塞向上运动时,气缸内的压缩空气被排出。螺杆式压缩机以螺杆作为工作部件,在吸气阶段中利用活塞的往复运动将气缸内的压缩空气吸入并通过进气道压进气缸进行压缩,在排气阶段中利用活塞的往复运动将气缸内的压缩空气排出并最终导出排气口。螺杆式压缩机具有结构紧凑、工作稳定、效率高等特点,是当前压缩空气储能系统中应用最为广泛的压缩机。

我国关于压缩机的研究工作起步较早,目前已研制出多种类型的压缩机,并在大型风电机组、燃气发电机组和海上平台等应用场景中获得了成功应用。近年来,我国还先后研制出适用于压缩空气储能系统的离心式、内转子往复活塞式、离心-旋转活塞式等多种类型压缩机,其中离心式压缩机能够实现低负荷时的长时间稳定运行。但从实际应用情况来看,离心-旋转活塞式压缩机由于结构复杂、制造工艺要求高、运行维护难度大等原因,在大规模储能系统中应用较为困难。目前我国压缩空气储能系统所采用的离心式压缩机主要由国外进口,国产化程度较低,这也限制了离心式压缩机在大规模储能系统中的推广应用。

除了压缩机之外,膨胀机也是压缩空气储能系统的核心设备,膨胀后的高压气体通过透平驱动至叶片上实现能量转换,其性能直接影响整个压缩空气储能系统的效率。膨胀机进气量和转速对膨胀机的效率影响很大,通常需要根据系统运行需求选取合适的进气量和转速,以提高膨胀机的效率。同时,由于压缩机压缩和膨胀过程中温度存在差异,需要对膨胀机进行温度控制,以防止膨胀过程中高压气体由于温度升高而发生泄漏。

目前,在压缩空气储能系统中应用比较广泛的膨胀机是定压膨胀式膨胀机和多级膨胀机。定压膨胀式膨胀机通过改变透平出口压力实现膨胀过程中对气体的做功,其优点是结构简单、制造成本低、运行维护方便。定压膨胀式膨胀机结构相对复杂,但是其输出功率高、效率高、运行可靠性好。多级膨胀机可实现多个透平并联运行,具有结构紧凑、功率范围广、效率高等特点。在压缩空气储能系统中应用定压膨胀式膨胀机可以提高系统的功率密度和能量密度,但需要注意高温高压气体泄漏和透平叶片磨损等问题。

在压缩空气储能技术中,还有一个非常重要的部件就是透平。透平的主要作用是将压缩空气中的热能转化为机械能,其主要由叶片、叶轮和轴承组成。透平的叶片通常由金属材料制成,叶片通常具有一定的弯扭程度以减少流动损失。透平叶轮主要由钢或铝制成,并具有较高的强度。由于透平叶片材料的强度、刚度和质量都较大,因此,透平叶轮常常采用特殊的结构设计,以提高透平叶片对气体的驱动效率和能量密度。透平机分为闭式和开式两种类型:闭式透平机是指利用机械能推动透平机工作的透平;开式透平机是指利用高压气体做功带动透平机工作的透平。压缩空气储能系统中广泛使用开式和闭式透平机,两者在性能上无明显差异,但闭式透平机转子比开式透平机转子小得多,因此在相同体积下,闭式透平机转子可提供更大的输出功率。目前,闭式压缩空气储能系统多采用双转子闭式透平或三转子闭式透平。

飞轮储能技术利用高速旋转的飞轮储存和释放能量。飞轮的转速由电力系统的需求决定。在电力需求低谷期,飞轮加速旋转储存能量;在电力需求高峰期,飞轮减速旋转释放能量。飞轮储能具有体积小、质量轻、寿命长、维护少等优点,适用于频繁充放电的情况。但是,飞轮储能的能量密度较低,不适用于大规模、长时间的能量储存和释放。

在新型发电系统中,抽水储能的应用较为广泛,其综合转换效率约为75%,可以错开大规模电力系统的发电峰谷。从应用现状来看,抽水储能技术有电能循环效率较高、额定功率大、容量大、使用寿命长、运行成本易于控制、自放电率低等一系列优势,并且发展时间较长,技术成熟度高。飞轮储能主要应用于不间断供电(uninterruptible power supply,UPS),压缩空气储能主要用于电力系统削峰填谷及分布式电网微网。

机械储能技术是电力系统中重要的储能方式之一,各种技术都有其优缺点和应用场景。在实际应用中,需要根据电力系统的具体需求进行选择和优化,以最终实现能源的高效利用和电力系统的稳定运行。

2) 电化学储能技术

电力系统的电化学储能技术主要是利用化学反应直接转化电能的装置,其中以各类电池为主,包括磷酸铁锂电池、锂离子电池、锂金属电池以及钠硫电池、液流电池等,它们具有高能量密度、长寿命、支持快速充放电等优点。

电化学储能技术在电力系统中广泛应用,可以在发电、输电、用电等环节中使用。在发电端,电化学储能技术可以用于调节电力系统的峰谷负荷,提高电力系统的稳定性。在输电环节,电化学储能技术可以用于稳定电力系统的电压和频率,减少输电过程中的电能损耗。在用电端,电化学储能技术可以用于储存和释放电能,提高电力系统的能源利用效率。

(1) 磷酸铁锂电池。

磷酸铁锂电池的优点是化学性质稳定、安全性高、循环寿命长以及体积小。

其缺点包括成本较高,在高温条件下使用时性能不稳定。因此,在储能系统中通常采用铅酸电池作为储能系统的电源,以保证系统的可靠性。由于磷酸铁锂电池的这些优点,它在储能系统中应用非常广泛,尤其是宁德时代生产的磷酸铁锂电池,因其性能稳定、价格适中、安全性高以及寿命长等优点广泛应用于储能系统。据宁德时代的介绍,其生产的磷酸铁锂电池储能系统已广泛应用于城市轨道交通、风电储能、光伏储能以及分布式光伏等领域。不过由于磷酸铁锂电池在充放电时存在电压平台低、倍率性能差和循环寿命短等缺点,其应用仍受到一定限制。为了解决这些问题,相关企业一直在进行技术创新,包括将其与其他材料混合使用以及开发新型磷酸铁锂电池等。

（2）三元锂离子电池。

三元锂离子电池是一种高电压、大容量的锂离子电池,其工作电压高达 3.6V,可以实现对新能源发电系统的能量补充。三元锂离子电池具有很好的充放电特性,其循环寿命可达到 2 000 次以上,同时电池的功率密度也非常高,与传统的磷酸铁锂电池相比,三元锂离子电池的能量密度更高。由于三元锂离子电池具有工作电压高、充放电速度快等优点,所以它的应用可以使储能系统的功率密度达到更高。三元锂离子电池中含有碳材料和金属材料,这些材料的成本较高,能量密度较低,使用寿命短等,需要通过技术创新解决上述问题。近年来,三元锂离子电池在储能领域得到了广泛应用。未来随着技术创新和商业模式探索不断推进,三元锂离子电池将有广阔应用前景。

（3）锂金属电池。

锂金属电池是指以锂金属作为负极,使用有机电解液的锂离子电池。与传统锂离子电池相比,锂金属电池具有较高的能量密度,理论上可以将目前已知的所有锂离子电池串联起来,从而构成一个超大规模的储能系统。此外,锂金属电池还具有更长的循环寿命、更小的体积和质量等优点。近年来,随着新能源发电系统应用规模的不断扩大,以锂金属电池为主的电化学储能系统正在新能源发电系统中发挥着越来越重要的作用,其中包括以欣旺达为代表的三元锂金属电池储能系统以及以中航锂电为代表的磷酸铁锂电池储能系统。欣旺达推出了基于磷酸铁锂电池和三元锂离子电池组成的储能系统,该储能系统具有高电压、高能量密度、低成本和长寿命等优点。此外,该储能系统还具有可充电、可持续使用以及快速充电等优点。目前该储能系统正在新能源发电系统中进行试用,并取得了良好效果。随着相关技术的不断成熟和商业模式的不断探索,新能源发电系统中以锂金属电池为主的电化学储能系统将得到进一步发展与完善。

随着新能源发电比例的快速提升,大容量长时间储能技术和长寿命大功率储能器件的开发将成为储能产业技术创新发展的重要方向。电化学储能产业链分为上游设备商、中游集成商、下游应用端三部分,其中上游设备包括电池组、储能变流器(PCS)、电池管理系统(BMS)、能量管理系统(EMS)、热管理和其他设备等;中游环节核心为系统集成＋EPC;下游主要分为发电端、电网端、户用/商用端、通信四大场景。

电化学储能技术是电力系统中重要的储能方式之一,具有广泛的应用前景和重要的战略意义。未来随着技术的不断进步和市场需求的不断增长,电化学储能技术将会得到更广泛的应用和推广。

3) 电磁储能技术

电磁储能是电力储能技术的一种,主要包括超导磁储能、电容储能和超级电容器储能技术,本节主要介绍超导磁储能技术和超级电容器储能技术。

(1) 超导磁储能技术。

与其他储能技术相比较,超导磁储能效率可达到90%以上。在超导状态下,绕组电流变化极小,可忽略不计。因而,在整个储存与释放的过程中极少耗费电能,总消耗率也几乎为零。但随着实际使用的越来越广泛,超导线圈往往需要放置在低温液体环境下,才可以在整个储能流程中起到积极效果,而这将大大提高生产成本。超导磁储能技术具有无污染、快速响应、无损耗储能、有效防止能源浪费等优点。超导储能材料可大幅度提高新型发动机的输出性能,对提高暂态电能质量起到重要作用。

(2) 超级电容器储能技术。

超级电容器储能比超导磁储能的效率低,基本保持在75%左右。它兼有蓄电池储能和电容储能的特点。这种能量的储存依据是双电层原理。以超级电容器储能工艺为基础的能量储存应用在整个储存放电过程中有良好的可逆性,重复次数能够到达10万次以上。与常规电器皿相比,超级电容器具有温度阈值较宽、安全和稳定性更高等优势,以及常规电容器所具有的优点。超级电容器储能技术还具有循环寿命长以及电容器响应快的特点,其与蓄电池技术相结合,不仅大大提高了蓄电池的充放电效能,还增长了蓄电池的性能。另外超级电容器与蓄电池的结合,在风电场中也获得了较普遍的使用,可以更好地控制风能的波动。因此,在应用超级电容储能技术时,应与蓄电池相结合,增强储能效果。

超级电容器储能是一种新型技术,具有储能密度高、充放电速度快、功率大、使用寿命长等优点。超级电容储能技术的关键在于制造材料,不同的电极材料具有不同的能量密度。当前,超级电容主要分为锂离子超级电容和碳纳米管超级电容两大类。在新能源发电系统中,采用超级电容进行储能,可以满足对能量密度和功率密度要求较高的负载需求。特别是在新能源发电系统中,由于电网规模的不断扩大,对系统中电力容量提出了更高的要求。目前,采用超级电容进行储能已经成为储能领域的研究热点。

超级电容器储能的应用形式主要如下：①作为电动汽车的动力电池，可有效降低电动汽车充电时的电量需求；②在风力发电系统中，可以作为发电机的储能装置，提高其并网稳定性；③在光伏发电系统中，可用于稳定光伏出力和调节光伏出力波动；④在分布式能源中，可用于跟踪负荷需求。根据储能系统的不同功能，超级电容应用于不同领域的储能装置中。在新能源发电系统中，采用超级电容储能可实现多种功能。对于能量储存功能，超级电容器储能可用于新能源发电系统的电能储存；对于调节功率波动功能，超级电容可以对光伏出力进行快速调节；对于跟踪负荷需求功能，超级电容可以实现电网和分布式电源之间的能量交换。

超级电容器储能系统具有以下优点：①超级电容储能系统的能量密度高，单位质量的超级电容可以储存更多的能量；②超级电容储能系统具有良好的功率特性，可以将新能源发电系统中的功率波动和波动变化控制在较小的范围内；③超级电容储能系统具有长寿命的特点，在新能源发电系统中使用，可以保证新能源发电系统使用寿命较长；④超级电容储能系统可以满足对能量密度要求较高的负载需求，特别是在新能源发电系统中，能量密度和功率密度较大。基于超级电容储能系统的新能源发电系统可以应用于微电网、通信基站、军事领域、应急电源、环境监测、石油勘探等领域，在这些领域中，可以满足针对高能量密度和功率密度要求的负载需求。

4）储热蓄能技术

热储能是一种将多余的能源转化为热能，并将其储存起来，以便在需要时释放出来的技术。通过热能的储存，实现热能的直接利用或热能向电能的转化利用，包括相变储热、显热储热以及化学储热。热储能通常用于光热电站及综合能源系统中，用来提升新能源消纳、系统调峰、提升系统运行经济性等。其中，相变储热由于潜热温度恒定、蓄热密度大等优点，是具有长远发展潜力的技术类型，但相关研究仍处于起步阶段，有关相变储能材料、储能系统结构、关键参数对力学特性影响方面有待深入研究。

在电力系统中，储热蓄能技术具有广泛的应用前景和巨大的发展潜力。常用的储热蓄能方式包括相变储热、显热储热和化学储热。

相变储热利用储热材料在相变过程中吸收和释放相变潜热的特性来储存和释放热能。这些相变材料通常包括一些金属氢化物、无机氢氧化物和甲烷等。相变储热具有较高的储热密度，并且能够实现在接近环境温度下长期无热损储热。以熔融盐相变储热系统为例，能量转换效率为 90%～99%，放电时长数小时，成本较低，寿命较长。综合国内主要相变储热设备生产厂商的成本数据，目前的初投资成本为 350～400 元/(kW·h)，装置本体成本 220～250 元/(kW·h)，相变换热器和相变材料占总成本的 80%，是影响储热装置成本的关键因素。

显热储热利用材料所固有的热容进行热能储存,通过加热储热材料,升高温度、增加材料内能的方式实现热能储存。显热储热根据介质不同分为热水储热、砾石—水储热、地埋管储热和含水层储热。

化学储热利用可逆化学反应过程中伴随的热量吸收和释放来进行热量储存和释放。常见的化学储热体系包括金属氢化物的分解、无机氢氧化物的分解、甲烷和二氧化碳的重整等。化学储热具有较高的储热密度,并且能够实现在接近环境温度下实现长期无热损储热。

以上三种储热方式各有特点,需要根据具体的应用场景和需求进行选择。

在电力系统中,储热蓄能技术有以下几个方面的应用。

(1)电力调峰:通过将多余的电能转化为热能储存起来,可以在电力需求高峰时将储存的热能释放出来,缓解电力系统的峰谷负荷,提高电力系统的稳定性。

(2)新能源储存:风能、太阳能等新能源具有间歇性和不稳定性,通过储热蓄能技术可以将多余的新能源储存起来,提高新能源的利用效率。

(3)工业余热回收:工业生产过程中会产生大量的余热,通过储热蓄能技术可以将这些余热储存起来,用于供热、制冷等需求,提高能源利用效率。

总体来说,储热蓄能技术在电力系统中具有广泛的应用前景和巨大的发展潜力。随着技术的不断进步和发展,储热蓄能技术的应用将会更加广泛和深入,为构建清洁低碳、安全高效的能源体系提供重要支持。

由于电力系统需要稳定、可靠、高效的能源供应,而储能技术可以储存多余的能量,并在需要时释放出来,从而降低能源浪费,提高能源利用效率。而且智能城市需要高效的能源供应,储能多功能应用对于提高能源利用效率、降低能源消耗、减少环境污染等方面都具有重要的意义,是实现可持续发展和建设智慧城市的重要手段。

(1)提升新能源并网性能。

新能源场站侧并网储能电站的作用主要为提升新能源消纳、跟踪计划出力、平抑功率波动等,此外可以提升新能源调度性能、降低旋转备用容量、提供辅助服务和安全支撑等。相关研究多以储能全寿命周期经济性、成本、综合指标为目标,优化源储配置及储能运行策略,提升新能源消纳能力。

由于新能源出力具有间歇性和不确定性,新能源出力的精准预测存在困难,且高渗透率新能源的波动性给电网带来了新的挑战,储能技术可以提升新能源电站跟踪计划出力能力、平抑功率波动。国内外学者广泛开展了电化学储能以及混合储能系统跟踪计划出力的控制策略研究,相关方法如含控制系数的储能控制策略、模糊模型预测控制、频谱分析等。

(2)提升系统运行稳定性。

电网侧并网储能系统的作用主要为辅助服务、延缓设备扩容等,此外可以提升新能源消纳能力、提升供电可靠性、提高电能质量等。

大规模储能的双向调节能力可为电网提供快速有功无功电源,使得系统安全稳定运行,其主要作用包括调峰、调频、备用支持、安全支撑等。传统的启停调峰机组应对负荷需求与新能源发电波动的方式,不仅不经济、低效,还不利于机组的安全稳定运行。储能可以节约传统调峰机组的运行成本、延长使用寿命。新型储能能够灵活响应系统动作特性,实现频率调节;此外,可以减少发电机组的备用容量;当电网面临紧急状态如直流闭锁时,能够快速提供紧急支撑能力。已有学者对储能提供调峰、调频、备用、安全支撑等辅助服务的配置与运行问题开展了相关研究。

电网输配电设备的容量通常根据地区年最大负荷需求进行规划建设,极易造成谷段负载率低、峰段负载率高、设备利用率水平整体偏低的问题。合理配置储能可以缓解输变电设备过载,提高设备的利用效率,为输变电设备改造升级提供缓冲时间。已有研究分析了储能配置与延缓升级间的关联关系,提出了储能缓解网络阻塞问题的容量规划方法。

(3)适应多功能应用需求。

在大规模储能推广应用的情形下,围绕储能资源互通共享的目标,储能将持续向提升精度、可信度和协同优化水平的方向发展,呈现信息高度融合和智能化特征。关键技术包括多类型多点储能系统协同规划技术和电力系统中大规模储能多场景调度运行控制技术。

随着储能应用的深入,储能的技术特征、适用场景逐渐呈现精细化的特性。根据不同场景下对储能时间尺度的差异化需求,可将储能技术划分为短时间尺度、中长时间尺度、超长时间尺度等类型,不同类型、并网节点的储能系统将呈现主导—辅助多级功能。此外,可借助大数据技术、人工智能技术实现系统优化调度和在线监控,提升储能系统的综合应用效能。

储能技术可在时空尺度上缓解电能生产与消费之间的矛盾。从需求来看,需要借助储能提高可再生电源的并网性能和消纳能力、缓解输电线路阻塞压力、提升系统紧急功率支撑水平、提高用户侧分布式可再生电源接入能力、保证供电可靠性、满足用户电能质量需求、实现用户智能电能管理。从储能应用效果来看,已有研究与示范工程印证了储能在适应上述应用需求上的可行性。为解决储能利用率低、成本回收难的问题,相关研究结果表明储能具备多功能协调运行的能力,但由于电力市场机制不健全、统一调控系统建设不完备,以及储能自身可靠性有待验证等因素,实际储能工程多功能协同运行仍面临挑战。

1.2.4 综合能源

电力系统中的综合能源是指利用一次能源、二次能源以及其他能源,通过综合优化配置和技术创新,实现能源的节约、高效利用和清洁转化。

一次能源是指直接取自自然界没有经过加工转换的各种能量和资源,以气体燃料为主,可再生能源为辅,包括煤炭、原油、天然气、水力、风能、太阳能等。在电力系统中,一次能源的利用主要是通过火力发电厂、水力发电厂、核电站等发电厂,将一次能源转换成电能。

二次能源是指一次能源经过加工,转化成另一种形态的能源,以分布在用户端的冷、热、电联产为主,其他能源供应系统为辅,将电力、热力、制冷与蓄能技术结合,以直接满足用户多种需求,实现能源梯级利用,并通过公用能源供应系统提供支持和补充,实现资源利用最大化。二次能源一般包括电力、焦炭、煤气、沼气、蒸汽、热水和汽油、煤油、柴油、重油等石油制品。在电力系统中,二次能源主要是指电能和热能。电能是电力系统中最重要的二次能源形式,可以通过输电线路传输到用户端,满足用户不同的能源需求。热能可以通过热力管网传输到用户端,用于供热、供暖等方面。

此外,其他能源形式还包括可再生能源和新能源等。可再生能源是指可自然再生或不断提供的能源,如风能、太阳能、水能等。在电力系统中,可再生能源的应用越来越广泛,如风力发电、太阳能发电等。新能源是指传统能源之外的新型能源形式,如氢能、核能等。在电力系统中,新能源的应用也在逐步推广,如氢能发电、核能发电等。

如图 1.17 所示,综合能源系统将一次能源、二次能源以及其他能源形式进行综合优化配置和技术创新。在电力系统中,综合能源系统可以实现多种能源形式的转换和优化配置,提高能源的利用效率和清洁性。例如,将电能和热能进行联

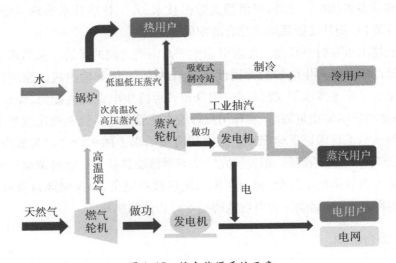

图 1.17　综合能源系统示意

合生产和利用,实现电热联产;将可再生能源和传统能源进行联合生产和利用,实现多能互补;将不同形式的能源进行转换和优化配置,最终实现能源的多元化利用等。

电力系统中的综合能源可实现多种能源形式的转换和利用,有效提高能源的利用效率和系统清洁性。它涉及一次能源、二次能源以及其他能源形式的利用和管理,是未来电力系统发展的重要方向之一。

1.3 ▶ 输电系统

截至 2020 年底,我国成功投运"14 交 16 直"30 个特高压工程,跨省跨区输电能力达 1.4 亿千瓦·时,累计送电量超过 2.5 万亿千瓦·时,另还有"2 交 3 直"5 个特高压工程在建。

1.3.1 特高压的发展历史

我国特高压的发展从"白手起家"到走向世界用了 20 余年的时间,发展道路比较崎岖、过程比较艰难,但取得的成绩也是有目共睹的。2005 年以前我国电力系统是"哪里缺电就在哪里建电厂",对电网重视不足,这种就地平衡的电力发展方式是造成我国煤电运力长期紧张、导致周期性和季节性缺电的原因。要解决这一问题必须发展输电容量更大、输电距离更远、电压等级更高的电网,提升电网的运力。直到 2006 年,我国第一个特高压交流试验示范工程开工,为特高压建设按下了加速键。2011 年后我国特高压建设才真正迎来第一次高潮。2013 年 9 月,国务院印发《大气污染防治行动计划》后,特高压发展再次加速。直到 2018 年,国家能源局印发《关于加快推进一批输变电重点工程规划建设工作的通知》,特高压建设的浪潮再次掀起。截至 2020 年底,我国已投入已建成的"14 交 16 直"及在建的"2 交 3 直"共 35 个特高压工程,在运在建特高压线路总长度 4.8 万千米。

《中国能源报》报道,"十四五"期间,国网规划建设特高压线路"24 交 14 直",涉及线路 3 万余千米,变电换流容量 3.4 亿千伏安,总投资 3 800 亿元。其中,2022 年,国家电网计划开工"10 交 3 直"共 13 条特高压线路。"十三五"期间全国口径投资大概为 3 000 多亿元,国网约为 2 800 亿元,同比增长迅速。如图 1.18 所示,我国的特高压线路增长迅速,从 2016 年的 16 937 km 到 2020 年的 30 555 km,短短 5 年间,特高压线路长度就翻了 1 倍左右。

从国网规划的投资额看,直流部分投资额比较大,因为一般直流线路投资为 200 亿~250 亿元,特别长的为 300 亿元,14 条跨省的直流投资额为 3 500 亿元左

图 1.18　我国特高压线路迅速增长

右;交流线路投资额略低,一个站为 20 亿元左右,但 24 条交流具体拆分段很复杂,落地站点有多少并不清楚,所以很难给每一段定义相对准确的投资额。

规划的 14 条特高压直流里面,目前 7 条线路已经推出,包括 2018 年和 2020 年推出的线路,也就是国家电网"碳中和、碳达峰"行动方案提及的"规划'十四五'期间建成 7 回特高压直流",特高压直流主要用于清洁能源输送。预计有 7 条待推出的新线,涉及的送端地区涵盖东北、内蒙古、青海、新疆、西藏等;受端地区预计涵盖华东、华中、华南、西南等。特高压交流主要用于区域性环网建设,有利于电网安全稳定和加强省间互济,规划的 24 条交流中目前已经建设的线路有 6 条,于 2018 年推出。

按照往年惯例,特高压投资一般是 5 年期,除了最后一年,其他年份投资并不会如此集中。但是 2022 年开工"10 交 3 直",再叠加中国南方电网(南网)"1 直",如此密集的投资主要有两点原因。第一,为了实现"碳中和"和"碳达峰"的目标,新能源的发展必须加速,而集中式新能源发电依赖于资源富集地,主要集中在西北、东北等地,但是它与负荷中心呈现逆向分布的特点,所以能源需要跨省区特高压通道往外送。此外,除了传统西北五省等地,戈壁沙漠也被纳入新能源开发的重点区域,为了匹配新能源开发进度,连带通道建设要跟上,所以近年来电力通道等大量基础设施会提前。第二,近年来经济形势不太乐观,影响全面对外开发进度,所以要更注重对内投资。在这两种情况下,特高压建设进程提速明显。

国网"十四五"特高压规划有望使产业链上下游高度受益。特高压产业链涉及的环节较多,既能拉动包括高压电气开关设备、换流阀、线缆、变压设备等硬件的需求,又能带动智能化终端、智能芯片等需求。新型电力系统是国家电力系统未来发展的大方向,而特高压作为解决资源禀赋约束的重要一环,未来发展潜力无限。

特高压产业链可以分为上游的电源控制端、中游的特高压传输线路与设备和下游的配电设备。特高压线路和设备是特高压建设的主体,可以进一步分为交/直流特高压设备、线缆和铁塔、绝缘器件和智能电网等。

1.3.2　电压等级

我国的电压等级大体上分为低压、中压、高压、超高压、特高压五类，详细介绍如下。

（1）低压：220 V、380 V，在我们日常生活中十分常见，居民用电大都是 220 V，属于低压。直观地讲，我们用电池来做比较，一节 5 号电池，电压是 1.5 V，高度 50 mm，那么 220 V 的电压相当于 147 节 5 号电池串联一共 7.35 m，大概两层楼的高度。

（2）中压：10 kV、35 kV，这个电压是配电网电压，也就是居民小区里架空线的电压。还是用电池来比较的话，10 kV 相当于 6 667 节五号电池串联，长 333 m，只比帝国大厦稍微低点。

（3）高压：110 kV、220 kV，这个电压等级是一个模棱两可的电压等级，大电网和配电网都有。换算成电池，110 kV 要 73 334 节，长 3 666.7 m，大概 4 个半目前世界最高建筑哈利法塔的高度。

上述三个电压等级划分可以追溯到 1959 年，随着行业发展，我国又相继研发出更高等级的电压等级，但将这些电压等级并入高压中，高压电压等级上下限差距又似乎过于大了，因此特地分出新的电压等级，如超高压，特高压等。

（4）超高压：330 kV、500 kV、750 kV 电压等级已经是世界上绝大部分国家最高的电压等级了。330 kV 换算成电池大概有 220 000 节，长 11 km，大约 14 座哈利法塔的高度，也是平时飞机巡航的高度了。

（5）特高压：交流 1 000 kV，直流 800 kV。换算成电池也就是 60 多万节，堆积高度可以达到 33 km 左右。

1.3.3　特高压的使用场景

特高压的输电模式按照使用场景的不同可以分为直流输电和交流输电。直流输电只能点对点输送，中间不可落点，输送功率大，距离远，适合远距离输运电。交流输电指中间可落点构成电网，输电容量大、覆盖范围广，线路中有串联，整体线路呈网络结构，可以兼具输电和组网功能，适用近距离输电。对于特高压的应用，大约 800 km 以内交流电更划算，超过 800 km 直流电更便宜，所以输电距离较近时大都用交流传输，一旦跨省等超远距离，直流传输则更经济划算和安全。

如图 1.19 所示，目前大部分的高压项目都是交流项目，而只有在特高压与超高压中才有直流项。大部分高压项目采用交流电而不是直流电，主要是因为交流电的输送效率更高。在长距离传输时，交流电的线路损耗较低，因为其可以通过变压器进行升压或降压，从而更好地适应不同的电压需求。相比之下，直流电在长距离传输时可能会因为线路电阻和电感等因素产生较大的能量损失。而且交流电设备技术相对简单,交流电的变压器和电动机等设备的构造相对简单,易于维护和修理。而直流电的设备与技术相对复杂,需要更高的维护成本。

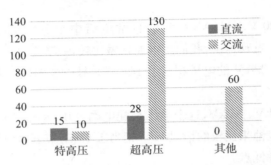

图 1.19　特高压与超高压直流交流工程数量

　　然而,在特高压和超高压项目中,直流电的应用变得更为广泛。这是因为直流电在短距离输电时线路损耗较低,同时直流电不存在变压器升压或降压的问题,因此可以更好地适应高电压的需求。此外,直流电还可以通过调节电流大小来控制输送功率,从而更好地满足用电需求。

　　随着风力发电、光伏发电等可再生能源的利用比重不断加大,而这些发电中心一般分布在比较偏僻的地方远离负荷中心,所以需要一种输送容量大、送电距离远的输电技术来对电力进行传输。而高压直流输电相对于交流输电具有输送容量大、送电距离远、电网互联方便、功率调节容易等诸多优点,从而受到了广泛的关注和发展。

　　1)交流输电

　　于国于民,特高压工程都是大国重器。一方面,我国能源资源与负荷中心分布不平衡,西部、北部地区有丰富的能源资源,但却远离中东部负荷中心。中东部地区经济发达,能源需求量大,但能源匮乏。特高压工程输送距离远、容量大、损耗低、占地少,为能源输送提供了更好的解决方案。因此,不论是西北部地区,还是中东部地区,都迫切需要特高压通道的连接,将电力输送出去、接收进来。

　　另一方面,特高压工程在清洁能源消纳方面有着不可替代的作用。我国水电、风电、太阳能发电装机量均位居世界第一。同时,特高压具有网络规模效应,成网后能显著降低电力供应成本。改革开放以来,我国电力需求与经济始终保持同步。随着经济社会发展,用电量上升,电网配置范围不断扩大,电压等级也相应提高。如果能源输送出现“瓶颈”,事关行业发展,甚至影响经济社会发展和民生保障。

　　因此,特高压工程可以说是现代经济社会发展的助推器。2005年,国家明确将特高压输变电工程作为装备制造业技术提升和自主创新的试验示范工程,要求除部分关键技术可由国外提供外,其他技术基本立足国内,实现自主研发和制造。

鉴于我国西北地区黄河上游梯级水电站的开发,进行与之相适应的 750 kV 电压等级交流输变电工程建设已成为发挥西北资源优势,加快西北电力发展的迫切需要和合理选择。以下将重点介绍我国的交流输变电工程。

（1）750 kV 交流输变电示范工程。

2003 年,国家将公伯峡水电站送出官亭—兰州东 750 kV 交流输变电示范工程成套设备及"750 kV 交流输变电成套设备研制"列入"十五"期间国家重大技术装备研制项目。该条线路是我国首个 750 kV 电压等级的超高压输变电工程,如图 1.20、图 1.21 所示,新建 750 kV 变电站两座,750 kV 输电线路 140 km。该工程当时是我国自主设计、自主建设、自主制造、自主调试、自主运行管理的具有世界先进水平的超高压输变电工程,对引领和推动西北 750 kV 骨干网架建设发挥了重要作用,也为国内特高压电网工程建设积累了经验。

图 1.20　我国首条 750 kV 输电线路

图 1.21　我国首座 750 kV 变电所(兰州东变电站)

750 kV 交流输变电示范工程在建设过程中,各相关单位应用数值分析、物理仿真、真型试验和现场测试等方法,研究并掌握了 750 kV 交流输变电工程涉及的高海拔重污秽的绝缘配合,电网稳定和主变压器等全套电气设备的设计、制造、施工、调试,以及电网安全自动控制等系列核心技术;自主研制了 750 kV 自耦变压器、电抗器、断路器、隔离开关、避雷器、变压器套管、电容式电压互感器、绝缘子、自动控制保护、杆塔及金具、扩径导线和耐热母线等设备;首次采用 Q420 高强钢、扩径耐热母线、六分裂扩径导线和大吨位绝缘子等,全面掌握了海拔 3 000 m、长度 140.7 km,运行电压最高的输变电技术。该示范工程的成套设备顺利通过了满负荷试验,运行安全可靠,实现了"一次性制造成功、一次性安装成功、一次性投运成功"的预期目标。

公伯峡水电站送出官亭—兰州东 750 kV 交流输变电工程,是由国内众多单位共同参与完成的"750 kV 交流输变电关键技术研究、设备研制及工程应用"科技成果项目,荣获 2007 年度"国家科学技术进步奖一等奖",相关技术在后续建设的 750 kV 工程中广泛应用。目前,750 kV 交流输电线路已成为西北电网的主网架,并为我国 1 000 kV 特高压交流输电试验示范工程设备的研制打下了坚实的基础。

除了上述示范工程之外,我国还对特高压大容量实验室试验系统技术进行了改造与建设。

2003 年 8 月,依托西北 750 kV 交流输变电工程的建设,西安高压电器研究院股份有限公司(西高院)提出的特高压 800 kV 断路器大容量实验室试验系统技术改造建设方案得到了国家批复,并于 2005 年自主建设完成。整个系统可满足 1 000 kV/63kA 的试验能力,三相直接试验能力达到 14.5 kV/100kA,在大容量合成试验技术和试验能力方面迈入了国际先进行列,其中自主开发研制的 1 000 kV 触发点火装置性能达到了国际先进水平。

该实验室完成技术改造建设后,能够满足国内超(特)高压断路器大容量试验要求的试验回路,800～1 100 kV 气体绝缘开关设备(gas insulated switchgear,GIS)、断路器隔离开关等试验,打破了我国超(特)高压断路器大容量试验需在国外进行的困境。

(2) 1 000 kV 晋东南—南阳—荆门特高压工程。

2006 年,经国家核准,我国开始建设 1 000 kV 晋东南—南阳—荆门特高压交流试验示范工程。工程包括 3 站 2 线,自山西省长治市晋东南变电站起,经河南省南阳市南阳开关站,止于湖北省荆门市荆门变电站,线路全长 645 km,自然功率 5 000 MW,工程静态投资 56.88 亿元。该工程于 2007 年开工建设,一期工程于 2009 年 1 月投运,二期工程于 2011 年投运。

彼时,特高压输变电工程所需设备国外也尚无制造经验,这对我国输变电制造业是一个极大挑战。中国西电集团有限公司、特变电工股份有限公司、保定天威集团有限公司、新东北电气(沈阳)高压开关有限公司、平高集团有限公司等国内骨干企业都参与了这一工程,肩负起了自主开发的重任。

经过不懈努力,特高压交流输电工程实现了由国内自主设计、成套、建设和运营,主要设备实现国内制造的目标,综合国产化比例达到 90%,自主完成了 1 000 kV 主变压器、电抗器、全封闭组合电器、隔离开关、避雷器、变压器套管、电容式电压互感器、绝缘子、自动控制保护,及扩径导线等主设备的研究、试验和制造任务。试验示范工程的国产化建设,使我国掌握了一批具有自主知识产权的核心技术,实现了自主创新的核心目标,促进了电网企业创新能力、设计制造水平和管理水平的全面提升,推动了国内装备制造业的跨越式可持续发展。

　　下文将以特高压交流电输电线路安装施工技术特点为基础,对特高压交流电输电线路安装施工技术的内容及安装流程进行简要介绍,并对特高压交流电输电线路安装技术的内容及其安装施工过程当中所应该注意的安全标准进行探讨。

　　首先介绍特高压交流输电线路跳线的特点。图 1.22～图 1.25 所示的是在特高压交流输电线路中使用的各类跳线的种类,分别为单导线跳线、双线夹跳线、四分裂跳线和两分裂跳线。在特高压交流输电线路安装的过程中,跳线安装技术涉及三种跳线的结构类型,分别为 TG1、TG2、TG3 类型。三种类型的跳线结构类型都是刚性跳线,而且这三种刚性跳线的结构类型都各具特点。

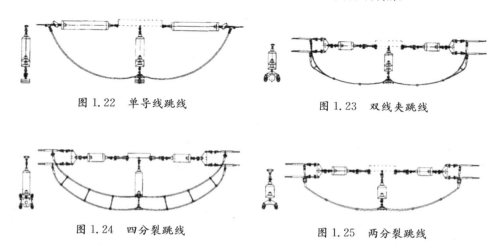

图 1.22　单导线跳线　　　　　　　　图 1.23　双线夹跳线

图 1.24　四分裂跳线　　　　　　　　图 1.25　两分裂跳线

　　第一种类型的刚性跳线为爬梯式;第二种类型的刚性跳线以串铝管式结构类型为主;第三种类型的刚性跳线主要以爬梯式为主,但是不同于第一种刚性的跳线,第三种类型的刚性跳线是在第一种类型的基础上,增加了鼠笼式。因此,第三种类型的刚性跳线又可以概括为爬梯鼠笼式。

　　这三种类型的刚性结构在安装过程当中都有一些注意事项:在安装过程中,一定要保持其与电气设备控制在一定的距离范围之内,同时还要保证安装过程当中的管线呈水平位置,安装时的铝管的起拱位置也要控制到位。另外注重保持水平也是为了安全考虑,在日后的检修过程中,也能更加容易地找出事故发生所在的区域,为后续修复工作提供方便。

　　接下来介绍特高压交流输电线路刚性跳线的施工流程。在上文所介绍的三种类型的刚性跳线中,在对第一种和第三种刚性跳线的安装过程中,首先要控制这两种刚性跳线安装时的高度和线路的长度。这两种刚性跳线在安装时要保证其在水平地面的位置到高处的位置在 1～2 m。同时,在安装等过程中还要注意引流线路的位置,通常引流线路是整个线路过程中较为重要的线路,因此,在安装过程中,首先应该确定引流线路所在的位置,将引流线路的位置确定好之后,才能继续下一步安装引流线路辅助线路的工作。

确定引流线路的位置后,将引流线路与线夹子相连接,之后要进行的便是跳线爬梯以及绝缘子的安装。其中绝缘子的安装是整个安装过程中最为重要的一个环节,在安装绝缘子的过程中,一定要确保所使用的绝缘子有绝对的绝缘性,否则一旦发生安全事故,这些绝缘子将不能很好地发挥绝缘的作用。因此绝缘子的材质在安装之前一定要事先进行考察。在对绝缘子以及绝缘子的一些附属配件安装完毕之后,便可进行定位放线,在定位过程中需要利用 GPS 导航系统,事先利用 GPS 导航系统进行定位,确定所要安装的线路的位置,在正式放线的过程中,一定要注意一些引流绝缘体的安装,以保证安装过程中的安全性。

最后一步便是起吊和安装。在上一步的操作过程之后,已经确定了一些线路以及绝缘体的位置,下面就是对这些引流线路以及绝缘体的起吊和安装工作。在起吊与安装的过程中,对于引流线路的位置、角度、拱起度以及距离等常见数据要做好实时的记录,并且要将其控制在安全标准规定的范围之内。对上述这些数据进行记录是为了在后续进行二次检查的过程中,能够保证其安装的精确度。除此之外,也可以为后续的安装工作提供参考。这些数据可以使后续的工作更加简便,不用再进行重复记录,进而大大提高了安装过程的效率。

下面介绍跳线的起吊工作。首先需要起吊的是中部跳线。在中部跳线起吊之前,首先要检查中部跳线各个部位的重量是否在规定范围之内,超过规定范围重量的跳线要进行调整。否则在启动过程当中会发生因跳线超重而无法起吊的现象,为后续起吊工作带来不必要的影响。起吊时所采用的工具有支架、滑车组以及直径为 15 mm 的尼龙钢丝绳。在起吊过程中,用这些直径为 15 mm 的尼龙钢丝绳,捆绑在中部跳线的中间位置,然后进行起吊。起吊时,一定要保证中部跳线达到规定的位置,而且在整个起吊的过程中,一定要进行重复检验,并观察起吊的中部跳线是否达到指定的位置,以保证起吊的安全性。

中部跳线起吊完成之后,便要进行边部跳线的起吊工作。边部跳线起吊之前,首先要用边线进行穿孔,穿孔之后还要用高强螺栓进行固定。与之前中部跳线起吊时所用到的工具一样,在进行边部跳线起吊时,所用到的工具依旧是滑车组和尼龙钢丝绳。尼龙钢丝绳所捆绑的位置就是跳线的两头,而且在跳线两头捆绑尼龙钢丝绳的时候,一定要连续捆绑三道,这样才能保证其在起吊过程当中不会掉落下来,也能提高起吊过程的安全性。在起吊的过程中,要保证各种吊绳的参数达到相应的规格。需要将跳线调到规定的位置,为了能更好地监督整个起吊过程,需要在起吊之前安装操作平台,使施工工人在操作的过程中能够利用所搭建的操作平台进行操作,以此保证操作的安全性。

另外在起吊过程中还要用爬梯来对这些刚性跳线进行吊装,并且利用人工对这些刚性跳线和引线进行调整。在人工和机器共同配合下,才能够进一步地保证起吊过程的准确度以及安全性。在起吊的过程中还应该注意控制一些常用的吊重点。除此之外,应合理地布置线网,保证引线和绝缘体之间所控制的距离在整个起吊过程当中保持不变。除了上述跳线的起吊工作,还有一些特殊的跳线。在起吊的过程中,要根据其位置以及性质的特殊性合理地安排起吊步骤。施工工人在对这些特殊跳线进行起吊的过程当中,一定要遵循施工顺序,不能为了完成进度而随便糊弄,按照普通跳线的安装方式来安装这些特殊的跳线。在起吊过程中,一旦发现一些较为特殊的跳线,应立马上报。上报之后,上级单位要针对这些特殊的跳线制订特殊的起吊方案,然后将特殊的起吊方案下发到各个施工组负责人,各施工组负责人准确传达施工意图之后,施工工人再按照指定的方案进行施工,这样才能保证整个起吊工作的安全性以及合理性。

当所有的跳线起吊工作完成后,后续进行的检验工作中也要遵循严格的检验标准,尤其是一些跳线的接头处以及跳线与引线的接头处这些细节处理方面要严格检查。一旦检查过程中发现质量不合格的要严肃处理,并责令相关负责人负起该负的责任,进行后续完善工作。

2) 直流输电

随着电压等级的提高,对高压直流输电保护技术提出了新的挑战,与常规高压直流系统相比,特高压直流输电系统结构更为复杂,运行方式更为多样,对控制和保护的要求也更高。而且特高压输电线路距离长,跨越地形及周边环境复杂,相比于其他元件更容易发生故障。据统计,在特高压直流系统故障中输电线路故障约占 50%。

我国特高压直流输电工程起步较晚。20 世纪 80—90 年代建成的两个 ±500 kV 高压直流输电工程的设备和技术全部依赖进口。在当时,我国尚不具备成套设计和制造 ±500 kV 直流输变电设备的能力。其中,1989 年投运的葛洲坝至上海 ±500 kV 直流输电工程是我国领先的超高压直流输电工程。

直流输电的优点如下。

(1) 线路走廊小,杆塔结构简单,线路造价低,损耗小。与交流相比,输送同样的功率,直流架空线路可节省 1/3 的导线、1/3~1/2 的钢材,损耗为交流的 2/3,线路走廊较窄。直流输电工程不存在电容电流,沿线电压分布均匀,无须装设并联电抗器。

(2) 直流电缆线路输送容量大、造价低、损耗小、寿命长,且不易老化,输送距离不受限制。直流电缆耐受直流电压的能力比耐受交流电压的高 3 倍以上,因此,同样绝缘厚度和芯线截面的电缆,用于直流输电比交流输电的容量大很多。

直流输电只需一根（单级）或两根（双级）电缆，而交流输电则需要 3 根或 3 根的倍数，因而直流输电造价更低。直流电缆不像交流电缆那样存在交流电容，因而输送距离不受限制，有利于远距离送电。

（3）直流输电不存在交流输电需要考虑的稳定问题，有利于远距离大容量送电。在输变电工程中，交流线路存在静态稳定输送极限。随着输送距离的增加，交流允许的输送功率将减小。为增加输送功率，必须采取提高输送稳定性的措施，如增设串联电容补偿，增加输电线路回路数，送端系统快速切机、强行励磁等。这些措施将使投资成本增加。而直流输电无须两端系统同步运行，不存在同步运行的稳定问题，输送容量和距离不受限制。

（4）采用直流输电可实现非同步电力系统间的联网。被连接的电网可以是不同额定频率的电网，也可以是频率相同但不同相位运行的电网。被联电网可保持自己的电能质量（如频率、电压）而独立运行，被联电网之间的交换功率可快速方便地进行控制，有利于输变电网的运行和管理。

（5）在双级直流输电系统中，通常大地回路作为备用导线，使双级系统相当于两个可独立运行的单级系统运行。当发生一级故障时，可自动转为单级系统运行，提高了系统的运行可靠性。

（6）直流输电可方便地进行分期建设和增容扩建，有利于发挥投资效益。双级直流工程可按极分期建设，先建一级单极运行，之后再建另一级。

（7）直流输电输送的有功功率和换流器消耗的无功功率均可由控制系统进行控制，这种快速可控性可用来改善交流系统的运行特性，有利于电网的经济运行和现代化管理。

直流输电也有缺点，具体如下。

（1）直流换流站比交流变电站的造价要高许多。换流站设备多、结构复杂、造价高、损耗大、运行费用高。通常，交流变电所的主要设备是变压器和断路器，而换流站还有换流器、平波电抗器、交流滤波器、直流滤波器、无功补偿设备，以及各种类型的交流和直流避雷器等。由于设备多，损耗和运行费用相应增加，运行和维护较复杂。

（2）占地面积大，可靠性相对较差。由于换流站设备多，因而占地面积大，系统可靠性因设备多也会随之降低。

（3）晶闸管换流器进行换流时，消耗大量的无功功率，每个换流站均须装设无功补偿设备。当换流站接到弱交流系统上时，为提高系统动态电压的稳定性和改善换相条件，有时还须装设同步调相机或静止无功补偿装置。

（4）直流利用大地（或海水）为回路，会带来一些技术问题。如接地极附近入地直流电流对金属构件、地下管道、电缆等埋设物的电腐蚀问题；地中直流电流流过中性点,接地变压器使变压器饱和引起的问题;对通信系统的干扰问题等。

(5)直流断路器由于没有电流过零点可以利用,灭弧问题难以解决,给制造带来困难,多端直流输电工程发展缓慢。

直流输电工程的技术难点主要在换流站。以下将重点介绍我国的直流输电工程。

(1)三峡—常州±500 kV 直流输电工程。

国家"九五"期间,为尽快掌握相关技术装备的制造能力,根据三峡工程输电需求,国家依托"西电东送"的中通道三峡—常州±500 kV 直流输电工程,采取"技术引进、消化吸收、分包制造和攻关创新"的方式,即在国际招标中要求国外转让换流变压器、平波电抗器、换流阀和晶闸管技术,并允许国内厂商分包制造,对国外±500 kV 直流输电成套设备技术进行消化吸收。

其中,龙泉—政平±500 kV 直流输电工程是三峡输变电工程的重要组成部分,承担着三峡电力外送的任务,是国家电网公司"西电东送""全国联网"、实现全国电力资源优化配置战略目标的一个重要环节。政平换流站作为该工程的受端站,于 2000 年 7 月开工建设,2002 年 12 月 22 日单极送电,2003 年 6 月 16 日双极送电,为常州乃至江苏地区高速发展提供了强有力的支撑。

在没有直流运维经验的情况下,换流站建设的骨干技术人员就先后至葛洲坝换流站、南桥换流站参加技术培训和跟岗锻炼,他们手绘图纸,学习理论知识,积极参与年度检修、事故处理等现场实践,为政平换流站建设和投运做好知识、经验储备。

2000 年 7 月,政平换流站开工建设。当时,由于国内直流输电技术相对落后,电力装备技术水平较低,因此政平换流站的设备来自瑞典、法国、德国等 10 余个国家和地区的 30 余家公司,设备资料均是外文。为了不耽误白天的日常工作,技术人员晚上加班到深夜,人手一本外文字典,逐字逐句地翻译。最终历时 3 个多月,共翻译设备资料上百余份,为后续运检工作打下了坚实的基础。

随后,通过三峡—广东、贵州—广东、三峡—上海等±500 kV 直流输电工程的建设,国内制造企业进一步扩大了分包制造的份额,并重点引进了直流输电控制与保护系统关键技术等,在直流输变电装备制造技术和制造能力方面实现了跨越。

在此期间,我国输变电设备制造企业先后通过联合设计、独立制造的方式,研制了换流变压器、平波电抗器和大功率晶闸管元件,使设备的本土化率从 30% 逐步提升,并在大功率晶闸管、换流阀制造和换流站成套设备与设计技术方面取得了重大突破。

经过上述工程的磨炼,到 2005 年投运"灵宝直流背靠背"工程时,我国已能够实现成套装备100%本土化,完全具备了独立设计和制造±500 kV直流输变电设备的能力,彻底改变了高压直流输电设备依赖进口的历史。

伴随我国输变电工程的发展,国内直流输电装备制造企业的自主创新能力和产品制造能力逐步提升。举若干实例:在三峡—常州±500 kV直流输电工程中,国内制造企业重在参与,引进了技术,组装和制造了部分设备,国产化率为30%;三峡—广东和贵州—广东±500 kV直流输电工程中,国内制造企业采取联合设计、独立制造的方法,自主制造了换流变压器、平波电抗器和大功率晶闸管元件,国产化率达到50%;在三峡—上海±500 kV直流输电工程中,国内制造企业采取联合设计、联合投标和独立制造的方式,使国产化率达到70%;自"灵宝直流背靠背"工程开始,工程设备实现了100%的国产化,特别是在大功率晶闸管、换流阀制造的国产化和换流站成套设备与设计技术方面取得了重大的突破,为±800 kV特高压直流输电成套设备的开发打下了坚实的基础。

在三峡输变电主体工程的规划和建设过程中,国内研制单位逐步掌握了核心技术,彻底改变了高压直流输电设备依赖进口的历史,确保了三峡电力"送得出、落得下、用得上"。

(2)±800 kV特高压直流输电示范工程。

虽然我国特高压直流输电工程起步较晚,但进展较快。近几年,我国已拥有国际上先进的直流输电技术和极高的直流输电容量。目前,国内已建成±800 kV特高压直流示范工程3个。

一是云南—广东±800 kV特高压直流输电示范工程,汇集云南小湾、金安桥等水电站的电力输送广东,额定电压±800 kV,双极额定输电容量500万千瓦,输电距离1438 km,送端换流站选定在云南楚雄州禄丰县,受端选定在广州市增城区(当时为增城市),线路经云南、广西至广东。工程于2009年12月单极建成投产,2010年6月双极建成投产。

二是向家坝—上海±800 kV特高压直流输电示范工程,工程起点为四川复龙换流站,落点为上海奉贤换流站,额定输送功率640万千瓦,最大输送功率700万千瓦,途经四川、重庆、湖南、湖北、安徽、浙江、江苏和上海8个省市,全长约为2071 km,于2011年7月建成投产(双极)。

三是锦屏—苏南±800 kV特高压直流输电工程,起点是四川西昌裕隆换流站,落点是江苏苏州同里换流站,最大输送功率720万千瓦,全长为2095 km,直流输电线路采用900 mm² 大截面导线,与传统630 mm² 导线相比,按照每年损耗3000 h计算,每年每千米线路可节电约4.32万千瓦·时。该工程于2012年12月建成。

由于±800 kV直流输电目前还没有成熟的技术,该示范工程主设备除部分高端换流变压器和直流场设备外,其余如低端换流变压器、±800 kV 干式平波电抗器、换流阀、15.24 cm(6 in)大功率晶闸管、控制保护、避雷器和绝缘子等设备全部由国内制造,目前 ±800 kV 直流输电设备国产化率达到 65% 以上。

2021 年 10 月,国家电网江苏电力公司启动常州政平换流站直流控制保护系统改造。该换流站控制保护系统由国外公司设计制造,自 2003 年 6 月投运以来,已运行 19 年。随着时间的推移,系统主机板卡故障率升高,由于国外公司备品备件停产,系统的正常维护遭遇难题。如果发生紧急故障,将会导致直流输电系统停运。因而国家电网启动了系统改造工程,将常州政平换流站原有的国外核心元器件全部换成国产,这为提升设备国产化率提供了范例。这次改造将控制和保护进行了分离,新更换的控制保护主机硬件性能强大,运行更加稳定,给后续运检工作带来极大方便。这也显示出 40 年来通过引进、消化、吸收国外先进的产品设计和制造技术并进行再创新,我国在输变电设备制造领域取得了巨大的成就,缩短了与国外的技术差距,为我国输变电技术的进一步发展打下了基础。

目前国内外学者已经对特高压直流输电线路保护做了一系列的研究,针对各类保护的不足以及相关解决方法进行分类。

(1) 行波保护。

行波保护基于故障产生的行波暂态量特征,可实现直流线路故障的快速动作,是目前直流工程中广泛应用的直流线路主保护,其保护判据如下:

$$\begin{cases} \mathrm{d}u/\mathrm{d}t > \Delta_1 \\ \Delta u > \Delta_2 \\ \Delta i_1 > \Delta_3 \\ \Delta i_2 < \Delta_4 \end{cases} \quad (1-1)$$

式中, $\mathrm{d}u/\mathrm{d}t$ 为极线电压变化率; Δu 为极线电压变化量; Δi_1、Δi_2 为整流侧和逆变侧电流变化量; Δ_1、Δ_2、Δ_3、Δ_4 分别为保护定值。行波保护速动性比较好,但是存在可靠性较差,易受到干扰,对采样频率要求较高,高阻接地故障时保护灵敏度较低的问题。

除此之外,目前没有较为成熟的整定计算原则适用于行波保护。

通常厂家会直接提供保护定值,再结合现场运行情况或异常、事故进行一定的调整。但是由于依靠经验可能会存在整定计算不足的情况,导致发生直流故障时行波保护错误动作。

对于行波保护现存的容易受到干扰、对采样频率要求较高、高阻接地故障时保护灵敏度较低和缺乏成熟的整定计算原则等问题,研究人员进行了一系列研究。针对故障的识别与定位,Suonan 等提出一种利用双端数据对高压直流输电

(high voltage direct current，HVDC)输电线路故障进行定位的方法。与基于行波原理的故障定位算法不同,新的故障定位算法可以使用故障后数据的任何部分来定位故障。Kong 等也在这个领域提出了新办法,一种新的基于行波的特高压直流双极输电线路主保护方案,其中内部故障和外部故障之间的反向行波差用于识别故障区域,电压故障组件的极性特性用于识别故障线路。甄永赞等基于小波变换的高压直流输电线路短路行波保护方法,对采用离散采样进行保护整定有严重数值稳定性的问题提出了一种多重采样方法,该研究方法和结论对于实际工程中的行波保护整定,具有较重要的参考意义。

最后随着大容量远距离输电需求的日益旺盛,目前已出现多条超长距离 HVDC 线路,如直接将传统 HVDC 直流保护应用于超长 HVDC 路,其在灵敏性和速动性上尚难达成统一。胡仙清等基于同模异频时差特征,提出了一种 HVDC 输电线路的单端量测距式主保护原理,该保护原理可有效弥补现有主保护应用于超长距离输电线路时的灵敏性低以及纵联式保护的速动性差的问题。宋国兵等综合考虑上述因素基于输电线路的频变参数特性提出一种利用波前信息的直流输电线路超高速保护原理。该原理给出了高压直流输电线路的整定原则,动作迅速、保护范围广、耐过渡电阻能力强,具有识别线路雷电干扰及抗噪声干扰能力。

(2) 微分欠压保护。

微分欠压保护是直流线路的主保护,同时也作为行波保护的后备保护,它的灵敏性和可靠性都比较高。它包括两个部分,分别为微分部分和低压部分。典型的直流线路微分欠压保护判据为

$$
\begin{cases}
\mathrm{d}u/\mathrm{d}t > \Delta_1 \\
u_{\mathrm{dl}} < \Delta_2
\end{cases}
\tag{1-2}
$$

式中, $\mathrm{d}u/\mathrm{d}t$ 为极线电压变化率作为微分判据; u_{dl} 为线路低压水平作为低电压判据。虽然微分欠压保护比行波保护可靠性更高但其也存在与行波保护相同的问题。高本锋等研究了微分欠压保护故障电气量的动态特性,分析了故障位置、过渡电阻和运行工况对电气量的影响,从而为定值整定提供理论支撑;同时结合向上工程,分析了微分欠压保护判据,提出了微分欠压保护定值的整定方法。

(3) 纵联差动保护。

纵联差动保护作为后备保护主要是用于检测线路高阻接地故障,利用通信通道对两端电气量进行比较,从而判断故障位置决定是否切断故障,它的保护判据为

$$
|i_1(t) + i_2(t)| > i_{\mathrm{set}}
\tag{1-3}
$$

式中, $i_1(t)$ 、 $i_2(t)$ 为 t 时刻线路整流侧和逆变侧测量点的电流值; i_{set} 为整定值。

由于纵联差动保护需要两端数据,对通信要求较高,而且由于输电线路分布电容电流的存在需要通过延时闭锁来保证其准确动作,故反应速度比较慢。

纵联差动保护作为高压输电线路后备保护,能检测出高阻接地故障但是对通信要求较高而且受线路分布电容影响较大,响应速度较慢。

通过以上分析可以知道现阶段有大量的直流输电线路保护方案,其保护原理各不相同,其未来发展方向如下。

a. 根据现在的特高压输电线路保护性原理可以进一步研究各个保护原理之间的协调配合、保护的硬件架构和软件的实现,进一步完善高压直流输电线路保护的整体方案。

b. 在实际工程中各种保护判据的整定是一个难点,因为系统的参数各不相同,所以相应的整定值也有差异,可以进一步研究故障的变化规律,进行数学解析为判据定值整定提供理论支撑。

c. 未来的特高压直流电网的保护与控制系统息息相关,所以研究直流线路保护、开关器件以及控制系统相配合的动作时间和投入方式非常重要。除此之外还需要研究相应的协调使用策略,最大化提升直流电网的故障处理能力。

1.3.4　特高压输电之最

本节将介绍几个在特高压输电领域有着重要意义的工程。

首先是最长的工程——淮东—皖南 $\pm1100\,\mathrm{kV}$ 特高压直流输电工程,现场示意如图 1.26 所示。淮东—皖南 $\pm1100\,\mathrm{kV}$ 特高压直流输电工程起于新疆昌吉自治州昌吉换流站,止于安徽宣城市古泉换流站,途经新疆、甘肃、宁夏、陕西、河南、安徽 6 个地区,横跨半个中国,是目前世界上电压等级最高、输送容量最大、输电距离最远、技术水平最先进的直流输电工程。

图 1.26　淮东—皖南 $\pm1100\,\mathrm{kV}$ 特高压直流输电工程现场示意

在新疆境内,工程线路全长约为 600 km,共有铁塔 1 109 基,穿越了沙漠、风区,翻越了东天山。它还突破技术和施工难题,在古尔班通古特沙漠腹地、哈密两次跨越"疆电外送"750 kV 电网。出新疆后,工程从甘肃、宁夏、陕西、河南穿境而过,沿途地形地貌复杂多变,跨越了黄河、秦岭等。

在甘肃工程段全长约 1 280 km,共有铁塔 2 289 基,跨越黄河 1 次、±800 kV 特高压祁绍线 1 次、750 kV 线路 8 次。工程宁夏段全长约 190 km,共有铁塔 340 基。陕西段工程线路全长约 400 km,共有铁塔 734 基,跨越高速公路 10 处、高铁及陇海铁路 3 处。工程在河南线路全长约 540 km,共有铁塔 1 010 基。在落点安徽,工程线路长度约 300 km,拥有铁塔 598 基。沿线江流纵横、河网密布,多基铁塔邻近带电体,展放导线时跨越长江 1 次,多次跨越高铁、高速公路,1 000 kV、500 kV、220 kV 等电压等级电力线路,施工技术难度前所未有。

安徽宣城境内的 ±1 100 kV 古泉换流站是本直流输电工程的受端站,占地面积 565 亩,相当于 50 个标准足球场大小。它拥有世界上最大的换流变、最重的户内平波电抗器、最高的户内直流场、最复杂的网侧交流系统分层介入等和国内第一个特高压 5G 基站。

建设淮东—皖南 ±1 100 kV 特高压直流输电工程是一项世界级电网创新工程。它具有显著的经济、社会、环境效益,其对于促进新疆能源基地开发、保障华东地区电力可靠供应、拉动经济增长、实现新疆跨越式发展和长治久安、落实大气污染防治行动计划等具有十分重要的战略意义,是当之无愧的"大国重器"。

淮东—皖南 ±1 100 kV 特高压直流输电工程与 ±800 kV 特高压直流工程相比优势明显,该工程进一步提高了直流输电效率,节约了宝贵的土地和走廊资源,提高了经济和社会效益。

特高压电网投资大,中长期经济效益显著,具有产业链长、带动力强等优势,可有力带动电源、电工装备、用能设备、原材料等上下游产业,对稳增长、调结构、惠民生具有十分重要的拉动作用。

工程投运后,具备年送电 600 亿~850 亿千瓦·时的能力,将有力促进长三角区域大气污染防治目标的实现。环境保护价值巨大——特高压输电是我国自主研发、世界领先的输电技术,是中国电力的"金色名片"。

该项目占据了当今世界输电技术领域的制高点,推动我国电工装备制造能力实现了新的飞跃,使我国"西电东送"和能源大范围优化配置能力实现了重要提升。

其次,是我国特高压海拔最高的输电线路,滇西北—广东 ±800 kV 特高压直流工程。这是世界上在建海拔最高、设防抗震级别最高的工程,现场示意如图

1.27 所示,线路三维示意图如图 1.28 所示。新松换流站所在地海拔达 2 350 m,乃世界最高;电气设施抗震设计达到 9 度,为世界最高等级;直流线路跨越海拔 3 600 m,同样是世界最高。

图 1.27　滇西北—广东±800 kV 特高压直流工程现场

图 1.28　滇西北—广东±800 kV 特高压直流工程线路三维示意图

滇西北—广东±800 kV 特高压直流工程主要承担澜沧江上游云南段 7 级水电站装机的送出任务,是国家能源局为推进大气污染防治行动,加快建设速度的 12 条输电通道之一。在广东境内经过肇庆市怀集县,清远市阳山县、英德市、佛冈县,广州市从化区,惠州市龙门县、博罗县,东莞市,深圳市光明新区和宝安区等 12 个县市区。主要工程建设内容是将澜沧江上游的水电资源送往广东负荷中心地区,满足广东省用电负荷持续快速增长的需要,缓解珠三角地区用电压力。

滇西北—广东±800 kV 特高压直流工程于 2018 年中全部建成投产,增加云电外送能力 500 万千瓦,每年向广东输送清洁能源约 200 亿千瓦·时,相当于深圳全年用电量的四分之一。珠三角地区每年可减少煤炭消耗 600 万吨、二氧化碳排放量 1600 万吨,以及二氧化硫排放量 12.3 万吨。

滇西北—广东±800 kV 特高压直流工程中,新松换流站是目前世界上海拔最高(2350 m)的特高压换流站,同时也是世界上地震设防烈度最高的特高压站点(地震设防烈度达 9 度)。输电线路跨越崇山峻岭,施工环境艰苦、作业难度大,其中位于云南大理洱源县境内的线路区段为目前世界上海拔最高的特高压直流线路(平均海拔 3600 余米)。

高海拔和高地震烈度叠加给滇西北—广东±800 kV 特高压直流工程建设带来了巨大的挑战,工程在主设备制造运输、电气绝缘、抗震设计等方面遇到了诸多难题,且很多难题是"世界首次",没有成熟经验可供借鉴。为此,南方电网进行了大量科技攻关,攻克了诸多世界级难题,为工程的顺利建成投产提供了保障。

目前,南方电网"西电东送"已成为南方五省区最直接、最牢固、最紧密的经济社会合作方式之一,在优化资源配置、促进区域协调发展、实现东西部地区和谐共赢、推进低碳经济发展和生态环境改善等方面起到了十分重要的作用。到 2020 年底,南方电网已建成"8 交 11 直"西电东送大通道,实现最大送电能力超过 5000 万千瓦,进一步促进我国东西部资源的优化配置。

一直以来,南方电网公司认真落实"四个革命一个合作"能源发展战略,努力建设安全、可靠、绿色、高效的智能电网,提高能源输送和系统调节能力,基本实现我国南方五省区非化石能源电量占比达 50% 以上,让天更蓝、水更清、山更绿,为建设"美丽中国"贡献南网力量。

最后介绍最为重量级的"塔王",张北—雄安 1000 kV 特高压输变电工程。

世界特高压"塔王",张北—雄安 1000 kV 特高压输变电工程,位于河北保定乌龙沟的群山之巅的两基铁塔(4S004、4S005 号塔),塔高分别为 211.6 m 和 208.6 m,重量达 730 t 和 740 t,是名副其实的重量级"塔王"。工程将张北 500 kV 开关站升压扩建为 1000 kV 变电站,扩建雄安 1000 kV 特高压变电站,新建铁塔 792 基,于 2019 年 4 月 29 日全面开工建设,2020 年 7 月 21 日实现全线贯通。

张北—雄安 1000 kV 特高压输变电工程中一共建造有 82 条索道,用来输送两基铁塔 1400 余吨塔材及 200 多吨单动臂抱杆,如下图 1.29 所示。在将基础建材全部运上高地之后,再用 4000 根 9 m 长钢管在峭壁上搭设出 300 m² 作业平台,如图 1.30 所示,在此作业平台上继续进行建设。建成后远景望去如图 1.31 所示。

图 1.29　现场索道运输基础建材

图 1.30　工程作业平台施工

图 1.31　工程远景图

张北—雄安 1000 kV 特高压交流输变电工程,起自张北特高压变电站,止于雄安特高压变电站。项目总投资约 60 亿元,包括建设张北特高压变电站,扩建雄安特高压变电站。该条线路是雄安新区首条以输送清洁能源为主的特高压输电通道,是保障北京冬奥场馆 100% 用上清洁电能的重要输电工程,每年将为雄安新区输送 70 亿千瓦·时以上的清洁能源。

张家口风能、太阳能资源丰富,是国务院批准设立的可再生能源示范区。张北至雄安 1000 kV 特高压交流输变电工程建成后,张家口的清洁电力可以实现直供雄安新区,将从根本上解决张家口地区新能源出力受限问题,缓解河北南网电力负荷缺口及我省中南部电力供需矛盾,促进京津冀雾霾治理,助力雄安新区实现外来电力清洁化。

1.3.5 输电线路的组成

常规输电线路由输电杆塔、避雷线、分裂导线和绝缘子组成。

1) 输电杆塔

输电线路支撑的基础正是输电杆塔。输电导线是由输电杆塔一段一段撑起来的,高电压等级的用"铁塔",低电压等级的比如居民区里见的一般用"木头杆"或"水泥杆",合起来统称为"杆塔"。

高电压等级的线路需要有更大的安全距离,所以要架得很高,只有铁塔才有能力负担数十吨的线路。一根电线杆提供不了这么高、也没这么大支撑力,所以电线杆都是较低电压等级的。

这里所说的电压等级是指线电压,ABC 三相中任意两相之间的电压。家用的 220 V 是相电压,是三相中任意一相对大地的电压。实际居民用电是 380 V 线电压的($\sqrt{3}$ 220 V),只是到了居民楼门口之后才三相分开,比如 ABC 三相各入一栋楼的三个单元。

我们通常看到的一般都是输电铁塔,塔型包括猫头塔(见图 1.32)、酒杯塔(见图 1.33)、门型塔(见图 1.34 所示)、V 字塔(见图 1.35)等。输电线路也分直流和交流(DC 和 AC),直流线路不是很常见,国内的直流线路也很少。

图 1.36 展示的是哈密南—郑州 ±800 kV 特高压直流输电线路。铁塔是 T 形的,在塔的最顶端的下方,吊着两回输电线路,一边正极,一边负极,一共两根。在铁塔上面还伸出来了两个小"角",一边也各一条"细线",这不是输电线,而是避雷用的避雷线,也称为地线。

交流线路的大致线路与杆塔结构如图 1.37 所示。交流的一回线路有 A、B、C 三相,输电铁塔最顶端的是避雷线。多雷暴地区或电压等级高的线路是两根避雷线,雷暴不严重或电压等级低的线路可以减少到一根避雷线,可以根据工程实际的具体情况做出选择。

图 1.32 猫头塔

图 1.33 酒杯塔

图 1.34 门型塔

图 1.35　V 字塔

图 1.36　哈密南—郑州±800 kV 特高压直流输电线路

图 1.37　交流线路杆塔

2）避雷线

避雷线（见图 1.38），其主要作用是为了避免输电线路遭受雷击而安装的引雷入地的导线，通过电杆上的金属部分和埋设在地下的接地装置，使雷电流流入大地。

图 1.38　避雷线

避雷线都是与铁塔相连的，为的是把雷击时的电流能顺着铁塔引到地里面去。不过在连接的时候，避雷线和杆塔中间是有段绝缘体或绝缘子的，仔细看，能看到跳线。这样设置的目的是可以在雷击时方便击穿泄流，同时在平时减少输电损耗。如果避雷线直接连着铁塔，则线中对导线的感应电流会直接流入大地，导致输电损耗。

避雷线一般应用在高电压等级的空旷地区的输电铁塔，大多电线杆上一般很少有避雷线：一是电线杆一般是在城市内，其他更高的建筑被雷劈的概率更大；二是低电压等级的电线杆就送电量少，从性价比角度考虑，无须架设避雷线。

避雷线下面就是输电线路了，根数都是 3 的倍数，3 根线的称为一回线，6 根线的称作两回线，12 根线的就称为四回线，每一回里都有 A、B、C 三相的三根线。之所以一个塔上有多回线路，主要是考虑输送电容量和占地面积，由此也衍生出了"线路长度"和"回路长度"的概念，对同塔双回而言，回路长度是线路长度的 2 倍，以此类推。图 1.38 也是两个同塔四回的线路，如果是不同电压等级的，则上面导线的电压要高于下面导线的电压，电压越高对地的安全距离要求越高。

避雷线和输电导线其实也很好区分，一个是直接顶在杆塔上，是避雷线；另一个是需要用绝缘子串悬挂在杆塔上,是输电导线。杆塔上是地电位,没有绝缘子串的绝缘,导线就直接对杆塔短路了。对于输电线路,能分清电压等级是首位的,这决定了是哪条线,大概输送多少功率,以及输送多远距离。

如何一眼看出输电线路的电压?秘诀是"三看":看导线分裂数、看绝缘子串长度、看杆塔高度。

3)分裂导线

分裂导线,是高压输电线路为抑制电晕放电和减少线路电抗所采取的导线架设方式。正如图1.39中显示的,对于A、B、C三相中的每一相导线,都是分成好几股的,比如图1.39中1000 kV特高压输电线路就分了八股,称为"八分裂"导线。之所以一相导线要分裂成好几股,是要把导线的"等效直径"扩大,相当于用几股较细的导线(相对较细,其实也有手腕粗),围成一个近似圆形,相当于把整相的导线直径"等效"扩大了。

图1.39 八分裂输电导线

接下来讨论为什么要扩大输电线路的"导线直径"。

(1)交流电有"趋肤效应",因为自感的原因,电流大部分都在导线表面流动,导体中间几乎没有电流,把导体弄成管状可以简约材料减轻重量。既然是管状,不如用分裂导线代替管状线。

(2)高压输电线电流很大,要求导线的电阻低,电阻与导线的面积成反比,因此要用很粗的管状导线,目前用分裂导线了(在变电站里还是用管母线)替代。

(3)导线越粗,导线表面电场强度就越低,电晕就越小。电晕是对电能的损耗,把导线加粗,可以降低表面场强及电晕。

电晕是一种放电现象,雨天在输电线周围可能会听到"咝咝"的声音,夜里偶尔也能看到导线在发微弱的光,这就说明有电晕的存在。当然电晕也不是只有坏处,电晕在输电线路上也有不少好处,如增强线路的耐雷性能、提高静电感应电压的闪络水平、减少雷击次数等。

由电晕的"咻咻"声,也会带来无线电干扰,这也是为什么直流导线也要分裂的原因,是为了降低电晕。

在 1 000 kV 以下还有 750 kV 的超高压输电线路,这个电压等级只在我国的西北地区电网使用,欧洲有 765 kV 电压等级的线路。一般 220 kV 为二分裂,500 kV 为四分裂,我国西北电网 750 kV 为六分裂,1 000 kV 为八分裂。

4)绝缘子

绝缘子是输电线路中非常重要的组成部分,它们的主要作用是支撑导线并保持导线与杆塔之间的电气绝缘,以确保电流安全、有效地传输。常见的绝缘子有以下几种。

(1)瓷绝缘子。

瓷绝缘子由电工陶瓷制成,具有良好的绝缘性能和机械强度,其瓷件表面通常以瓷釉覆盖,以提高其机械强度和防水浸润性。瓷绝缘子可以分为支柱瓷绝缘子和悬式瓷绝缘子。支柱瓷绝缘子如图 1.40 所示,通常用于发电厂和变电站中的母线和电气设备的绝缘及机械固定。由于其机械强度高、分散性小,运行安全可靠,并且具有良好的耐污秽性能和抗震水平,因此支柱瓷绝缘子常用于高压设备中,如隔离开关和母线,以及一些需要承受较大机械负载和具有较高抗震要求的场合。

图 1.40　支柱瓷绝缘子

悬式瓷绝缘子如图 1.41 所示,广泛应用于高压架空输电线路,如 220 kV、330 kV、500 kV 等输电线路,适用于工业粉尘、化工、盐碱、沿海及多雾地区的高压架空输配电线路上的绝缘和固定导线。同时,悬式瓷绝缘子因其结构简单、制造成本相对较低,能在各种不同地区线路中使用,尤其是在清洁地区或需要较长爬电距离的场合。

图 1.41　悬式瓷绝缘子

(2) 玻璃绝缘子(见图 1.42)。

图 1.42　玻璃绝缘子

玻璃绝缘子由经过钢化处理的玻璃制成,具有较高的机械强度和良好的耐电弧性能。它们具有自洁性能,且在发生裂纹或电击穿时会自行破裂成小碎块,俗称"自爆",这一特性使得玻璃绝缘子在运行中不需要进行零值检测。

玻璃绝缘子有较好的耐电弧和不易老化的优点,并且绝缘子本身具有自洁性能良好和零值自爆的特点。玻璃是熔融体,质地均匀,烧伤后的新表面仍是光滑的玻璃体,仍具有足够的绝缘性能;对于遭受雷击频率较高的地段,从技术角度出发应该优先考虑选择玻璃绝缘子。

近年来,钢化玻璃绝缘子随着制造工艺的改进,内褶皱多而深,大大地提高了单片绝缘子的爬电距离,这种爬电距离的提高也提高了绝缘子的闪络电压。

另外,由于钢化玻璃绝缘子的自碎性能,在强电流通过绝缘子串时,首先是钢化玻璃伞群自碎,而绝缘子钠帽不炸裂,钢脚不熔断。这是钢化玻璃绝缘子一个显著优点。

　　钢化玻璃绝缘子的防污闪能力与绝缘子结构是密切相关的。目前,防污闪钢化玻璃绝缘子上表面多采用传统的倾角设置,上表面自洁能力较强;但其下表面同样由于设有多道深褶皱的原因,绝缘子的自洁能力降低,绝缘子下表面的积污总量较大。在灰尘较大区域运行的绝缘子,积污情况相当明显。从一些通报的案例上看,某些地方在雾季也发生过跳线串等由于污秽的原因沿面闪络的情况。

　　(3) 复合绝缘子。

　　复合绝缘子(见图 1.43)由玻璃纤维树脂芯棒(或芯管)和有机材料的护套及伞裙组成。它们具有尺寸小、重量轻、抗拉强度高、抗污秽闪络性能优良等特点,但抗老化能力不如瓷和玻璃绝缘子。

图 1.43　复合绝缘子

　　复合绝缘子由于其良好的憎水性能具有独树一帜的抗污闪能力,正越来越广泛地应用于电网。根据相关电网运行经验和研究表明:复合绝缘子相对悬式瓷绝缘子、玻璃绝缘子而言,易遭受工频电弧损坏,如图 1.44、图 1.45 所示。

图 1.44　复合绝缘子老化

（a）1号　　　　（b）2号　　　　（c）3号

图 1.45　复合绝缘子腐蚀

因此，复合绝缘子需要在两端安装均压装置，使工频电弧飘离绝缘子表面。其次，均压装置还应保护两端金属附件连接区因漏电起痕及电蚀损导致密封性能破坏。复合绝缘子必须安装均压装置使用，其干弧距离小于相同结构高度的瓷、玻璃绝缘子串，这无疑降低了电气绝缘子强度。

相关试验表明：在高压端安装了均压装置后，雷电冲击闪络电压比无均压装置情况下有不同程度的降低，且随着均压装置的罩入深度的增加，绝缘距离有所减少，闪络电压降低幅度加大。当绝缘子两端都装上均压装置后，雷电冲击闪络电压最高降幅值达 21.3%。复合绝缘子裙边短小，相对裙间间距不大，其遭雷击后造成闪络的概率呈明显增加的趋势。

护套材料耐电场、耐老化能力不强，在强电场以及臭氧和酸性物质作用下，护套会加速老化，且经长时间运行的芯棒护套会产生大量裂纹和缝隙，水汽慢慢侵入，造成局部放电，产生发热，这会进一步破坏护金与芯棒。

另外，在灰尘较多的区域运行的电网中，复合绝缘子的抗硅酸盐腐蚀能力有限。硅酸盐粉尘容易与复合绝缘子表面的憎水性物质结合，导致粉尘附着并持续积累。这种持续的污染和老化过程可能会最终导致绝缘子击穿，影响电网的可靠性和安全性。因此，对于灰尘环境中的电网设备，需要采取有效的防护措施，以提高绝缘子的耐污染性能并延长其使用寿命。

1.3.6　输电系统保护

输电系统保护是确保电力系统安全稳定运行的关键环节。输电系统常见的保护措施有如下几种。

1）过载保护

过载保护是指当电力系统中的负载超过设备或线路的额定容量时，采取的保护措施。过载可能会导致设备过热,甚至损坏。过载保护通常通过以下两种方式实现。

（1）定时继电器:当电流超过设定值一定时间后,继电器动作,切断电源。

（2）热继电器:监测设备温度,当温度超过安全阈值时,触发保护动作。

2）短路保护

短路是指电力系统中的两个不应该直接相连的导体之间发生意外的直接连接,导致电流急剧增大。短路保护是为了防止由此造成的设备损坏和火灾。短路保护如下。

（1）断路器:在检测到短路时迅速切断电路。

（2）熔断器:当电流超过其额定值时,熔断器内部的熔丝会熔断,从而切断电路。

3）接地故障保护

接地故障是指电力系统的某一部分意外接触到地,这可能会导致人身安全风险和设备损坏。常见接地故障保护如下。

（1）零序电流保护:检测三相电流的不平衡,当不平衡电流超过设定值时,触发保护。

（2）接地继电器:专门用于检测接地故障,并在检测到故障时发出信号。

4）电压保护

电压保护用于应对电压过高或过低的情况,这可能会损坏敏感设备或影响系统稳定性。电压保护如下。

（1）欠压继电器:当电压低于设定值时,继电器动作,切断电源。

（2）过压继电器:当电压超过设定值时,继电器动作,可能触发断路器或发出警告。

5）频率保护

频率保护用于维持电力系统的频率稳定。频率的异常变化可能会影响整个系统的稳定性。频率保护如下。

（1）自动发电控制（AGC）:自动调整发电量以维持频率稳定。

（2）频率继电器:在频率异常时发出信号或触发保护动作。

6）方向保护

方向保护用于检测电力流向,防止反向电流对系统造成损害。方向保护通常用于输电线路和变压器保护,利用方向继电器进行保护,方向继电器会监测电流方向,当检测到反向电流时,触发保护。

7）距离保护

距离保护是一种基于故障点与保护装置之间距离的保护方式。它通过利用阻抗继电器测量故障点的阻抗来确定故障位置,并在必要时切断电源。阻抗继电器可测量系统阻抗,当阻抗降低到设定值以下时,触发保护。

8）差动保护

差动保护用于检测和隔离特定区域内的故障。它通过比较两侧电流的差异来检测故障，其保护措施为差动继电器。差动继电器：当两侧电流差异超过设定值时，继电器动作，隔离故障区域。

上述保护装置的工作原理通常基于电流、电压、频率、阻抗等参数的测量和比较。当这些参数超过或低于预设的安全值时，保护装置会触发相应的保护动作，如切断电源、发出警告或隔离故障区域。

保护装置的重要性如下。

（1）防止设备损坏：通过及时切断故障电路，保护装置可以防止故障扩大，减少设备损坏。

（2）保障系统稳定性：保护装置有助于维持电力系统的稳定性，防止小故障引发大范围的停电。

（3）确保人身安全：通过防止高压电泄露或设备爆炸，保护装置可以减少对操作人员和公众的安全风险。

1.4 ▶ 变电系统

电力系统中的变电系统是电力输送和分配的关键组成部分，它负责将电能从发电站转换为适合最终用户使用的电压等级。变电是指电力系统中，通过一定设备将电压由低等级转变为高等级（升压）或由高等级转变为低等级（降压）的过程。电力系统中发电机的额定电压一般为 $15\sim20\,kV$ 以下。常用的输电电压等级有 $765\,kV$、$500\,kV$、$220\sim110\,kV$、$35\sim60\,kV$ 等；配电电压等级有 $35\sim60\,kV$、$3\sim10\,kV$ 等；用电部门的用电器具有额定电压为 $3\sim15\,kV$ 的高压用电设备和 $110\,V$、$220\,V$、$380\,V$ 等低压用电设备。因此，电力系统就是通过变电把各不同电压等级部分连接起来形成一个整体。

实现变电的场所为变电所。在国家标准《20 kV 及以下变电所设计规范》（GB 50053—2013）中规定的变电所术语定义是"20 kV 及以下交流电源经电力变压器变压后对用电设备供电"，符合这个原理的就是变电所。

1.4.1 功能

变电系统在电力系统中扮演着至关重要的角色，它不仅负责电压的转换，还涉及电力的分配、控制、保护和监测等多个方面。变电系统的核心设备是变压器，它能够将发电站产生的高电压电能转换为适合长距离输电的电压等级，以减少输电过程中的能量损耗。在输电线路的末端，变电系统再次将电压降低，以适应工业和居民用电的需求。

变电系统的设计和布局需要考虑多种因素,包括安全性、可靠性、经济性和环境影响。在安全性方面,变电系统必须具备完善的保护措施,以防止过载、短路、接地故障等可能对设备和人员造成损害的情况。这些保护措施通常包括断路器、熔断器、继电器等设备,它们能够在检测到异常情况时迅速切断电源或发出警告。

在可靠性方面,变电系统需要保证电力供应的连续性和稳定性。这通常通过设置备用设备、冗余设计和故障自动切换来实现。例如,当主变压器发生故障时,备用变压器可以自动投入运行,以确保电力供应不受影响。此外,变电系统还需要具备应急响应能力,以应对自然灾害、设备故障等突发事件。

经济性是变电系统设计和运行的另一个重要考虑因素。这包括降低建设成本、运行成本和维护成本。通过优化设备配置、提高设备效率和采用节能技术,可以有效地降低变电系统的能耗和运行成本。同时,合理设计和布局变电系统可以减少建设和维护的难度,从而降低相关成本。

环境影响是现代变电系统设计中不可忽视的因素。变电系统需要考虑电磁辐射、噪声控制和对周围环境的影响。例如,通过采用低噪声变压器和合理布局,可以减少对周围居民的影响。此外,变电系统还需要考虑对生态系统的影响,避免对野生动植物的栖息地造成破坏。

变电系统的自动化和智能化是提高运行效率和管理水平的重要手段。通过集成先进的控制和自动化系统,可以实现对变电设备的远程监控和控制。这些系统可以自动收集和分析运行数据,预测和诊断潜在问题,从而提高变电系统的可靠性和安全性。同时,自动化系统还可以减少人工操作,降低人为错误的可能性。

变电系统的监测和数据分析对于优化电网运行和提高电能质量至关重要。通过安装各种传感器和监测设备,可以实时收集电压、电流、功率因数、频率等参数。这些数据可以用于电网运行状态的实时监控,使工作人员能够及时发现和处理异常情况。此外,通过对大量运行数据的分析,操作人员可以优化电网的运行策略,提高能源利用效率,减少损耗。

变电系统的兼容性和扩展性是适应未来电网发展需求的关键。随着可再生能源的广泛应用和智能电网技术的发展,变电系统需要能够兼容不同类型的电源和设备。此外,变电系统还需要具备良好的扩展性,以适应电网规模的扩大和新技术的应用。

变电系统的功能是多方面的,它不仅涉及电力的转换和分配,还包括对电网的控制、保护、监测和管理。随着技术的发展,变电系统的功能也在不断扩展和完善,以适应日益增长的电力需求和不断变化的电网环境。通过采用先进的技术和管理方法,可以提高变电系统的安全性、可靠性、经济性和环境友好性,为电力系统的稳定运行和可持续发展提供有力支持。

1.4.2 变电站的类型

变电站按照其在电力系统中的位置和功能,可以分为升压变电站、降压变电站、配电变电站、开关站、串补站、汇集站等。

1) 升压变电站

升压变电站(见图 1.46)是连接发电站和高压输电网的关键节点。它们的主要任务是将发电站产生的相对较低电压的电能,通过变压器升高到适合长距离传输的高电压等级,从而减少输电过程中的能量损耗。升压变电站通常配备有大型的变压器、高压断路器、隔离开关、继电保护装置等设备。此外,升压变电站大多还配备无功补偿设备,以改善系统的功率因数和电压稳定性。

图 1.46 升压变电站

2) 降压变电站

如图 1.47 所示,降压变电站位于输电网和配电网之间,其主要功能是将高压输电线路中的电能降低到适合城市或工业区配电的电压等级。降压变电站的设计需要考虑负荷密度、供电可靠性和电压质量等因素。这些变电站通常包含变压器、断路器、负荷开关、继电保护和自动装置等,以确保系统电力供应的稳定性和安全性。

3) 配电变电站

配电变电站(见图 1.48)是直接为最终用户提供电能的变电站,它们广泛分布在城市和乡村地区。配电变电站的规模和容量各异,既有小型的户外箱式变电站,又有大型的室内变电站。这些变电站通常包含配电变压器、低压开关柜、无功补偿装置和计量设备等。配电变电站的设计需要考虑供电半径、负荷特性和维护便利性。

4) 开关站

如图 1.49 所示,开关站主要用于电力系统的控制和保护,它们通常不包含变

图 1.47 降压变电站

图 1.48 配电变电站

图 1.49 开关站

压器,而是通过断路器和隔离开关来控制电力的流向。开关站可以用于实现电网的分段、联络和旁路功能,提高系统的灵活性和可靠性。开关站的设计需要考虑人员操作的简便性和安全性。

5) 串补站

串补站(见图 1.50)是一种特殊类型的变电站,它通过串联补偿装置来改善输电线路的传输能力和稳定性。串联补偿装置可以动态调整输电线路的电抗,从而优化系统的电压分布和提高输电效率。串补站的设计和运行需要高超的技术专长和精确的控制策略。

图 1.50　串补站

6) 汇集站

如图 1.51 所示,汇集站是用于集中多个电源或输电线路的电能,并将它们分配到不同的用电区域的变电站。汇集站通常位于电网的关键节点,如大型工业

图 1.51　汇集站

区、城市中心或多个输电线路的交汇处。汇集站需要具备高效的电力分配能力和强大的系统支撑能力。

除了上述类型的变电站外,还有一些特殊类型的变电站,如地下变电站、海上变电站、移动变电站等。地下变电站通常位于城市中心或其他空间受限的地区,它们需要解决通风、排水和设备运输等特殊问题。海上变电站则用于海上风力发电等海洋能源的开发,其设置需要考虑海洋环境的腐蚀性、盐雾和波浪冲击等因素。移动变电站则具有高度的灵活性和适应性,可以快速部署到需要临时电力供应的地区。

变电站的设计和建设需要综合考虑多种因素,如地理位置、环境条件、负荷特性、供电可靠性、技术经济性等。随着电力系统的发展和用户需求的变化,变电站的类型和功能也在不断演进。例如,随着智能电网技术的发展,未来的变电站将更加智能化、自动化和集成化,能够实现更加精细的电力管理和服务。

电站的运行和维护也是确保电力系统稳定运行的关键。这包括对设备的定期检查、维护和更换,对系统的实时监控和故障诊断,以及对操作人员的培训和管理。随着技术的进步,变电站的运行和维护也在不断采用新的技术和方法,如智能组件、状态监测、故障预测、远程控制等。

1.4.3 变电站的主要组件

变电站是电力系统中至关重要的节点,它通过一系列精密的组件和设备,确保电能的安全、高效传输和分配。变电站主要组件包括变压器、气体绝缘开关设备、互感器等。

1) 变压器

变压器(见图 1.52)是变电站的核心设备之一,主要用于电压的升高或降低。变压器通过电磁感应原理,在不同绕组之间传递电能,实现电压的转换,它能够根据需要改变交流电压的大小,从而实现电能在不同电压等级之间的转换。变压器

图 1.52 变压器

的核心组成部分包括铁芯和绕组。铁芯通常由高导磁材料制成,如硅钢片;而绕组则是缠绕在铁芯上的铜线或铝线。

变压器的类型繁多,根据其用途可分为电力变压器、特种变压器等。电力变压器广泛应用于电力系统的输配电过程中,而特种变压器(见图 1.53)则服务于特定的工业应用,如电炉、电焊机等。按照结构,变压器可以是双绕组、三绕组(见图 1.54)或多绕组的形式,以适应不同的电压转换需求。按照冷却方式,变压器可分为油浸式(见图 1.55)和干式,油浸式变压器依靠油液进行冷却,而干式变压器(见图 1.56)则通常依靠空气冷却。

图 1.53　大型特种电炉变压器

图 1.54　三相双绕组变压器

图 1.55　油浸式变压器

图 1.56　干式变压器

　　组成变压器的铁芯或线圈的结构也多种多样，因此，变压器可分为芯式、壳式、环形等，如图 1.57～图 1.59 所示。这些不同的结构设计影响着变压器的性能和应用范围。在相数上，变压器有单相（见图 1.60）和三相之分，三相变压器在工业和电力系统中更为常见。根据导电材质，变压器还可分为铜线变压器和铝线变压器，铜线变压器因导电性能好而得以广泛使用。

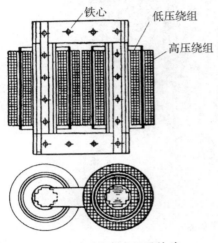

图 1.57　芯式变压器铁芯

图 1.58　壳式变压器铁芯

图 1.59　环形变压器铁芯

图 1.60　单相变压器

　　根据调压方式，可分为无励磁调压变压器和有载调压变压器，前者在变压器不工作时调整电压，后者则可在变压器工作时调整电压。此外，变压器的绝缘水平也有全绝缘和半绝缘的区别，这关系到变压器的安全性能。

　　变压器在电力系统中的主要作用是电压转换、电流转换和电气隔离。合理设计和选用合适的变压器，可以有效地降低系统输电损耗，提高电能传输的效率。变压器的运行状态需要实时监控，以确保其在安全稳定的条件下工作并延长使用寿命。随着技术的发展,变压器的设计和材料也在不断优化,以满足更高的能效标准和环保要求。

2) 气体绝缘开关设备

气体绝缘开关设备(gas insulated switchgear, GIS)如图 1.61 所示,是现代电力系统中用于控制、保护和测量电能的高度集成化高压设备。GIS 采用六氟化硫(SF_6)或其他惰性气体作为绝缘和灭弧介质,取代了传统空气绝缘的开关设备,具有体积小、重量轻、可靠性高、维护量少、不受环境影响等优点。

图 1.61　气体绝缘开关设备

GIS 由多个高压组件组合而成,包括断路器、隔离开关、接地开关、互感器、避雷器等,这些组件被密封在金属或金属复合材料的壳体内,与外界环境隔绝。六氟化硫气体具有优异的绝缘性能和灭弧能力,使得 GIS 能够承受高电压和高电流,广泛适用于 110~800 kV 甚至更高电压等级的电力系统。

GIS 的断路器是其核心组件,负责在正常运行和故障状态下控制电路的通断。断路器的动作机构采用弹簧、液压或气动驱动,能够快速切断故障电流,保护电力系统的安全稳定运行。隔离开关和接地开关用于在设备检修或故障处理时,将电路与电源隔离或接地,以确保人员安全。

互感器在 GIS 中起着关键作用,可将高电压和大电流转换为便于测量和保护的低电压和小电流,为电力系统的监控和保护提供信号。GIS 中的避雷器保护设备免受雷电冲击和操作过电压的损害。

GIS 的设计和制造需要考虑多种因素,如设备的绝缘强度、机械强度、密封性能、散热性能等。GIS 的安装和调试过程也非常严格,需要专业的设备和操作技术,以确保其长期稳定运行。GIS 的运行状态通常由智能监控系统实时监测,通过各种传感器收集数据,从而及时发现和处理潜在的问题。

随着智能电网技术的发展,GIS 正逐渐向智能化、自动化方向发展。集成的智能组件和先进的控制策略,使得 GIS 不仅能够实现基本的开关功能,还能够提供更多的附加价值,如状态监测、故障诊断、能效管理等。

3)互感器

互感器用于将高电压或大电流转换为便于测量和保护的低电压或小电流。电流互感器(current transformer, CT)和电压互感器(voltage transformer, VT)是变电站中最常见的两种互感器。CT通常串联在电路中,通过线圈的匝数比将大电流转换为小电流;VT则并联在电路中,通过电容分压的方式将高电压转换为低电压。互感器不仅可用于线路测量和计量,还为继电保护和自动装置提供必要的信号。

CT和VT是电力系统中用于测量和保护的两个关键设备,它们通过电磁感应原理将大电流或高电压转换为便于测量和控制的小电流或低电压。

(1)电流互感器。

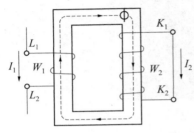

图 1.62　电流互感器原理示意

电流互感器是一种将主电路中的电流转换为副边的标准小电流(通常为 5A 或 1A)的设备。它的一次绕组串联在电路中,与主电路的负荷电流相同。电流互感器的二次绕组则连接到各种测量仪表、保护装置和自动装置。由于一次绕组与主电路串联,因此其匝数较少,而二次绕组匝数较多,以产生足够的电流来驱动测量和保护设备。电流互感器的设计需要保证线路在正常运行和故障情况下都能准确反映一次电流的大小,同时具备足够的短路承受能力,以避免在故障电流通过时损坏。图 1.62 和图 1.63 分别为电流互感器原理示意图和实物图。

图 1.63　电流互感器

　　电流互感器的构件通常包括铁芯、一次绕组、二次绕组、绝缘结构和外壳。铁芯一般采用高导磁材料,如硅钢片,以减少磁滞和涡流损耗。绝缘结构则用于隔离一次和二次绕组,从而确保电气安全。外壳则起到保护内部组件和环境隔离的作用。电流互感器的用途非常广泛,可用于电能表的电流测量、电力系统的短路和过载保护以及电流的实时监测等。

　　(2) 电压互感器。

　　如图 1.64 所示,电压互感器常用于将高电压转换为低电压(通常为 $100\,V$ 或 $100/\sqrt{3}\,V$)。它的一次绕组并联在主电路中,与主电路的电压相同。电压互感器的二次绕组连接到测量仪表和继电保护装置。由于一次绕组与主电路并联,其匝数较多,而二次绕组匝数较少,以产生足够的电压来驱动测量和保护设备。电压互感器的设计需要保证在正常运行和故障情况下都能准确反映一次电压的大小,同时应具备良好的绝缘性能和抗干扰能力。

　　电压互感器的构成包括铁芯或磁芯、一次绕组、二次绕组、绝缘结构、外壳和接线端子。铁芯或磁芯采用高导磁材料,以提供高磁导率和低损耗。绝缘结构用于隔离不同电位部分,以确保设

图 1.64　电压互感器

备和人员的安全。外壳和接线端子则提供物理保护和方便的接线方式。电压互感器的用途包括电能表的电压测量、电力系统的绝缘监测、过电压保护,以及电压的实时监测等。

　　电流互感器和电压互感器在电力系统中发挥着至关重要的作用。它们不仅为电力系统的监控和控制提供必要的电气参数,还为系统的安全保护提供了关键的信号。随着电力系统的发展,电流互感器和电压互感器也在不断地进行技术创新,以满足更高的精度要求、更宽的测量范围和更强的抗干扰能力。智能互感器技术的发展,集成了先进的传感器技术、数字信号处理和通信技术,进一步提高了电力系统的智能化和自动化水平。

　　4) 避雷器

　　如图 1.65 所示,避雷器是电力系统中至关重要的保护设备,主要用于限制和保护电气设备免受雷电冲击和操作过电压的影响。它们通过将过电压导向大地来防止电压超过设备绝缘的耐受水平,从而保护设备不受损害。

　　避雷器的构成通常包括电阻片、绝缘件、导电连接、外壳和接地装置。电阻片

图 1.65　避雷器

是避雷器的核心部件,通常由金属氧化物,如氧化锌(ZnO)材料制成,这些电阻片具有非线性电压—电流特性,能够在过电压时提供低阻抗路径。绝缘件用于隔离电阻片和固定电阻片,以保证避雷器的整体绝缘性能。导电连接确保电流在过电压时能够顺利流过避雷器。外壳保护内部组件免受环境影响,并提供机械支撑。接地装置将避雷器的电流引向大地,确保过电压能量能够安全地释放。

避雷器的工作原理基于其电阻片的非线性特性。在正常运行电压下,避雷器的电阻片呈现高阻抗,限制电流流过。当系统电压超过设定值时,电阻片的阻抗迅速降低,允许过电压电流流过并导向大地。这种特性使得避雷器能够在过电压发生时迅速响应,限制过电压的幅度和持续时间。

避雷器在电力系统中的用途非常广泛,主要用于保护变压器、发电机、电动机和输电线路等设备。它们能够有效限制这些设备在雷电冲击和操作过程中可能遇到的过电压,保护设备的绝缘系统不受损害。

避雷器的类型多样,包括金属氧化物避雷器(MOA)(见图 1.66)、硅橡胶外套避雷器、瓷外套避雷器和气体放电避雷器等。金属氧化物避雷器因其良好的保护性能和较长的使用寿命而成为最常用的避雷器类型。硅橡胶外套避雷器具有

图 1.66　金属氧化物避雷器

1

良好的防水和防腐性能,适用于户外环境。瓷外套避雷器(见图 1.67)具有良好的绝缘性能和机械强度。气体放电避雷器利用气体放电原理来限制过电压,适用于高压和超高压系统。

如图 1.68 所示,避雷器的安装和维护对其性能和使用寿命至关重要。安装时需要考虑其位置、环境和系统要求,通常安装在设备附近,以减少保护距离和提高保护效果。避雷器的维护工作包括定期检查电阻片的状态、清洁外壳和检查接地连接等,以确保避雷器的长期稳定运行和保护效果。

图 1.67　瓷外套避雷器

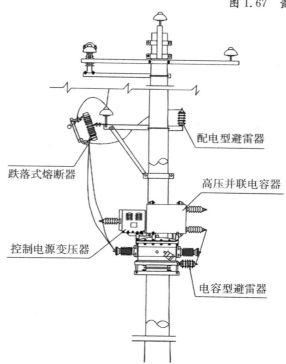

图 1.68　避雷器安装示意图

随着电力系统的发展和技术的进步,避雷器也在不断地进行技术创新。智能避雷器的发展集成了先进的传感器技术、数字信号处理和通信技术,能够实现实时监测、故障诊断和远程控制。这种智能避雷器不仅能够提供更高级别的保护性能,还能够提高电力系统的智能化和自动化水平。

避雷器作为电力系统中的关键保护设备,其有效性、可靠性和智能化水平对于确保电力系统的安全、可靠和高效运行至关重要。随着技术的不断发展,避雷器的性能和功能将进一步完善,为电力系统的保护提供更加坚实的保障。

5)表计

变电站中的表计是电力系统的重要组成部分,它们用于测量、记录和监控电力系统中的各种电气参数,如电流、电压、功率、电能等。表计的精确测量对于电力系统的安全运行、经济调度和电能计量至关重要。

(1)电能表。

图 1.69　电能表

如图 1.69 所示,电能表是变电站中最常用的表计之一,用于测量和记录用户消耗的电能量。电能表的工作原理基于电磁感应,通过测量电流和电压的乘积来计算电能。电能表的类型包括机械式电能表、电子式电能表和智能电能表。机械式电能表通过铝盘的转动来测量电能,而电子式电能表则通过电子电路来测量电流和电压,并通过积分得到电能。智能电能表除了具备电能测量功能外,还具有远程通信、数据存储、自动抄表等功能,是现代智能电网的重要组成部分。

(2)电流表和电压表。

电流表和电压表(见图 1.70)是电力系统最为基础也是最为常见的表计。它们一般用于测量电力系统中的电流和电压参数。电流表通常串联在电路中,而电压表则并联在电路中。电流表和电压表可以是模拟式的,通过指针的偏转来指示电流或电压的大小;也可以是数字式的,通过数字显示来提供精确的电流或电压值。电流表和电压表在变电站中广泛应用于一次设备的监控和保护。

6L2A400 电流表

6L2V450 电压表

图 1.70　电流表和电压表

（3）功率表。

功率表（见图 1.71）用于测量电力系统中的有功功率和无功功率。有功功率表通过测量电压和电流的乘积来计算，而无功功率表则通过测量电压和电流之间的相位差来计算。功率表对于电力系统的经济运行和电能质量控制具有重要意义。

图 1.71 功率表

（4）功率因数表。

如图 1.72 所示，功率因数表常用于测量电力系统的功率因数，即有功功率与视在功率的比值。功率因数的高低直接影响电力系统的传输效率和电能利用率。通过测量和调整功率因数，可以优化电力系统的运行。

图 1.72 功率因数表

（5）频率表。

频率表（见图1.73）用于测量电力系统的频率，确保电力系统的稳定运行。频率的异常波动可能导致电力系统的不稳定甚至崩溃。

图1.73 频率表

（6）温度表。

如图1.74所示，温度表用于监测变电站中设备的温度，如变压器油温、母线温度等。设备温度的异常升高可能是故障的前兆，因此温度表对于设备的维护和故障预防具有重要作用。

图1.74 温度表

（7）谐波表。

谐波表（见图1.75）用于测量电力系统中的谐波含量。谐波会导致电能质量下降，影响电力系统的安全和设备的正常运行。利用谐波表测量和控制谐波，可以提高系统电能质量。

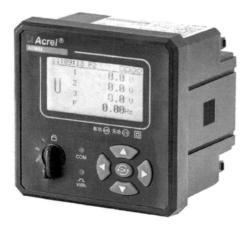

图 1.75　谐波表

（8）电能质量分析仪。

电能质量分析仪（见图 1.76）是一种高级的表计，用来全面分析电力系统的电能质量。电能质量分析仪可以测量和记录电压、电流、频率、功率、功率因数、谐波等参数，并进行数据分析和故障诊断。

图 1.76　电能质量分析仪

变电站中的表计类型和应用场合多种多样，需要根据系统具体的要求和设备特性进行合理选择和配置。随着电力系统的发展和技术的进步，表计系统正朝着智能化、集成化和网络化的方向发展，为电力系统的安全、可靠和高效运行提供更加强大的支持。

6）断路器

如图 1.77 所示，断路器是变电站中用于控制和保护电力系统的关键设备。它们的主要功能是在正常运行条件下接通和断开电路，以及在故障情况下切断短

图 1.77　断路器

路电流,从而确保电力系统的安全稳定运行。

断路器的核心作用可以概括为以下几点:首先,它们允许电力系统在需要时进行调度和重新配置;其次,它们能够在发生故障时快速切断故障电流,防止故障扩散,减少对设备和系统的损害;最后,断路器的状态反馈是电力系统监控和自动化控制的重要组成部分。

断路器的构成通常包括以下关键部分:接触器,用于实现电路的通断;灭弧室,用于安全地熄灭电路断开时产生的电弧;操作机构,用于控制断路器的开启和关闭;辅助部件,如位置指示器、故障指示器等。

断路器的工作原理基于电磁力和机械力的协调作用。当操作机构接收到闭合或断开的指令时,它会驱动接触器移动,从而改变电路的状态。在断开电路时,如果存在电流,则灭弧室会启动,并通过特定的灭弧技术(气体吹扫、油浸、真空等)熄灭电弧,防止电弧对设备和操作人员造成伤害。

断路器的类型多种多样,根据灭弧介质的不同,可以分为油断路器(见图 1.78)、空气断路器、真空断路器(见图 1.79)、六氟化硫(SF_6)断路器等。油断路器利用变压器油作为灭弧和绝缘介质;空气断路器则依靠压缩空气来熄灭电弧;真空断路器在真空环境中断开电流,具有优良的灭弧性能和较低的维护需求;SF₆ 断路器使用 SF_6 气体作为绝缘和灭弧介质,具有很高的绝缘强度和快速的灭弧能力。

图 1.78 油断路器

图 1.79 真空断路器

断路器的选择和应用需要考虑多种因素,包括电压等级、电流容量、系统短路电流、操作条件、环境因素等。在变电站的设计和运行中,断路器的合理布局和协调操作对于系统的可靠性和灵活性至关重要。

断路器的操作可以通过手动、电动、气动或液压等方式实现。现代断路器通常配备有智能控制单元,能够实现远程操作和状态监控,提高操作的安全性和效率。

断路器的维护是保证其长期稳定运行的关键。其定期的检查和维护工作包括清洁接触器和灭弧室、检查机械部件的磨损、测试操作机构的性能、校验继电保护装置等。

随着智能电网技术的发展,断路器的智能化已成为发展趋势。智能断路器集成了传感器、通信模块和数据处理能力,能够实现系统自我诊断、状态监测、故障预测等功能,为电力系统的自动化和智能化提供了支持。

断路器作为变电站中的关键设备,其性能、可靠性和智能化水平对于电力系统的安全、稳定和经济运行具有重要影响。随着技术的进步,断路器将继续向更高效率、更低能耗和更强智能的方向发展,以满足现代电力系统的需求。

7) 隔离开关

如图 1.80 所示,隔离开关的主要作用是在无负荷或电压的条件下,接通或断开电路。与断路器不同,隔离开关不具备断开短路电流的能力,但在正常操作条件下,它们可以明显地切断电路,以方便设备的安全操作和维护。

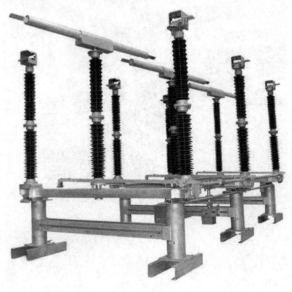

图 1.80 隔离开关

隔离开关的构成通常包括操作机构、导电部分、绝缘部分和底座。操作机构可以是手动、电动或气动的,用于控制隔离开关的开合状态。导电部分通常由铜或铝制成,负责传输电流。绝缘部分则由高性能绝缘材料制成,如环氧树脂、硅橡胶或陶瓷,以确保设备之间的电气隔离。底座为隔离开关提供稳固的支撑,并与变电站的架构相连。

隔离开关的工作原理相对简单。在操作时,操作机构驱动导电部分移动,从而实现电路的连接或断开。由于隔离开关不用于切断负荷电流或短路电流,因此其设计重点在于确保良好的接触性能和足够的绝缘强度。

隔离开关的类型多样。根据其安装方式可分为户外式和户内式。户外式隔离开关适用于暴露在大气中的变电站,而户内式隔离开关则用于室内或有遮蔽的场所。根据操作方式,隔离开关可分为手动式、电动式和气动式。手动式隔离开关依靠手力操作,而电动式和气动式隔离开关则通过电机或气动装置进行远程操作。

隔离开关在变电站中的应用非常广泛。它们通常用于以下场合:

(1) 变压器的投入和退出,以方便变压器的检修和维护。

(2) 线路的切换,以实现电力系统的调度和优化。

(3) 设备的隔离,以确保在设备检修或故障处理时操作人员的安全。

(4) 配合断路器操作,以实现电路的完全断开或闭合。

隔离开关的选择和配置需要考虑多种因素,如电压等级、电流容量、操作频率、环境条件等。在设计和运行中,隔离开关的合理布局对于简化操作流程、提高运行效率和保障人员安全具有重要意义。

隔离开关的维护相对简单,但重要性与电力系统其他设备一样。其定期的维护工作包括检查接触部分的磨损、清洁绝缘部分的污染、测试操作机构的性能和紧固松动的部件。良好的维护可以延长隔离开关的使用寿命,确保其工作可靠性。

随着技术的发展,隔离开关也在不断地进行创新和改进。新型隔离开关采用了更先进的材料和设计,以提高其性能和适应性。例如,一些现代隔离开关采用了复合材料作为绝缘部分,以减轻设备重量和提高耐候性;一些隔离开关集成了位置指示和状态监测功能,以提高操作的准确性和安全性。

隔离开关作为变电站中的基本设备之一,其简单性、可靠性和适应性对于电力系统的安全操作和维护至关重要。

8) 接地开关

接地开关(见图 1.81)是电力系统中用于安全接地或断开接地连接的重要设备,它们在变电站的操作和维护过程中发挥着关键作用。接地开关的主要目的是在设备检修或故障情况下,确保电气设备与地之间有一个明显、可控的接地路径,从而保护工作人员的人身安全、设备不受损害。

图 1.81　接地开关

接地开关的设计和结构通常包括以下几个关键部分:导电部分、绝缘部分、操作机构和接地端子。导电部分负责传输电流,通常由铜或铝等高导电材料制成。绝缘部分则由高性能绝缘材料制成,如环氧树脂、硅橡胶或陶瓷,以确保设备之间的电气隔离和安全。操作机构可以是手动、电动或气动的,用于控制接地开关的接地和断开操作。接地端子则用于与接地线或接地板连接,实现设备的接地。

接地开关的工作原理相对简单。在需要接地时,操作机构驱动导电部分移动,与接地端子接触,从而实现设备的接地。在需要断开接地时,操作机构再次驱动导电部分,使其与接地端子分离。接地开关的操作通常需要严格按照操作规程进行,以确保操作的安全性和正确性。

接地开关的类型多样,根据其安装方式可分为户外式和户内式。户外式接地开关适用于暴露在大气中的变电站,而户内式接地开关则用于室内或有遮蔽的场所。根据操作方式,接地开关可分为手动式、电动式和气动式。手动式接地开关依靠手动操作,而电动式和气动式接地开关则通过电机或气动装置进行远程操作。接地开关在变电站中的应用非常广泛。它们通常用于以下场合:

（1）变压器、断路器、隔离开关等一次设备的检修和维护,确保设备在无电状态下与地连接,防止突然来电造成的伤害。

（2）故障情况下,快速接地故障设备,限制故障电流的影响范围,保护电力系统的稳定运行。

（3）配合保护装置,实现故障检测和定位,提高故障处理的效率和准确性。

接地开关的选择和配置需要考虑多种因素,如电压等级、电流容量、操作频率、环境条件等。在设计和运行中,接地开关的合理布局对于简化操作流程、提高运行效率和保障人员安全具有重要意义。

接地开关的维护相对简单,但与其他设备同样重要。其定期的维护工作包括检查接触部分的磨损、清洁绝缘部分的污染、测试操作机构的性能和紧固松动的部件等。良好的维护可以延长接地开关的使用寿命,确保其功能可靠性。

9）继电保护装置

如图 1.82 所示,继电保护装置是电力系统中不可或缺的一部分,它们的主要功能是在电力系统发生故障时,能够及时检测到异常情况并快速动作,以隔离故障部分,保护电力系统的稳定运行和设备的安全工作。这些装置的快速响应对于防止故障扩大和减少停电时间至关重要。

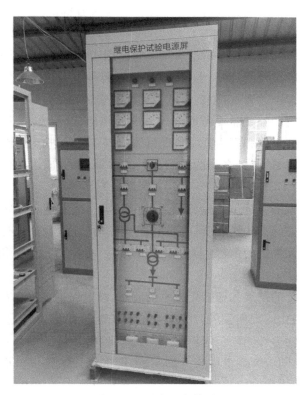

图 1.82　继电保护装置

继电保护装置的构成通常包括检测元件、逻辑判断元件、执行元件和人机交互界面。检测元件负责监测电力系统中的电流、电压等参数,并将其转换为适合逻辑判断的信号。逻辑判断元件根据预设的保护逻辑和检测到的信号来判断系统是否发生故障。执行元件在检测到故障时接收来自逻辑判断元件的指令,并触发断路器或隔离开关的动作。人机交互界面则提供保护装置的状态显示、故障记录和操作控制。

继电保护装置的工作原理是基于对电力系统运行状态的实时监测和分析。当系统正常运行时,保护装置处于等待状态,不会产生任何动作。一旦检测到异常信号,如过电流、过电压、频率偏差等,检测元件会将这些信号转换为逻辑判断元件可以处理的格式。逻辑判断元件根据预设的保护定值和逻辑,如时间延迟、定值比较等,来判断是否需要动作。如果判断结果为故障,执行元件会接收动作信号,并触发相应的断路器或隔离开关,以隔离故障部分。

继电保护装置的类型多种多样,根据保护对象和功能的不同,可以分为过电流保护、差动保护、距离保护、零序保护、方向保护、频率保护和低频减载装置、过电压保护和欠电压保护等。这些保护类型的装置各有特点,适用于不同的应用场景和保护需求。

继电保护装置在变电站中广泛应用。它们用于保护变压器、发电机、电动机、输电线路、配电线路、母线、断路器、隔离开关等各种电力设备和组件。通过合理配置和协调各种保护装置,可以确保电力系统的安全和稳定运行。

继电保护装置的配置需要考虑电力系统的结构、运行方式、设备特性和安全要求。保护装置的定值和逻辑需要根据具体的应用场景进行设定,以实现最佳的保护效果。同时,保护装置之间的协调也是非常重要的,应避免保护动作的冲突或重复。

继电保护装置的维护是确保其可靠性和准确性的关键。其定期的维护工作包括检查检测元件的准确性、测试逻辑判断元件的功能、验证执行元件的动作性能和更新人机交互界面的数据。通过有效的维护,可以及时发现和解决保护装置工作中的潜在问题。

随着电力系统的发展和智能化技术的应用,继电保护装置也在不断地向智能化、集成化和网络化的方向发展。智能继电保护装置集成了先进的传感器、通信技术和数据处理能力,能够实现自我诊断、状态监测、故障预测和自动调整保护定值等功能。此外,随着智能电网技术的发展,继电保护装置也将更加紧密地与电网的监控、控制和优化系统相结合,提供更加全面和高效的继电保护解决方案。

在现代电力系统中,继电保护装置的重要性不断提升,因为它们不仅保护了设备和系统的安全,还提高了电力供应的可靠性和连续性。随着技术的进步,未来的继电保护装置将更加智能化,能够更好地适应复杂多变的电力系统环境,为电力系统的安全、可靠和经济运行提供更加坚实的保障。

10) 无功补偿设备

变电站中的无功补偿设备(见图1.83)是电力系统稳定运行的关键组成部

分,它们的主要作用是平衡电力系统中的无功功率,提高功率因数,降低线损,增强电压稳定性。无功功率虽然不直接参与电能的传输,但对于电力系统的稳定和电能质量有着重要影响。

图 1.83　无功补偿设备

无功补偿设备主要包括并联电容器、并联电抗器、静止无功发生器(SVG)、调相机和同步补偿机。并联电容器并联在电力系统中,提供无功功率,改善功率因数。电容器的无功补偿容量可以根据系统需求进行调整,适用于负荷变化不大的场合。并联电抗器则用于吸收系统中的过剩无功功率,特别是在长距离输电线路中,用于抑制电容效应引起的过电压。静止无功发生器(SVG)是一种先进的无功补偿设备,能够快速、连续地调节无功功率输出,响应速度快,调节范围广,适用于负荷变化频繁的场合。调相机是一种旋转设备,通过调节其励磁电流,可以吸收或提供无功功率。同步补偿机是一种特殊设计的同步电机,不对外供电,只用于提供或吸收无功功率。

无功补偿设备的工作原理基于电磁感应原理。并联电容器在其两端产生一个与电压成正比的无功电流,而电抗器则消耗与电流变化率成正比的无功功率。静止无功发生器通过调节其输出电压和电流的相位差,提供或吸收无功功率。调相机和同步补偿机则通过调节其转子的励磁电流,改变其在电网中的无功功率贡献。

无功补偿设备的配置需要考虑系统的无功需求、电压稳定性、输电线路特性、负荷特性等因素。通常,无功补偿设备会配置在变电站的高压侧或中压侧,以优化补偿效果。配置时还需要考虑设备的容量、响应时间、调节范围和可靠性。

无功补偿设备的控制策略包括基于功率因数的控制、基于电压的控制和基于无功功率的控制。控制策略需要根据系统的实际运行情况和需求进行选择和调整,例如,基于功率因数的控制策略会根据系统的功率因数变化来调节无功补偿设备的输出,以保持功率因数在最佳范围内。

无功补偿设备的性能要求包括快速响应能力、高补偿精度、良好的稳定性和可靠性。此外，设备还需要具备一定的抗干扰能力和适应性，以适应电力系统的各种运行条件。例如，电容器需要具备良好的自愈能力，以防止因局部放电引起的损坏。

无功补偿设备的维护包括定期检查、清洁、测试和必要的维修。维护工作需要确保设备的正常运行和长期性能。例如，电容器需要定期检查其介电性能和泄漏电流，电抗器需要检查其绕组的绝缘状态和温升情况。

随着电力系统的发展和智能化技术的应用，无功补偿设备也在不断地向智能化、集成化和自动化的方向发展。智能无功补偿设备能够实现自我诊断、状态监测、故障预测和自动调节补偿容量等功能。例如，通过集成先进的传感器、通信技术和数据处理能力，无功补偿设备将能够实现更加精确和灵活的控制。

在实际应用中，无功补偿设备可以显著提高电力系统的效率和可靠性。例如，在长距离输电系统中，通过合理配置无功补偿设备，可以减少线路损耗，提高输电能力；在工业用电中，通过无功补偿可以改善电能质量，降低生产成本。

无功补偿设备的经济效益主要体现在减少线损、提高设备利用率、降低系统运行成本等方面。通过合理的无功补偿，可以减少电力系统的运行和维护成本，提高电力供应的经济效益。

无功补偿设备的环境影响也不容忽视。无功补偿设备在改善电力系统性能的同时，也有助于减少能源消耗和环境影响。例如，减少线损可以降低发电厂的煤耗和排放，提高能源利用效率。

无功补偿设备在实际应用中也面临一些限制和挑战，如设备成本、安装空间、维护难度、系统适应性等。随着技术的进步，这些限制正在逐步得到解决和改善。例如，通过采用新型材料和设计，可以降低设备成本和提高设备性能。

无功补偿设备通过提供或吸收无功功率、改善电力系统的功率因数、降低线损，提升电压稳定性和系统传输能力在变电站中发挥着至关重要的作用。随着电力系统的不断发展和技术的快速进步，无功补偿设备将继续向更高水平的智能化和自动化发展，以满足现代电力系统的需求。

变电站的组件和设备需要根据具体的应用场景和系统要求进行合理配置和优化。随着电力技术的发展，变电站的组件也在不断地更新和升级，以满足更高的性能要求和适应不断变化的电网环境。通过精心设计和维护，变电站能够为电力系统的稳定运行和可靠供电提供坚实的基础。

1.4.4　变电站的运行

变电站的运行是电力系统管理中的一项关键任务，涉及众多复杂的操作和流程,确保电能的有效传输和分配。变电站的运行始于详尽的前期准备,包括对所有设备的检查和测试,确保它们处于良好的工作状态。这涉及变压器、断路器、隔离开关、继电保护装置、仪表和自动化系统的全面检查。图 1.84 所示为变电站操作人员巡检现场。

图 1.84　变电站操作人员巡检现场

　　在确认所有设备正常后,变电站操作人员会按照既定的启动程序,逐步启动变电站内的设备(见图 1.85)。通常,启动过程从高压侧开始,逐步向低压侧进行。变电站需要根据电网的需求和电力系统的运行状态,进行负荷的分配和管理。操作人员通过监控系统实时跟踪负荷变化,适时调整变压器的抽头位置或启动备用变压器,以满足不同区域的电力需求。

图 1.85　变电站运行现场

　　电压控制是变电站运行的重要组成部分。操作人员通过调节变压器的分接头或使用无功补偿设备,如并联电容器或电抗器,来维持工作电压在规定的范围内。变电站的继电保护系统对维持电力系统的稳定性至关重要。操作人员需要监控保护装置的状态,确保它们能够在发生故障时准确动作,快速隔离故障区域,防止故障扩散。

当电力系统发生故障时,变电站的操作人员需要迅速响应,这包括故障检测、故障定位、故障隔离以及恢复供电。操作人员需要根据保护装置的动作信号和监控系统的报警信息,判断故障类型和位置,采取相应的措施。变电站的运行还包括日常的维护工作,如设备的清洁、紧固、润滑和部分易损件的更换。定期的预防性维护可以延长设备的使用寿命,降低设备故障率。

如图 1.86 所示,变电站的操作人员负责记录运行数据,包括负荷、电压、电流、功率因数、设备状态等。这些数据对于分析电力系统的运行状况、优化运行策略和计划未来的升级改造非常重要。变电站与电力系统的其他部分以及控制中心保持密切的通信联系。操作人员需要根据调度指令,调整变电站的运行方式,以适应电力系统的整体需求。

图 1.86 变电站操作人员作业现场

安全管理是变电站运行的重中之重。操作人员必须遵守安全规程,确保操作的安全性,防止各类事故的发生。变电站的运行还需要监控环境条件,如温度、湿度、雨水等,以确保设备在适宜的环境下工作,防止因环境因素导致设备故障。

变电站需要制定应急预案,以应对突发事件,如自然灾害、设备故障或外部攻击。操作人员需要熟悉应急预案,并定期进行应急演练。随着电力技术的不断发展,变电站的操作人员需要定期接受技术培训,学习新的操作技能和知识,以适应新技术和新设备的应用。

变电站的运行成本分析也是运行管理的一部分。操作人员需要评估不同运行策略的经济性,优化运行方式,以降低运行成本。变电站的运行还需要考虑环境保护,采取措施减少噪音、电磁干扰和对周围环境的影响。随着智能电网技术的发展,变电站的运行也在向智能化方向发展。智能化变电站能够实现设备的自我诊断、状态监测、故障预测和自动控制,提高运行的效率和可靠性。

变电站的运行是一个涉及多个方面的复杂过程,需要操作人员具备专业的技术知识和丰富的运行经验。通过精心的运行管理,变电站能够确保电力系统的稳定运行和电能的高效分配。随着技术的发展,变电站的运行将更加自动化、智能化,为电力系统的可持续发展提供必要支持。

1.4.5 变电站的保护

变电站的保护系统是电力系统安全运行的重要组成部分,其核心任务是及时检测和响应系统中出现的异常情况,确保电力系统的稳定运行和设备的安全工作。保护系统的设计和配置需要综合考虑电力系统的结构、运行特点、设备特性以及安全要求。

保护系统的组成主要包括保护继电器、故障录波器、保护通信接口以及自动装置等关键设备。保护继电器作为系统的核心,负责检测电力系统中的异常信号并发出动作指令。故障录波器(见图 1.87)用于记录故障发生时的电流和电压波形,为故障分析提供依据。保护通信接口则负责将保护装置的动作信号和状态信息传输至控制中心。

图 1.87 故障录波网络通信监控装置

保护方式涵盖多种类型,包括过电流保护、差动保护、距离保护、零序保护、方向保护和母线保护等。这些保护方式各有特点,针对不同的故障类型和系统条件,通过比较实际测量值与预设的定值的偏差来判断是否发生故障。

如图 1.88 所示,过电流保护是一种基本的保护方式,通过检测电流是否超过设定值来判断故障。差动保护则通过比较设备两侧的电流差来检测内部故障,具有高选择性和快速性。距离保护依据故障点到保护装置的距离来动作,适用于长距离输电线路。零序保护专门用于检测和隔离接地故障,通过检测三相电流的不平衡来动作。方向保护根据电流或电压的方向来判断故障方向,并在故障方向错误时动作。母线保护则用于保护变电站内的母线系统,通过检测母线上的电流和电压异常来动作。

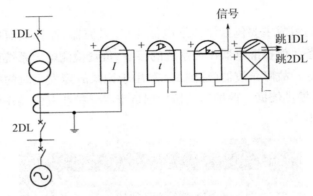

图 1.88　过电流保护原理

保护系统的配置需要根据具体的应用场景进行设定,以实现最佳的保护效果。保护装置的动作时间和定值需要科学设置,以避免保护动作的冲突或重复,确保故障能够快速准确地被隔离。

保护系统的维护是确保其可靠性和准确性的关键。其定期的维护工作包括检查保护继电器的性能、测试故障录波器的准确性、更新保护通信接口的软件等。通过有效的维护,可以及时发现和解决保护系统的潜在问题。

随着电力系统的发展和智能化技术的应用,保护系统也在不断地向智能化、集成化和自动化的方向发展。智能保护系统能够实现自我诊断、状态监测、故障预测和自动调整保护定值等功能,提高电力系统的安全性和可靠性。

保护系统在实际应用中也面临一些问题和挑战,如设备成本、安装空间、维护难度、系统适应性等。随着技术的进步,这些问题正在逐步得到解决。未来的保护系统将更加智能化、集成化,能够更好地适应电力系统的发展需求,通过集成先进的传感器、通信技术和数据处理能力,实现更加精确和灵活的控制。

变电站的保护系统是电力系统安全运行的重要保障。通过精心的设计、配置、协调和维护,保护系统能够及时有效地响应电力系统中的异常情况,快速隔离故障,防止故障扩散,确保电力系统的稳定运行和设备的安全工作。随着技术的发展,保护系统将不断提升其智能化和自动化水平,以满足现代电力系统的需求。

1.4.6　变电站的自动化和智能化

变电站的自动化和智能化代表了电力系统技术进步的最前沿,它们通过集成先进的信息技术、通信技术以及智能算法,极大地提升了变电站的运行效率、可靠性和安全性。

自动化控制系统通过高级的控制逻辑和算法,不仅能够执行基本的设备控制,还能够实现复杂的控制策略,如经济调度、负荷平衡和电能质量控制。这些系统能够自动响应电网的实时需求,优化电力资源的分配。

监控系统通过高分辨率的传感器和先进的数据处理技术能够提供更精细的运行参数和状态信息。这些状态信息不仅包括传统的电气参数,还可能包括设备的物理状态、环境参数等,为变电站的全面监控提供了数据支持。

智能化变电站的数据采集系统能够实时收集和处理大量数据,并利用大数据技术对数据进行存储、分析和挖掘,以获得深入的运行洞察和优化决策。

智能化变电站的故障检测与诊断系统采用先进的算法,如模式识别和机器学习,以实现更精准的故障识别和定位。这些系统能够快速响应各种复杂的故障情况,减少系统的恢复时间。

自适应控制系统能够根据电网的实时运行状态和外部环境变化,自动调整控制策略,实现更加智能化的运行管理。这种控制方式提高了变电站对不同运行条件的适应能力。

通信网络作为智能化变电站的关键基础设施,其安全性和可靠性至关重要,采用加密技术、网络安全协议和冗余设计,确保数据传输的安全性和可靠性。

网络安全措施可以防止外部攻击和内部威胁,通过防火墙、入侵检测系统和安全审计,确保变电站的网络安全。

从负荷预测、故障诊断到优化控制,人工智能技术在智能化变电站中的应用越来越广泛,人工智能技术提高了变电站的运行效率和决策质量。

智能化变电站的远程维护和支持能力使得工程师可以在不同地点对变电站进行监控和维护,提高了维护的效率和便捷性。

用户交互界面采用最新的图形和交互技术,提供直观、易用的操作方法,使得操作人员能够快速掌握变电站的运行状态和控制方法。

系统集成管理着变电站内众多的自动化系统、监控系统和保护系统,确保它们之间的协调运作,避免系统间的冲突和重复。

统一的标准和协议确保了不同设备和系统之间的兼容性和互操作性,为变电站的设备升级和功能扩展提供了便利。

未来的智能化变电站将更加注重与智能电网的融合,实现与可再生能源、分布式发电、储能设备等的无缝连接。同时,随着物联网、大数据、云计算等技术的发展,智能化变电站将具备更强大的数据处理和分析能力,实现更高的自动化水平和智能化程度。图 1.89 所示为自动化变电站。

图 1.89　自动化变电站

通过这些扩展,变电站的自动化和智能化不仅提升了变电站的运行效率和可靠性,还为电力系统的可持续发展提供了坚实的技术基础。随着技术的不断进步,变电站的自动化和智能化将继续向更高层次发展,为电力系统的稳定、经济、安全和环境友好运行提供支持。

1.4.7　变电系统的未来发展

变电系统作为电力传输和分配的核心环节,其未来的发展将受到技术进步、环境需求、经济因素和政策导向等多方面的影响。随着智能电网技术的发展,未来的变电系统将更加智能化。通过集成先进的传感器、通信技术和数据处理能力,变电系统能够实现设备的自我诊断、状态监测、故障预测和自动控制。智能化变电系统将提高运行的效率和可靠性,减少人为错误,提升电力系统的稳定性。

未来的变电系统将趋向于集成化设计,将传统的分离设备如变压器、断路器、隔离开关等集成到更紧凑的空间内。这种设计不仅可以减少占地面积,还能提高设备的运行效率和维护便利性。

模块化建设将成为变电系统未来发展的一个重要趋势。通过将变电系统分解为多个模块,每个模块可以在工厂内预制,然后运输到现场进行组装。这种建设方式可以缩短变电系统建设周期,降低成本,并提高系统的灵活性和可扩展性。

随着对可再生能源利用的重视,未来的变电系统需要更好地适应风能、太阳能等分布式发电的接入。这要求变电系统具备更高的灵活性和适应性,能够处理不稳定的电源输入,并确保电网的稳定运行。

电能质量问题如电压波动、谐波干扰等对电力系统的稳定运行和设备的安全工作造成威胁。未来的变电系统将更加注重电能质量的控制,通过采用先进的无功补偿技术和滤波器等设备,提高电能质量,减少电能损耗。

环境保护已成为全球共识,未来的变电系统将更加注重环境友好性,这包括采用低噪音设备、减少电磁干扰、优化设备散热和采用可回收材料等措施,以减少对环境的影响,如图 1.90 所示为绿色环保示范电站。

图 1.90 绿色环保示范变电站

安全性始终是变电系统设计和运行的首要考虑因素。未来的变电系统将通过采用更先进的保护技术、提高设备的可靠性和加强系统监控等措施,进一步提升系统的安全性。

经济性是变电系统发展中不可忽视的因素。通过优化设计、采用高效的设备和改进运行策略,未来的变电系统将更加注重经济性,降低系统建设和运行成本,提高电力供应的经济效益。

随着电力市场的发展和政策的变化,未来的变电系统需要适应新的政策和标准。这可能包括对电力系统的可靠性、安全性、环境影响和经济性等方面的新要求。

技术创新是推动变电系统发展的关键动力。未来的变电系统将受益于新材料、新设备和新技术的应用,如超导材料、新型绝缘技术、高效冷却系统等,这些创新将提高变电系统的性能和效率。

未来的变电系统将是一个更加智能化、集成化、模块化、环境友好和安全的系统。通过技术创新、优化设计和改进运行策略,未来的变电系统将更好地适应电力系统的发展需求,提高电力供应的稳定性和可靠性。随着技术的发展,变电系统将继续向更高水平的智能化和自动化发展,满足现代电力系统的需求。

1.5 ▶ 配电系统

1.5.1 配电网络结构

配电网络是电力系统中将电能从发电站或变电站传输并分配给最终用户的系统,是电力系统的重要组成部分。它负责将高压电能转换为适合家庭、商业和工业用途的低压电能,并确保电能的安全、可靠和高效传输。配电网络的主要组成部分包括以下内容。

(1)配电变电站。作为配电网络的起点,配电变电站(见图1.91)将来自高压输电网络的电能转换为适合最终用户使用的电压等级。配电变电站的核心功能是电压转换,此外还包括电能分配,也就是通过配电变电站将转换后的电能通过配电线路输送到各个用电区域,满足不同用户的需求。配电变电站还配备保护装置,如断路器和熔断器等,可以保护电力系统免受短路、过载和电压异常等故障的影响。变电站内通常包含变压器、断路器、隔离开关等设备。

图 1.91 配电变电站

(2)配电线路。如图1.92所示,配电线路是配电系统中连接配电变电站和最终用户的物理通道,它们负责将电能从变电站传输到各个用电点,如住宅、商业区和工业区。配电线路可以是架空线路或地下电缆。架空线路使用电杆或塔架支撑导线,通过电杆或塔架将导线支撑于空中,易于安装和维护,成本相对较低,但可能会受到天气和环境因素的影响；而地下电缆则埋设在地下，可以减少空间占用和提高安全性，对城市景观影响较小，抗干扰能力强，但安装和维护成本较高。

图 1.92　配电线路

（3）配电变压器。配电变压器（见图 1.93）是电力系统中用于将中压或高压电能转换为适合家庭、商业和工业用途的低压电能的关键设备。它们在配电网络中扮演着至关重要的角色，配电变压器的主要功能是电压转换，将来自配电变电站的较高电压电能转换为较低电压，以满足最终用户的用电需求。变压器将配电变电站输出的中压电能进一步转换为低压电能，供商业和居民用户使用。配电变压器通常分散布置在服务区域内，用来减少能量传输过程中的损失。具体内容在之前介绍变压器时已经提到过，这里不再过多赘述。

图 1.93　配电变压器

（4）开关设备。开关设备包括负荷开关（见图 1.94）、断路器（见图 1.95）等，用于控制配电线路的通断，以及在故障情况下隔离故障区域。

图 1.94　负荷开关

图 1.95　断路器

（5）保护装置。保护装置包括熔断器（见图 1.96）、继电器等,用于检测和响应过载、短路等异常情况,保护配电设备和用户安全。

图 1.96　熔断器

1.5.2　自动化与控制

配电系统的自动化与控制大多通过集成先进的信息技术、通信技术以及智能算法,来实现配电系统的运行效率、可靠性和安全性的大幅提升。自动化控制系统利用高级的控制逻辑和算法,为电网提供高效、智能的管理和操作。这些系统不仅是执行开关设备的简单控制,更能够实现一系列复杂的控制策略,以满足电网运行的多样化需求。

1) 自动化控制系统

自动化控制系统包括经济调度、负荷平衡、电能质量控制等功能。

经济调度是自动化控制系统的重要功能之一,它通过优化发电资源的分配和使用,实现成本效益最大化。系统会根据电力市场的价格信号、发电成本和电网需求,自动调整发电量和购买电力的策略,以减少运营成本并提高经济效益。

负荷平衡是另一个关键控制策略,自动化控制系统通过实时监测电网的负荷变化,自动调节发电和供电,确保电网的供需平衡。这包括在高峰时段启用备用发电资源,或在低峰时段减少发电量,以及通过需求侧管理来平抑负荷波动。

电能质量控制是保障电网稳定运行的另一重要方面。自动化控制系统可以监测和调整电网的电压、频率和电流,以维持电能质量标准。这涉及对无功功率的补偿、谐波的抑制和电压波动的控制,确保用户获得稳定和高质量的电力供应。

自动化控制系统使得电网能够自动响应实时的需求变化。系统通过集成的传感器和智能算法,实时收集并分析电网数据,预测负荷趋势,自动调整控制参数,以优化电力资源的分配和使用。

此外,自动化控制系统还包括故障检测和自愈功能,能够在发生故障时快速定位问题并采取措施,如重新分配电力流或隔离故障区域,以最小化对用户的影响并快速恢复供电。

2) 监控系统

监控系统(见图 1.97)是实现对整个配电网络进行实时监控和管理的中枢。这一系统通过精密的传感器和数据采集设备,能够收集配电网络中关键设备的运行数据,包括但不限于电流、电压、功率和温度等参数。这些数据对于理解电网的实时状态至关重要。电流和电压的测量值可以反映电网的供电质量和稳定性,功率参数则可以显示电网的负载情况,而温度监测则有助于预防设备过热导致的故障。通过这些数据的实时收集,监控系统能够提供全面的网络视图,使操作人员能够及时地识别和响应系统的潜在问题。

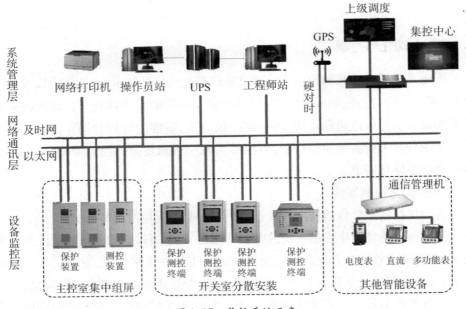

图 1.97　监控系统示意

　　监控系统的用户界面通常包括图形化显示,如仪表盘、趋势图和地图,这些可视化工具使得操作人员能够直观地理解电网的运行状况。例如,电网地图可以显示各个变电站和配电线路的状态,颜色编码可以快速指示哪些区域正常运行,哪些区域存在问题。

　　除了数据收集和显示,监控系统还具备远程操作的能力。操作人员可以通过登录系统界面远程控制断路器、隔离开关和其他关键设备,以执行负荷转移、故障隔离或恢复供电等操作。这种远程操作能力大大提高了电网的响应速度和灵活性,减少了对现场人员的依赖,同时也降低了操作风险。

　　监控系统还具备报警和事件记录功能。当电网中的某些参数超出预设的安全范围时,系统会自动发出警报,通知操作人员采取必要的措施。同时,所有的操作和事件都会被系统记录,以便于事后分析和审计。

　　随着技术的发展,现代监控系统还集成了高级分析工具,如人工智能和机器学习算法,以预测电网的运行趋势和潜在问题。这些工具可以基于历史数据和实时数据进行模式识别,提前预警可能的故障,从而进一步提高电网的可靠性和效率。

　　监控系统不可或缺,它通过实时数据收集、直观显示、远程操作和高级分析,为电网的安全、稳定和高效运行提供了强有力的支持。

　　3) 数据采集系统

　　如图 1.98 所示,智能化配电系统的数据采集系统(data acquisition system, DAS)是实现电网智能化管理的关键组成部分。DAS 的核心任务是从配电网络中的传感器和测量设备收集数据,这些数据包括但不限于电流、电压、功率、功率因数、温度、湿度等关键参数。这些参数对于监控电网的健康状况、优化电网运行和提高电能质量至关重要。

　　DAS 通过部署在电网各关键节点的智能传感器和测量设备,实时采集数据。这些设备通常具备高精度和高可靠性,能够精确测量电网的运行状态。采集的数据通过通信网络传输至中央数据服务器。现代 DAS 通常采用高速、安全的通信技术,如光纤通信、无线通信或电力线载波通信等,以确保数据的实时性和准确性。

　　利用数据服务器,DAS 收集到的数据首先被存储在数据库中,形成电网运行的历史记录。这些数据不仅用于当前的监控和分析,还为未来的数据分析和趋势预测提供了基础。存储的数据通过先进的数据处理和分析工具被分析和挖掘。数据分析可以揭示电网运行的模式和趋势,识别潜在的问题和改进机会。

　　DAS 的智能分析功能通常包括统计分析、模式识别、故障诊断和预测等。通过这些分析,操作人员可以深入理解电网的运行状况,及时发现和解决电网运行

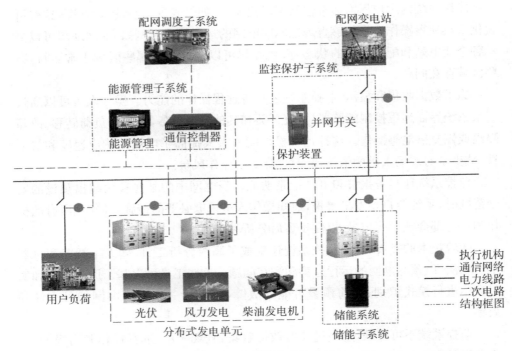

图 1.98　数据采集系统示意

中的问题。例如,通过分析电流和电压数据,可以识别电网中的不平衡负载或谐波问题;通过分析温度数据,可以预防设备过热导致的故障。

　　DAS还具备高级的预测功能,如预测负荷需求、预测设备故障等。这些预测基于历史数据和实时数据,利用机器学习和人工智能算法,为电网的运行和维护提供前瞻性的指导。例如,通过预测负荷需求,可以优化发电和供电计划,减少能源浪费;通过预测设备故障,可以提前进行系统维护,避免意外停电发生。

　　此外,DAS还与其他智能电网系统紧密集成,如自动化控制系统、需求响应系统等。这些系统集成了DAS的数据和分析结果,实现更高级的智能电网应用,如自动负荷平衡、自动故障恢复、智能需求响应等。

　　4) 故障检测与诊断的智能化

　　智能化配电系统中的故障检测与诊断系统(见图 1.99)是保障电网稳定运行的关键技术之一。这些系统利用先进的算法,如模式识别和机器学习,对配电网络中的各种数据进行深入分析,以实现故障的快速识别和精确定位。

　　在传统的配电系统中,故障检测和定位往往依赖于操作人员的经验和直觉,这种工作方式不但效率低下,而且容易出错。而智能化配电系统的故障检测与诊断系统通过实时监测电网的运行参数,如电流、电压、功率等,能够自动发现异常

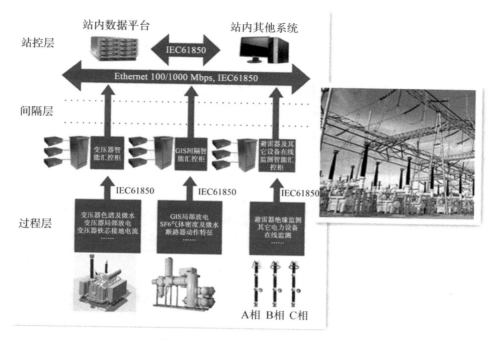

图 1.99　故障检测与诊断系统示意

情况。智能系统采用的模式识别算法能够识别电网中的异常模式，如负载不平衡、电压波动或频率偏差，从而预测和诊断潜在的故障。

机器学习算法在故障检测中也扮演着重要角色。通过训练模型识别正常和异常的电网行为，系统能够进行自主学习并预测故障发生的可能性。这种方法不仅可以提高故障检测的准确性，还可以减少误报和漏报，提高系统的可靠性。

智能化故障检测与诊断系统能够快速响应系统各种复杂的故障情况。当系统检测到故障信号时，它会自动触发报警，并提供故障定位信息，指导操作人员迅速采取措施。这种快速响应机制大大缩短了故障的恢复时间，减少了停电对用户的影响。

此外，智能化故障检测与诊断系统还具备自学习和自适应的能力。随着时间的推移，系统会不断积累故障处理经验，优化故障检测算法，提高故障处理的效率和准确性。这种自学习和自适应的能力使得系统在面对新的或未知的故障类型时，也能够做出有效的响应。

智能化配电系统的故障检测与诊断系统还与其他智能电网技术紧密集成，如自动化控制系统、需求响应系统等。这些系统集成了故障检测与诊断系统的数据和分析结果，实现更高级的智能电网应用，如自动故障恢复、智能负荷调整等。

智能化配电系统的故障检测与诊断系统通过先进的算法和实时数据分析为电网的稳定运行提供了强有力的保障。随着技术的不断进步,这些系统将更加智能化和自动化,为电力系统的高效、可靠和可持续发展提供坚实的基础。

5)自适应控制

如图 1.100 所示,自适应控制系统是智能化配电网络中的一个先进功能,它通过实时分析电网的运行状态和监测外部环境的变化,自动调整配电系统的运行参数,以实现最优的运行效果。这种系统的设计目的是提高电网的灵活性和响应能力,确保电网在各种条件下都能维持高效和稳定的电力供应。

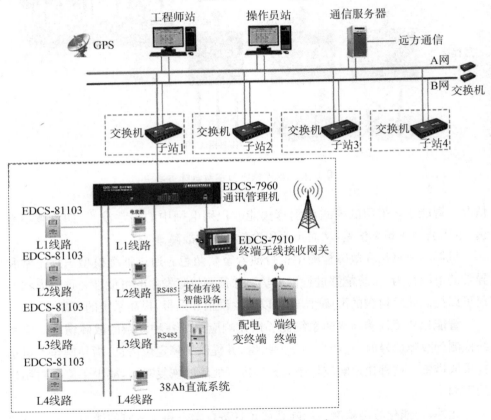

图 1.100 自适应控制系统示意

如图 1.101 所示,在配电网络中,自适应控制系统利用传感器收集的数据,如电网负载、电压水平、频率、温度等,以及外部环境因素,如天气变化、时间、季节等,来评估电网的当前状态。通过高级算法,系统能够识别电网运行中的模式和趋势,预测潜在的问题,并根据这些信息自动调整控制策略。

例如,在高负载情况下,自适应控制系统可以自动调整变压器的抽头位置,以维持电压稳定;或者在可再生能源发电量增加时,系统可以智能地调整电网的功率流向,优先使用清洁能源,减少对传统发电资源的依赖。此外,自适应控制系统还能够根据天气预报自动调整电网的运行模式,以应对可能的极端天气事件。

自适应控制系统的智能化管理还包括对电网设备的预测性维护。通过分析设备的运行数据和历史维护记录,系统可以预测设备可能出现的故障,并在故障发生前安排维护工作,从而减少意外停电的风险。这种控制方式的优势在于它能够减少人为干预,提高电网的自动化水平。操作人员可以依靠自适应控制系统来执行日常的运行调整,从而将更多的精力投入电网的战略规划和优化中。同时,自适应控制系统还能够提高电网的能源效率,降低运营成本。

随着技术的发展,自适应控制系统正在变得更加智能,集成了人工智能和机器学习技术的系统能够不断学习和优化自己的控制策略,以适应不断变化的电网运行环境。这些系统能够处理更复杂的数据集,提供更精确的预测和决策支持。

总之,自适应控制系统是智能化配电网络的重要组成部分,它通过自动调整运行方式,提高了电网对不同运行条件的适应能力,确保了电力供应的稳定性和可靠性。随着技术的不断进步,自适应控制系统在未来电网管理中将发挥更加关键的作用。

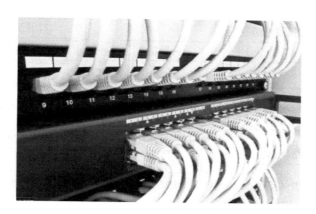

图 1.101　自适应控制系统

6) 通信网络

通信网络相当于整个配电系统的神经中枢,确保了配电网络内各种设备和系统之间的高效连接和数据交换。这种通信网络的建立是实现配电系统自动化、智能化管理的基础,对于保障电力供应的稳定性和可靠性具有决定性意义。

光纤通信是现代配电系统中常用的一种通信方式。它利用光纤作为传输介质,通过光信号传输数据。光纤通信具有传输速度快、传输距离远、抗干扰能力强等优点,非常适合配电系统中的数据传输。光纤网络可以连接变电站、配电自动化终端、远程监控中心等关键节点,实现大规模数据的实时传输。

无线通信技术在配电系统中也得到了广泛应用。无线通信技术包括蜂窝网络、Wi-Fi、卫星通信等多种形式。无线通信的优势在于部署灵活、建设成本低、覆盖范围广。在一些难以铺设光纤的地区,无线通信成为了实现配电系统通信的有效手段。无线通信技术可以用于配电线路的实时监控、故障检测、远程维护等场景。

除了光纤和无线通信,电力线载波通信(power line carrier, PLC)也是一种在配电系统中常用的通信方式。PLC 技术利用电力线的自然特性,通过电力线传输数据信号。PLC 技术的优势在于无须额外铺设通信线路,可以利用现有的电力线路实现数据传输。PLC 技术在配电系统中主要用于家庭和商业用户的电能计量、负荷控制等应用。

如图 1.102 所示,通信协议是实现通信网络中设备和系统之间有效通信的关键。现代配电系统中常用的通信协议包括 IEC 61850、DNP3、Modbus 等。这些协议定义了数据传输的格式、通信流程、错误处理等规则,确保了通信的可靠性和一致性。通信协议的选择需要考虑系统的兼容性、扩展性、安全性等因素。

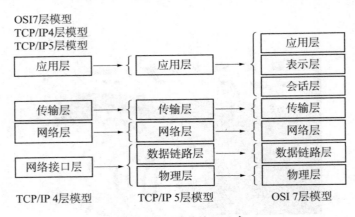

图 1.102 通信协议示意

网络安全是智能化配电系统中通信网络必须面对的挑战。随着通信网络的广泛应用,网络安全问题日益突出。配电系统中的通信网络需要防范黑客攻击、病毒感染、数据泄露等安全威胁。为此,配电系统需要采取加密技术、防火墙、入侵检测系统等安全措施,确保通信网络的安全性。其中,数据传输的实时性也至关重要。配电系统中的设备和系统需要实时交换数据,以实现实时监控、实时控制、实时分析等功能。为此,通信网络需要具备低延迟、高可靠性的数据传输能力。实时数据传输对于故障检测、负荷预测、电能质量控制等应用非常重要。

数据传输的可靠性也是智能化配电系统中通信网络的另一个关键特性。配电系统中的通信网络需要在各种环境条件下稳定运行，包括高温、低温、潮湿、电磁干扰等。为此，通信网络需要采用高可靠性的设计，如冗余设计、容错设计、自愈设计等。

通信网络的扩展性同样是智能化配电系统中通信网络一个需要重点考虑的因素。随着配电系统规模的不断扩大，通信网络需要具备良好的扩展性，以适应不断增长的通信需求。通信网络的扩展性包括网络容量、网络覆盖范围、网络接入能力等方面。配电系统中的设备和系统可能来自不同的制造商，采用不同的通信协议和接口。为此，通信网络需要具备良好的兼容性，能够支持多种通信协议和接口。

通信网络的维护工作包括日常巡检、故障排查、设备更换、系统升级等。通信网络的维护需要专业的技术和工具，以确保通信网络的长期可靠，稳定运行。

通过高速、可靠的通信技术，配电系统能够实现设备和系统之间的实时数据传输和交换，提高配电系统的自动化、智能化管理水平。随着技术的不断进步，通信网络在智能化配电系统中的作用将越来越重要。

7) 安全防护系统的强化

智能化配电系统的安全防护是确保电力供应稳定性和可靠性的关键环节。随着电网的数字化和智能化发展，安全防护系统不仅要涵盖传统的物理安全措施，还要包括网络安全措施，以应对日益复杂的外部攻击和内部威胁。

物理安全措施包括设备防护、访问控制、监控系统等。

设备防护是通过加固设备外壳、使用防护涂料的手段来提高设备对物理破坏的抵抗能力；访问控制是限制对关键设施的物理访问，即仅授权人员能够进入变电站和配电室；而监控系统则是通过安装闭路电视（CCTV）和其他监控设备，实时监控关键区域，及时发现并响应异常情况。

网络安全也是智能化配电系统中需要考虑的重点内容。随着电网自动化程度的提高，越来越多的设备和系统通过网络连接，网络安全风险也随之增加。网络安全措施包括设置防火墙、入侵检测系统（intrusion detection system, IDS）、入侵防御系统（intrusion prevention system, IPS）、安全审计等。

通过部署防火墙设备，监控和控制进出网络的数据流，可以防止未授权访问和恶意软件传播。入侵检测系统，可用来监控网络活动，识别并警告潜在的攻击，如端口扫描、拒绝服务攻击（DoS）等。而入侵防御系统（IPS）则可以在检测到攻击时，自动采取措施，阻断攻击源，保护网络不受侵害。

最后，应定期进行安全审计工作，评估系统的安全状况，只有这样，才可以发现并修补安全漏洞。安全审计包括对网络设备、服务器、应用程序和用户行为的审查。

数据加密是保护配电系统中传输数据的重要手段。通过加密技术,可以确保即使数据在传输过程中被截获,也无法被未授权者解读。常用的加密技术包括传输层安全(TLS)、虚拟专用网络(VPN)等。

身份验证和访问控制是网络安全的另一个关键环节。通过实施强密码策略、多因素认证等措施,可以确保只有授权用户才能访问系统资源。同时,对用户的访问权限进行严格控制,实行最小权限原则,减少潜在的安全风险。

安全意识培训对于提高整个配电系统的安全性至关重要。定期对员工进行安全意识培训,教育他们识别钓鱼邮件、社交工程攻击等常见的安全威胁,提高操作人员的自我保护能力。

应急响应计划是配电系统安全防护的重要组成部分。制订详细的应急响应计划,明确在发生安全事件时的应对措施,包括事件检测、事件响应、事件恢复和后续改进等步骤。

供应链安全也是一个不容忽视的方面。配电系统的许多设备和组件来自外部供应商,这些设备可能成为安全威胁的载体。因此,需要对供应链进行安全管理,确保供应商的安全标准和实践符合规范要求。随着网络安全法规的日益严格,配电系统需要遵守相关的法律法规,如数据保护法、网络安全法等,确保合法合规地处理用户数据和网络事件。

维持配电系统的长期安全离不开持续监控和评估。通过持续监控网络活动,及时发现并响应安全威胁。同时,定期评估系统的安全状况,更新安全策略和措施,以应对不断变化的安全环境。通过综合运用各种安全技术和管理措施,可以提高配电系统的安全性,确保电力供应的稳定性和可靠性。随着技术的发展和安全威胁的不断演变,配电系统需要不断更新和完善其安全防护措施,以应对新的市场挑战。

8) 人工智能技术的应用

人工智能(AI)技术在智能化配电系统中的应用正日益增多,它通过提供先进的数据分析和模式识别能力,极大地增强了电网的运行效率和决策质量。AI技术在智能化配电系统中的应用主要包括以下方面。

(1) 负荷预测是 AI 技术应用的一个重要方面。通过机器学习算法,系统可以分析历史负荷数据、天气条件、时间因素等,预测未来的电力需求。这些预测对于电网的运行规划至关重要,它们帮助电网运营商优化发电计划,调整电网运行方式,以满足变化的电力需求,同时减少电能过剩或不足的风险。

(2) AI 技术在故障诊断领域也可以发挥十分重要的作用。利用机器学习,智能化配电系统能够分析设备运行数据,识别异常模式,从而提前发现潜在的故障。例如,通过分析变压器的油温、负载电流和声音信号,AI 系统可以预测设备故障,减少意外停电事件,提高电网的可靠性。

(3) 在智能化配电系统中,AI 技术也可以用来优化控制。AI 算法可以实时监控电网状态,自动调整电网运行参数,实现系统最优控制。例如,AI 系统可以根据系统实时数据调整变压器的抽头位置,优化电压水平,或者根据可再生能源的发电量自动调整电网的功率流向,提高能源利用效率。

(4) AI 技术还能够提高电能质量。通过分析电网数据,AI 系统可以识别电压波动、谐波干扰等问题,并自动采取措施,如调整无功补偿设备,以改善电能质量,满足用户的电力需求。

(5) 在需求侧管理过程中,AI 技术可以帮助实现更智能的负荷控制。通过分析用户用电行为,AI 系统可以预测负荷变化趋势,并在电网负荷高峰时段自动调整用户的用电负荷,实现需求响应。同时,AI 技术还能够提升电网的自愈能力。在发生故障时,AI 系统可以快速定位故障位置,自动隔离故障区域,并重新分配电力流,以最小化对用户的影响并快速恢复供电。

(6) 预测性维护是 AI 技术在智能化配电系统中的另一个重要应用。通过分析设备的运行数据和历史维护记录,AI 系统可以预测设备可能出现的故障,并在故障发生前安排维护工作,减少意外停电的风险。

(7) AI 技术还能提高电网的安全性。通过监测电网的通信流量和用户行为,AI 系统可以识别系统异常活动,如黑客攻击或恶意软件感染,并及时采取措施,防止安全事件的发生。

(8) 集成学习是 AI 技术在智能化配电系统中的高级应用。通过集成多个机器学习模型,AI 系统可以提供更准确的预测和决策支持,提高电网的运行效率和可靠性。

(9) 自适应学习是 AI 技术的一个重要特性。随着时间的推移,AI 系统可以不断学习和优化自己的算法,以适应电网运行的变化,提高预测和决策的准确性。

人工智能通过提供先进的数据分析和模式识别能力,提高了电网的运行效率、可靠性和安全性。随着技术的不断发展,AI 技术将在未来智能化配电系统中发挥更加关键的作用。

9) 用户交互界面的优化

用户交互界面是智能化配电系统中至关重要的组成部分,它直接影响操作人员的工作效率和体验。现代的配电系统通过采用最新的图形和交互技术,设计出直观且易用的用户界面,极大地提升了操作的便捷性和系统的可访问性。

这些界面通常基于图形用户界面(GUI)技术,使用清晰的图标、按钮和菜单,以及丰富的图形元素,如图表、地图和动画,来展示配电网络的运行状态。操作人员可以通过简单的点击、拖拽等操作,快速获取电网的实时数据和历史趋势,进行设备控制和系统配置。

交互技术的进步,如触摸屏、语音控制和手势识别,进一步简化了用户与系统之间的交互方式。例如,触摸屏使得操作人员可以直接在屏幕上进行操作,提高了操作的直观性;语音控制则允许操作人员通过语音指令执行任务,从而在需要双手操作时提供便利。

此外,用户交互界面还提供了定制化的视图和功能,以满足不同操作人员的需求。操作人员可以根据自己的工作职责和操作偏好,选择显示最相关的信息和控制选项。这种个性化设置有助于提高工作效率,并减少误操作的可能性。

界面设计还考虑了易用性和可访问性,确保不同技术水平的操作人员都能轻松使用。通过提供详细的帮助文档、在线教程和实时技术支持,用户交互界面帮助操作人员快速掌握配电网络的运行状态和控制方法。

随着技术的发展,用户交互界面正变得更加智能,适应性也更强。集成了人工智能的界面能够根据操作人员的行为和偏好进行自我优化,提供更加个性化的用户体验。同时,随着虚拟现实(VR)和增强现实(AR)技术的应用,用户交互界面将提供更加沉浸式的交互体验,进一步提升操作人员的工作效率和决策质量。

智能化配电系统中的用户交互界面提供了一个直观、易用的工作环境,使得操作人员能够高效地管理和控制配电网络。随着技术的不断进步,用户交互界面将变得更加智能和个性化,为用户提供更加卓越的操作体验。

10) 配电自动化的实现

配电自动化系统(distribution automation system, DAS)是现代电力系统管理中的一项革命性技术,它通过集成各种传感器、执行器和控制设备,实现对配电网络的全面实时监控和控制。这种系统的设计旨在提高电网的运行效率、可靠性和安全性,同时降低电网维护成本和提高响应速度。

传感器的集成是DAS的基础。传感器被安装在电网的关键节点,如变电站、配电线路和用户接口,用于收集各种电力参数,包括但不限于电流、电压、功率、功率因数、频率和温度。这些数据对于监测电网的健康状况和预测潜在问题至关重要。

执行器的作用是根据传感器收集的数据和系统控制逻辑,自动执行相应的操作。例如,变压器的抽头调节执行器可以根据负载变化自动调整变压器的抽头位置,以维持电压在最佳水平。这种自动调节不仅提高了电能质量,还减少了能源浪费。

控制设备的集成是DAS的核心。控制设备包括各种智能控制器和逻辑单元,它们负责处理传感器数据,执行控制策略,并发送指令给执行器。控制设备通常采用先进的算法,如模糊逻辑、神经网络和遗传算法等,以实现系统最优控制。

断路器和隔离开关的控制是 DAS 的重要功能之一。在检测到短路、过载或其他异常情况时,DAS 可以自动断开相应的断路器或隔离开关,快速隔离故障区域,防止故障扩散到整个电网。这种快速响应能力对于保护电网设备和确保供电连续性非常重要。

无功补偿设备的投切控制是 DAS 的另一个关键功能。无功补偿设备,如电容器和电抗器,用来调节电网的无功功率,改善功率因数,减少线路损耗。DAS 可以根据实时数据自动投入或切除这些设备,优化电网的运行状态。

DAS 还可以实现系统的实时监控和控制。系统能够实时监测电网的运行状态,快速响应各种变化和事件。这种实时性对于预防和处理电网故障至关重要。

DAS 通常与其他电力系统管理软件和数据库集成,实现数据共享和协同工作。这种集成使得电网运营商能够从更广泛的视角管理和优化电网。DAS 同时还能提供直观的用户界面,使得操作人员能够轻松监控电网状态,执行控制操作,并获取系统反馈。用户界面通常包括图形化显示、报警系统和日志记录。

DAS 系统设计时要考虑未来可能的扩展和升级,使得新的传感器、执行器和控制设备可以轻松集成到现有系统中。DAS 系统提供全面的维护和支持服务,包括定期检查、故障排除和系统升级,以确保系统的长期稳定运行。

总之,DAS 通过集成各种传感器、执行器和控制设备,为电网运营商提供了一个强大的工具,用于实时监控和控制配电网络。这种系统不仅提高了电网的运行效率和可靠性,还降低了系统维护成本,提高了用户的电力供应质量。随着技术的不断进步,DAS 将继续发展,为未来的智能电网提供更加强大和灵活的自动化解决方案。

1.5.3　电能质量与可靠性

配电系统的电能质量与可靠性是衡量电力供应性能的两个关键指标,它们直接影响着用户的用电体验和电力系统的经济性。

1)电能质量

电能质量指的是电力系统中电能的波形、频率和电压特性符合规定标准的程度。高质量的电能可以确保电气设备的正常运行和用户的用电满意度。电能质量的常见问题包括电压暂降和暂升、谐波、波动、频率偏差等。

电压暂降和暂升指的是由于电网故障或大型设备启动导致的电压突然下降或上升,电压暂降可能导致敏感设备如计算机、医疗设备、自动化控制系统等突然关机或性能下降,影响电能生产和服务质量,电压暂升可能对电气设备的绝缘材料造成损害,缩短设备使用寿命,增加维护成本。谐波是指非线性负载引起的电压或电流波形畸变,谐波会导致设备过热,降低电机和其他电气设备的效率,增加能耗,谐波还可能导致电表读数不准确,影响电费计算。波动则是指电压在一定时间内的快速变化,电压波动可能导致照明闪烁,影响视觉舒适度和设备工作效率,对于精密制造业和高科技产业,电压波动可能导致产品质量问题。频率偏差是指电网频率与标称值的偏差频率,偏差会影响同步电机的转速,进而影响工业生产过程的稳定性和产品精度,长期频率偏差可能导致某些设备性能降低,甚至损坏。

对电力系统,电能质量问题可能导致电网保护装置频繁动作,增加电网运行的不稳定性,这些问题还可能掩盖或干扰故障检测信号,使得故障诊断和定位变得更加困难。

电能质量问题导致用户可能会经历电力供应中断,影响日常生活和工作效率;而对于商业和工业用户,电能质量问题可能导致生产效率下降,产品质量问题,甚至造成重大经济损失。电能质量问题还可能加速电气设备的磨损,降低设备的可靠性和使用寿命。对于某些敏感设备,电能质量问题可能导致数据丢失、系统崩溃或其他故障。

为了维护电能质量,配电系统可以使用无功补偿设备,如并联电容器或电抗器,以改善功率因数和减少无功功率引起的损耗。也可以使用谐波滤波器来减少谐波对电网的影响。此外,电压调节器也可以用来自动调整变压器抽头,以维持稳定的电压水平。

2) 电力系统的可靠性

电力系统的可靠性是指电力系统在规定时间内,按照预定功能连续供电的能力。高可靠性的电力系统能够减少停电事件,确保电力供应的连续性。设备故障,比如变压器、断路器、电缆等可能因老化或故障而导致停电,这就会影响电力系统的可靠性。自然灾害如风暴、洪水、地震等也可能破坏电网设施。此外,可以避免的操作错误也会导致电力系统的可靠性降低,人为操作失误也可能导致供电中断。

为提高配电系统的可靠性,一般采取以下措施。

(1) 预防性维护:定期检查和维护电网设备,以降低设备故障率。

(2) 冗余设计:在关键节点设置备用设备或备用路径,以便在主设备或路径出现故障时进行设备或路径切换。

(3) 故障自愈:自动化系统能够快速检测故障并隔离故障区域,同时自动恢复非故障区域的供电。

(4) 负荷管理:在高峰负荷期间,通过需求侧管理减少电网的负荷压力。

电能质量和可靠性的管理需要综合考虑技术、经济和政策因素。随着智能电网技术的发展,如先进计量基础设施(AMI)、配电管理系统(DMS)和广域监测系统的应用,配电系统在电能质量和可靠性方面将得到进一步提升。通过实时监

1

控、分析和控制,智能电网能够更有效地应对电能质量挑战,提高供电的可靠性。

1.5.4　需求侧管理与能效

需求侧管理(demand side management, DSM)与能效是电力系统中用于优化电力资源分配、提高能源利用效率和降低运营成本的两个关键概念。以下是对这两个概念的详细介绍。

1)需求侧管理(DSM)

需求侧管理是一种通过激励用户改变其电力消费模式,以实现电网负荷平衡和提高电力系统运行效率的策略。DSM 的目的是在不增加发电量的情况下,通过调整需求来满足电力供应,常用的 DSM 调整措施如下。

(1)负荷控制:DSM 可以通过直接控制用户端的负载,如工业设备的启停,来减少高峰时段的电力需求。这种控制通常是通过自适应控制系统(见图 1.103)实现的。

图 1.103　自适应控制系统

(2)需求响应:需求响应(demand response, DR)是 DSM 的一种形式,它鼓励用户在电网负荷高峰时段减少用电,以换取经济补偿或其他激励。需求响应可以通过实时电价信号或直接的负荷控制来实现。

(3)能效提升:DSM 可以通过提高用户端的能效来减少电力需求。这可以通过安装节能设备、改进生产工艺或采用更高效的能源使用方式来实现。

(4)用户教育:DSM 还涉及对用户的教育和宣传,提高他们对节能和电力资源优化利用的意识。

(5)时间定价:通过实施时间定价策略,如峰谷电价等,DSM 鼓励用户在电价较低的时段使用电力,从而减少高峰时段的负荷。

2) 能效

能效是指在特定时间内,用于完成特定任务或生产单位产品所消耗的能源量。高能效意味着以更少的能源消耗实现更多的产出,这对于电力系统和电网用户都具有重要意义。提升系统能效可从以下方面努力。

(1) 节能技术:采用高效的电机、照明系统、加热和冷却设备等(见图 1.104),可以显著降低能源消耗。例如,使用 LED 灯替代传统的白炽灯可以大幅降低照明能耗。

图 1.104 节能技术设备

(2) 能源管理系统:通过安装能源管理系统(energy management system, EMS),用户可以实时监控和管理其能源使用,优化能源分配,减少浪费。

(3) 建筑能效:对于商业和住宅建筑,通过改进建筑的隔热性能、采用节能型建筑材料和设计,可以降低供暖、通风和空调(HVAC)系统的能耗。

(4) 工业能效:在工业生产中,通过优化生产流程、提高设备效率和回收废热等措施,可以提高能源利用效率,减少能源消耗。

(5) 交通能效:在交通领域,通过使用混合动力车辆、电动汽车和优化交通管理系统,可以提高能源利用效率,减少化石燃料的消耗。

(6) 政策和激励措施:政府和电力公司可以通过提供财政补贴、税收优惠、低息贷款和奖励计划等激励措施,鼓励用户提高能效。

(7) 智能电网技术:利用智能电网技术,如先进计量基础设施(AMI)和智能家居系统,可以帮助用户更好地理解和管理其能源使用,从而提高能效。

(8) 教育和培训:提高公众对能源效率的认识和理解,通过教育和培训,使他们能够自觉采取更有效的节能措施。

需求侧管理与能效提升的结合,为电力系统提供了一种有效的资源优化策略。通过激励用户改变其电力消费模式和提高能源利用效率,DSM 和能效提升措施有助于减少电力系统的负荷压力,降低能源成本,并减少对环境的影响。随着技术的进步和政策的支持,需求侧管理和能效将继续在电力系统中发挥越来越重要的作用。

1.5.5　配电系统的未来发展与技术创新

配电系统的未来发展与技术创新正朝着更加智能化、高效化和环境友好的方向发展。随着智能电网技术的应用,配电系统将实现更高层次的自动化和智能化管理。通过集成先进的传感器、物联网设备和大数据分析工具,未来的配电系统能够实现对电网运行状态的实时监控和及时优化,提高电力供应的可靠性和效率。

技术创新在配电系统中扮演着至关重要的角色。例如,使用超导材料的变压器可以大幅降低能量损耗,提高电网的传输效率。而基于人工智能的算法能够预测和响应电网的负荷变化,实现更加精细化的负荷管理。此外,分布式发电资源如太阳能和风能的集成,将使配电系统更加灵活和可持续。

未来的配电系统还将更加注重与用户的互动。通过智能家居和智能楼宇技术,用户可以更主动地参与能源管理,借助需求响应等机制,优化自己的用电行为,降低能源消耗和电费支出。同时,随着电动汽车的普及,配电系统需要适应新的充放电需求,提供更加智能和灵活的充电解决方案。

技术创新还包括对现有基础设施的升级改造,如使用智能断路器和自愈技术,提高电网的自适应能力和故障恢复速度。此外,随着新材料和新工艺的应用,电网设备的耐用性和可靠性将得到显著提升。

环境友好和可持续性也是配电系统未来发展的重要方向。通过优化电网设计和运行策略,减少能源浪费和碳排放,配电系统将为实现绿色能源和低碳经济做出贡献。同时,对可再生能源的充分利用和对电力电子技术的创新,将进一步推动配电系统向清洁能源转型。

配电系统的未来发展与技术创新将不断推动电力行业的进步,实现更加高效、智能、可靠和环保的电力供应。随着技术的不断突破和市场的需求变化,配电系统将继续向着更加先进的方向发展,为社会和经济的可持续发展提供坚实的能源支撑。

第2章 数字电网前沿技术

数字电网作为电力系统未来发展的重要方向,正在通过一系列前沿技术的创新与应用,实现电力系统的全面升级和转型。这些技术不仅提升了电网的运行效率、可靠性和智能化水平,还为电力系统的可持续发展提供了坚实的技术支撑。本章将详细介绍数字电网前沿技术。

(1)共性技术是数字电网发展的基础,其中传感技术、芯片技术、北斗导航系统和数字孪生技术是关键的共性技术。

(2)传感技术在数字电网中扮演着至关重要的角色。通过在电网的关键节点部署各种类型的传感器,如电流传感器、电压传感器、温度传感器和振动传感器,可以实时监测电网的运行状态。这些传感器收集的数据对于电网的实时监控、故障诊断和预测性维护至关重要。传感器技术的进步,如无线传感网络和自组织网络,使得数据采集更加灵活和高效。

(3)芯片技术是实现电网智能化的核心。随着微电子技术的发展,各种高性能、低功耗的芯片广泛应用于电网的监测、控制和通信中。这些芯片不仅提高了设备的处理能力,还降低了系统能耗,使得电网设备更加智能、可靠和环保。例如,采用先进的芯片技术的智能电表可以实时记录和传输用电数据,为电力需求侧管理提供重要的数据支持。

(4)北斗导航系统为数字电网提供了高精度的定位服务。北斗系统的应用使得电网设备的定位更加精确,这对于电网的规划、建设和维护具有重要意义。此外,北斗系统还可以用于电网的实时监控和故障定位,提高电网的运行效率和可靠性。

(5)数字孪生技术是数字电网领域的前沿技术之一。通过构建电网设备的数字孪生模型,可以实现对电网设备的虚拟仿真和分析。数字孪生技术不仅可以用于电网设备的设计与优化,还可以用于电网的运行监控和故障诊断。利用数字孪生技术,可以模拟电网的运行状态,预测电网的发展趋势,为电网的决策提供科学依据。

随着数字电网技术的不断发展,未来的电网将更加智能化、自动化和高效化。

数字电网技术的应用使得电网的运行将更加安全、可靠和经济。通过数字电网技术，可以实现对电网的全面监控和管理，提高电网的运行效率和服务质量。同时，数字电网技术还将推动电力行业的创新和发展，为电力系统的可持续发展提供坚实的技术支撑。

数字电网技术的发展也面临着一些挑战，如技术的复杂性、高昂的成本和数据安全问题。为了克服这些挑战，需要加强技术研发和创新，提高数字电网技术的成熟度和可靠性。同时，还需要加强数据的安全和隐私保护，确保数字电网技术的安全应用。

通过不断推动数字电网技术的研发和应用，可以实现电力系统的全面升级和转型，为社会的可持续发展提供重要的能源保障。随着技术的不断进步和市场的不断变化，数字电网技术将继续向着更加先进的方向发展，为电力系统的未来发展提供无限的可能性。

2.1 ▶ 输电通道全景测量与动态复原仿真技术

输电线路是电力系统中最容易发生故障的部分。2005—2014 年，我国 330 kV 及以上线路平均跳闸率 0.386 次/(百千米·年)，平均故障停运率 0.126/(百千米·年)。经过国网公司近 10 年的努力，其所属 330 kV 及以上输电线路的跳闸率大幅下降，2015 年 330 kV 及以上线路跳闸率与之前 10 年均值相比降低 31.8%，故障停运率相比降低 21.9%。外力破坏和风、冰等气候因素已经超过雷电，成为导致输电线路永久性故障的主要原因。为了降低输电线路的跳闸率，提高供电可靠性，不少电力公司都开展了在线监测、输电线路"九防"等大量的工作，以提高输电线路的防御能力，但是效果并不是特别理想，究其主要原因如下。

（1）输电线路故障主要由外界环境因素导致，特别在当针对输电线路通道的防御技术手段落后时。据统计，外力破坏、山火、覆冰、风偏等原因是导致输电线路故障的主要原因，而外力破坏又是引起输电线路跳闸的首要因素。由于上述外界环境因素的不确定性和瞬时性，增加了输电线路故障防御工作的难度，目前的防御手段主要依靠人工巡视、二维平面图像显示，存在防御技术手段单一、被动、时效性差等问题。亟须提高输电线路通道的防御技术水平，争取在故障发生前进行有效预警和处理，将事故消灭在萌芽阶段。

（2）对输电线路通道的精确信息了解不足，导致输电线线路防御能力的评估偏差大。由于输电线路现场施工与设计参数存在差异，导致输电线路防风、防冰等能力与设计值出现偏差。线路投运后，线路上的一些薄弱环节将会降低线路整体的防御能力，在极端气候条件下就会成为输电线路跳闸的隐患点。如何快速有效建立输电线路通道的信息三维模型，了解线路投运后的真实情况，及时发现并消除输电线路的隐患点，是输电线路防御工作的突破点。

（3）输电通道状态评估方法单一化、碎片化，导致状态信息数据价值难以发挥。国家电网公司在"十二五"期间安装了大量的输电线路视频、覆冰、导线温度、微气象、张力、动态增容、倾角、振动等状态感知系统，但上述状态信息面向输电线路通道安全防御的数据挖掘不够，应用功能单一。如何提高现有系统的利用率，推进输电线路通道故障预警智能化水平，是当前输电线路状态监测工作面临的难题。

综上所述，输电线路的故障防御工作需要打破传统单一、局部的关注点，将视线转移到整个输电通道上。通过对通道内故障危险源的及时预警和处理，对线路上故障隐患点的模拟推演与整改，及时消除输电线路故障的风险源，为输电线路的故障防御工作打开新的局面。而上述功能实现的前提是对输电线路本体和周围环境的精确、实时感知。对于输电线路而言，需要精确的三维建模以获取线塔、线地、导地之间的精确距离信息；而对于通道环境，则需要实时发现检测通道的异常点、运动轨迹与导地距离等，并结合线路本体当时的工况，实现对异常情况的及时预警。

如果结合三维激光扫描精确建模和双目视觉三维空间快速检测和辨识的优点，利用三维激光雷达技术构建输电线路本体和通道精确的三维模型，辅以双目视觉实现通道内动态三维建模，实现异物入侵、运动轨迹跟踪、树木快速生长等突发情况的实时感知，再结合在线监测数据和负荷数据，搭建输电线路工况动态实时仿真模拟平台，最终实现输电线路故障隐患的及时发现和预警，并针对三跨线路、线下施工等不同的应用场景，提出差异化预警和报警策略。将输电线路的防御工作由以前的"事后抢修巡检"变为"事前预警主动防御、事中报警跟踪取证、事后溯源演化分析"的 4D 时空防御模式，从而达到降低输电线路的跳闸率，提高供电可靠性的效果。

由此衍生出的针对输电通道的激光扫描技术研究大大提升了输电线路防御工作的工作效率，这一研究主要涉及机载激光雷达扫描技术、电力线模型自动识别与提取、数据无缝对接技术等方面。

2.1.1　激光雷达三维重构技术

近年以机载激光雷达（light detection and ranging, LiDAR）为代表的高新技术在空间三维信息的实时获取方面产生重大突破。它是利用全球定位系统（GPS）和惯性测量单元（IMU）进行载体定位，通过激光扫描仪测量载体与目标的距离，从而测得目标的三维坐标。机载三维激光雷达系统的测量原理，如图 2.1

所示,扫描仪产生并发射一束光脉冲,打在物体上并反射回来,被接收器所接收,测距单元可准确地测量光脉冲从发射到被反射回的传播时间 T。因为光速 C 是已知的,利用测距单元测得的传播时间 T 即可对距离 D 实现测量。GPS 为扫描仪提供实时的空间位置,惯性导航系统用来确定激光的发射角,再结合激光器的高度,激光扫描角度,就可以准确地计算出每一个地面光斑的坐标。

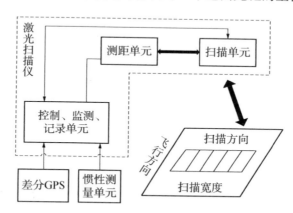

图 2.1 机载激光雷达的测量原理

由于雷达系统具有穿透植被、林木的特性,目前它是唯一能测定树木覆盖地区地表高程的可行技术,可用于快速产生数字表面模型(digital surface model, DSM)、数字高程模型(digital elevation model, DEM)和数字正射影像(digital orthophoto map, DOM),是建立数字电网的重要技术手段之一。雷达技术的主要特点包括:①可以 24 小时全天候工作。激光雷达是主动探测,不受光照的影响,可以全天候工作。②能够穿透植被的叶冠,同时测量地面点和非地面点。激光波长较短,可以穿透植被叶冠,形成多次回波,获取的数据信息更丰富。③能够探测细小目标物体。激光的波长较短,能够探测细小的目标,如电力线,而传统的摄影测量和雷达都不能够探测到细小的电力线。④获取数据速度快。相对于传统摄影测量,机载激光雷达可直接获取目标的三维坐标,数据获取速度大大提高。

利用激光雷达测量技术可以快速对输电线路走廊进行高精度三维测量,从而为输电线路的设计、运行、维护,管理企业和专业人员提供更快速、更高效和更科学的手段。采用激光雷达测量系统,可以直接采集线路走廊高精度激光点云和高分辨率航空数码影像,进而获得高精度三维线路走廊地形地貌、线路设施设备,以及走廊地物的精确三维空间信息,包括杆塔、挂线点位置、电线弧垂、树木、建筑物等,为输电线路运行维护提供高精度测量数据成果。

在国外,机载激光雷达技术的应用已非常广泛,在一些发达国家的电网工程中应用较多,技术相对成熟。激光雷达测量作为一种快速、精确、高效的技术手段已经广泛地应用于电网工程中有关测量、维护和管理的各个方面,例如德国 GAH 公司、加拿大 Optech 公司、美国 Leica 公司等已在其应用方面取得了很多实际成果。德国 GAH 公司是德国最大的电力设计集团之一,其将激光雷达应用于电力行业,形成了比较成熟的作业流程。以直升机为测量平台,搭载 GPS、激光扫描仪、数码摄像机、惯性导航系统等设备,构成激光雷达系统。直升机沿线路上方 60~150 m 飞行,激光器对线路两侧 60~150 m 的范围扫描,获得沿线的空间信息,用于线路设计维护。Jaw 等人用直升机机载激光雷达点云数据对美国加利福尼亚州福尔瑟姆东部的电力线进行了三维重建,为电力线的管理、检测提供了方便。Valerie R. 在利用机载激光雷达数据重建输电线路的同时,还进行了电力线的变化监测以及植被的监测。

我国在有人直升机机载激光雷达技术用于电力行业方面也进行了许多尝试,大多是针对目前广泛使用的传统航测技术(如海拉瓦技术)来开展的一些探索与研究。例如,重庆市电力公司超高压局于 2008 年开展了输电线路走廊三维立体可视化管理系统的开发研究;北京超高压公司(现名冀北电力检修公司)在 2007 年利用载人直升机搭载三维激光雷达对输电线路进行巡线,利用激光数据在不拉闸断电的情况下量测出了在 5 cm 精度范围内的线距,为抗击突发灾害提供了技术支撑;多个电力勘测设计院(广西院、中南院、西南院、安徽院、广东院、四川院等)先后将机载三维激光雷达系统用于多个 220 kV、500 kV 线路工程中。

基于机载激光雷达扫描技术的线路通道实景三维重构相关基础理论及关键技术涉及电力设施等物体激光点云的识别与分类、电力设施及地物三维模型的拟合、基于激光点云的量测分析、实景三维系统平台等。

1. 电力设施等物体激光点云的识别分类与分割

通过激光雷达扫描仪获取的激光点云除了包含有所需的电力设施点云外,通常还含有周围其他物体的点云,如建筑物、道路、植被、河流等。为提取电力设备及关心物体的点云数据,通常需要对点云进行特征分析,实现物体点云识别分类与分割,示意图如图 2.2 所示。

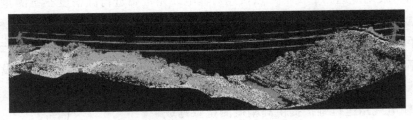

图 2.2 激光点云的识别分类与分割

从机载激光点云中提取地面点的方法有很多,其中以基于不规则三角网加密的滤波算法应用最为广泛。该算法首先将一定范围(一般以不小于区域内的最大建筑物的面积为下限)内的点云最低点作为可能的地面点,即种子点,生成一个稀疏的三角网,计算其余点到这个三角网表面的距离和夹角。如果两者满足阈值,则该点被加入原种子点集中,更新和加密三角网,如此迭代,直到点云中没有点可以加入三角网为止。至此,地面点(三角网的所有顶点)与非地面点得到了分离。该滤波算法具有较强的地形自适应能力,并且能够自适应地处理沟坎等具有阶跃特征的地形(如陡坎),较为实用。其他的滤波方法如形态学滤波、坡度滤波、移动曲面滤波等也经常出现在不同的研究中,并取得较好的效果,但对地形的自适应能力不如三角网加密法,在实际工程中应用不多。在获得地面点云后,采用合适的插值方法,如反距离加权插值算法、普通克里金插值法等,即可获得满足需求的 DEM。

目前,有部分研究者利用电力线点云的高程显著大于非电力线点高程的特征,采用高程直方图自动阈值分割法,通过统计局部点云的高程分布信息,将显著高于局部地形点的点云归为电力线点云,而其他点云则标记为粗分类的地面点,但是该方法的精度受地形影响较大。为克服上述缺点,梁静等人先利用 DSM 消除地形起伏影响,然后采用高程直方图进行滤波分类。Cheng 等提出一种从车载点云中分离电力线的方法:首先标记出地面点,然后利用电力线点云到地面距离较大的特点,将高于地表一定距离的点三维格网化,并计算格网内点集的特征值和特征向量,将表现为线状特征的格网标记为电力线格网,利用电力线点云空间分布连续的特点,提取包含电力线的格网,最后利用霍夫(Hough)变换检测格网内的电力线点云。该方法对从机载点云中分离电力线,尤其是高密度的直升机载激光点云,具有重要的借鉴意义。

电力杆塔连接悬垂的高压电力线,将两电力塔之间的电力线看作一个区段,不同区段的电力线之间往往通过电力塔身上的变压装置或者绝缘子相连。因此,通过计算电力线之间的连接点,可以帮助定位和分析电力塔的位置、轮廓等信息,进而从点云中筛选出杆塔点云。

此外,对于输电通道、城区等特殊场景,激光点云关注的对象一般不止一个,还要关注各对象间的相互关联,此时,不仅需要对不同物体点云进行识别,还要进行不同物体点云的分割,从而可实现只考虑有用点云,而无关物体的点云可选择性隐藏或删除等。激光点云的分割通常有两种做法:一种是分别对不同对象点云进行特征分析,先单独对每一种物体点云进行识别分类,最终达到整体点云分割的效果;另一种方法是采用一种或几种算法,对整体点云直接进行识别分类,达到分割的目的。前者由于针对每一种结构有相应的分类方法,分割的结果较为理想;后者属于较为粗糙的分割方式,效果比前者要差。Jaw 等通过将输电通道激光点云数据用像素网格法进行区域划分,然后分别对每个像素网格中的三维点进行特征计算,最后结构网格中的点密度信息实现了电力线与分电力线的点云分割。董保根等人提出并实现了点云高程数据支持下影像上地物精细分割的算法,达到了分割精度与地物类别数量相统一的预期目的。

2. 电力设施及地物三维模型的拟合

运用于电力线三维模型拟合的方法主要有以下几种:①通过霍夫特征空间中全局方向特征优先的线对象提取方法和数学推算方法,得到各条电力线在 xOy 水平坐标系内的平面位置和穿越电塔时悬挂点的空间位置;为了进一步提取各条电力线在三维空间内的准确位置,以电力线悬挂点为端点对各条电力线进行分割,并利用分类后的电力线点云数据,在 xOz 或 yOz 二维垂直投影坐标空间内,采用二次方程($y=a+bx+cx$)对分割后各部分塔间电力线进行局部分段拟合。②首先,基于电塔雷达点和初始线路轨迹数据提取精确的电塔位置、电塔数量、线路轨迹、总档数等信息;然后,将线路分档,并确定每一档的二维空间范围和相应的电力线点云;接着,分别对每一档的电力线雷达点云进行中心化投影,并利用 k-means 聚类将每一个电力线雷达点划分到相应的根;最后,利用直线和抛物线相结合的模型进行单档单根电力导线三维重建。③首先利用激光雷达回波信息和电力线在三维空间中的线性特征,过滤掉大部分非电力线的点;然后在点云的 XY 平面内利用霍夫变换提取最长且相互平行的线性地物作为电力线,连接因数据遮蔽而造成的段线,并利用线的交点和沿线小网格内高程变化特征找出杆塔位置;最后在电力线断面内对多根电力线进行分割,分别计算悬链线模型,如图 2.3 所示。

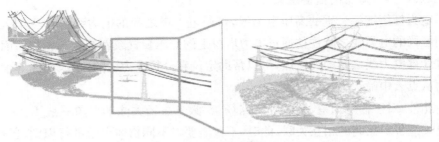

图 2.3 电力线三维模型拟合示意

杆塔主要包含普通电线杆和电力塔,由于两者结构差异较大,首先需要识别不同的杆塔类型进而分别建模。其中,电线杆结构简单,一般视为圆柱体或者圆台,基于机载雷达的高密度点云,可使用模型驱动的方法拟合出几何模型。然而,电力铁塔的空间结构十分复杂,一般只能利用杆塔点云的分布,通过半自动(人机交互)匹配的方法将模型放置到杆塔点云表示的位置。韩文军等人尝试对铁塔进行自动建模,首先在铁塔点云空间中建立三维格网,然后将格网内有无激光点作为格网二值化的准则,设计了三维格网特征线跟踪算法,进而建立铁塔的线模型。该方法能识别出铁塔中约 80% 的线状结构,但仍然需要结合手工编辑才能获得完整的铁塔模型,如图 2.4 所示。

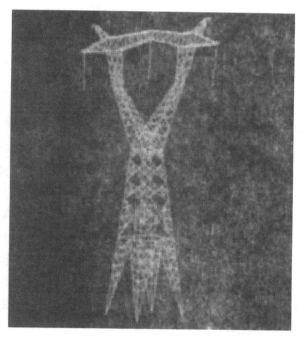

图 2.4　铁塔三维模型

　　三维激光扫描能够快速而准确地获取树木的几何形态信息,从而为基于点云数据的树木三维模型高精度、真实感重建提供了可能。国内外一些学者在此领域已进行了尝试或探索。根据数据处理和建模方法的不同,大致可以分为两类:手动或半自动化方法、直接利用点云数据建模方法。前者,首先从点云数据中提取树木建模的必要参数,然后将这些参数输入已有的树木建模软件中构建三维几何模型,研究本方法的主要代表学者有 Thebaldelli、Rutzinger 等。后者直接利用点云数据进行模型重建的方法,主要是利用一些算法对点云数据进行处理,进而提取出能够表征树木几何形态的特征信息,实现三维模型构建,研究本方法的学者有程长林、Cote、代明睿、Livny、Delagrange 等。树木三维模型拟合示意如图 2.5 所示。

     (a)   (b)   (c)   (d)

图 2.5　树木三维模型拟合示意

(a)实拍照片；(b)点云数据；(c)枝条模型；(d)树木模型

3. 基于激光点云的量测分析

目前,利用机载激光雷达获取输电通道线路的激光点云数据,从而进行相关的数据检测分析,已经有很多学者在这方面进行了研究。彭向阳等人结合输电线路巡线和维护的需求,提出了利用机载激光扫描数据诊断输电线路安全距离的方法:该方法首先采用顾及地形起伏特征的点云自动滤波方法分离地面点和非地面点,利用维数特征对非地面点进行初分类,并根据投影点密度获取杆塔点,然后采用二维霍夫变换以及分块质心解算方法获取输电线的三维节点,采用区域生长方法获取建筑物目标,根据植被的最高点以及边缘点获取植被目标,从而实现输电线与其周围物体之间的距离。沈小军等人提出了基于激光雷达的杆塔状态及其基础护坡破损测量新方法,并结合现场实测案例给出了具体的测量流程。当前,商业化机载激光雷达系统售价为千万级,地面激光雷达价格也高达百万元。在如此高昂的价格下,仅限于已有的功能应用,性价比显然不高,这也制约着激光雷达技术的推广应用。因此,在降低激光雷达系统成本的同时,开发出更多具有工程价值的新应用功能显得尤为重要。基于三维激光雷达点云数据实现输电线路杆塔参数测量与状态评估、极端气象条件下的输电线路动态监测以及变电站三维精确建模是值得关注的。另外,如何将激光雷达技术与在线监测技术相结合,实现线路走廊危险点控制实现可视量化同样值得研究。

4. 实景三维系统平台的研制

自从数字地球概念提出后,在全球范围内掀起了从信息高速公路到全球数字化的浪潮。"数字城市""数字农业""数字交通"等技术应运而生,"数字电力"正是在这样的趋势下提出的。现阶段由于技术逐渐成熟,基础平台日渐完善,电力信息在数字地球平台中的应用主要有以下几种形式。

(1)利用数据的空间属性特征,以点线面的方式或符号化的手段展示,比如电厂分布,漫游定位等都是利用了其坐标数据在数字地球平台中进行描述。

（2）对电力对象进行三维建模,加载到数字地球平台。比如对电线塔杆、变电站等进行建模,从而还原现场地形状况,可以直观展示电网分布情况,为电力前期规划提供依据。

（3）数字地球平台的时空信息展示。该种方式的实现比较复杂,比如对地形的渲染,需要实现多期影像的时间轴渲染,模拟地形的变迁。在电力工程方面,可以记录不同施工阶段的状况,根据需要还原某一历史时刻的施工现场,将三维场景与时间轴结合,从而实现时空一体的信息展示。

为了增强电力管理系统的交互性、可视性,开发三维输电网可视化系统平台,国内外众多科研机构、高校、公司企业都相继开展了该项研发工作。

在国内,由中科院遥感所研制的地网软件 GeoBeans 三维景观系统,如图 2.6 这套系统解决了 DEM 数据和影像压缩、海量空间数据的快速传输、大规模地形数据的简化等技术难题,实现了基于万维网的全球三维场景的真实重建和实时浏览。基于虚拟现实和仿真领域软硬件研发与推广的中视典数字科技公司研制的三维可视化平台系统,如三维网络平台（VRPIE）、工业仿真平台（VRP - Indusim）、虚拟旅游平台（VRP - Travel）等,能够满足不同领域、不同层次用户对虚拟现实的需求。电力行业也存在类似的系统,如山西太原的电力三维仿真系统、襄城供电公司的三维仿真显示系统、南漳变电站的三维仿真系统,以及曾国等人设计与开发的电力安全三维仿真培训平台等。

图 2.6　输电线路三维仿真平台示例

在国外,电力线路三维可视化管理技术是在三维可视化系统基础上发展起来的一种深层次应用。相对于国内来说，国外在三维可视化技术方面的研究起步较早、水平较高，已有许多成熟产品上市。Google Earth 是由 Google 公司于 2005年推出的系列软件，Google Earth 以三维地球的形式把大量卫星图片、航拍图片和模拟三维图像组织在一起，使用户可以从不同的角度浏览地球，其主要的数据来源于高精度的商业遥感卫星影像和航片，包括 Quick Bird，IKONOS，SPOT5等，但 Google Earth 还不具备空间分析和大型数据库的管理功能。Skyline Globe Enterprise Solution 是美国 Skyline 公司为三维地理信息的网络运营提供的企业级解决方案，与 Google Earth 不同，Skyline 只供行业用户使用，主要是针对局域网的环境。World Wind 是由美国宇航局（NASA）开发的一个开放源代码的项目软件，它可以免费使用 NASA 发布的海量数据，具备卫星影像、雷达遥感数据和气象数据等三维可视化能力，但同时也存在浏览速度慢，支持三维模型能力差，DEM 显示缺陷等不足，这些不足使 World Wind 很难应用于行业之中。ESPI 公司在 ArcGIS 系列产品中发布了一个基于多分辨率全球数据的三维可视化模块 ArcGlobal，提供二次开发接口，以满足不同行业具体应用要求。

2.1.2　输电通道激光扫描三维建模理论基础

输电通道激光扫描三维建模理论基础包括机载激光雷达扫描技术、电力线模型自动识别与提取和数据无缝对接技术。

（1）机载激光雷达扫描技术。

机载激光雷达系统通常由飞行平台、激光扫描仪、定位与惯性测量单元、控制单元等组成。其中飞行平台可以是固定翼飞机也可以是直升机；激光扫描仪包括脉冲测距扫描仪和相位测距扫描仪；定位与惯性测量单元则由 IMU 和差分 GPS（DGPS）组成。目前绝大多数机载激光雷达系统还集成有航空数码相机。

机载激光雷达系统通过激光扫描仪向地表发射激光脉冲，根据激光脉冲从发射至返回激光扫描仪所经历的时间来确定扫描仪中心至地表激光光斑之间的距离 d，而由 DGPS 确定扫描仪中心坐标 (x_0, y_0, z_0)，利用高精度惯性测量装置 IMU 则可以确定激光扫描仪扫描瞬时的空间姿态参数，包括航向倾角 Φ、旁向倾角 ω 和航偏角 k。根据这些几何参数和空间几何关系，即可确定地面激光点的三维坐标 (x, y, z)：

$$\begin{bmatrix} x \\ y \\ z \end{bmatrix} = \begin{bmatrix} x_0 \\ y_0 \\ z_0 \end{bmatrix} + R \begin{bmatrix} \omega & \varphi & k \end{bmatrix} \begin{bmatrix} 0 \\ 0 \\ d \end{bmatrix} \tag{2-1}$$

该技术对植被具有一定的穿透能力，这是传统航空摄影测量技术所无法比拟的。机载激光雷达技术具有直接快速获取三维空间数据、数据处理自动化程度高,以及不接触性、高密度、高精度(尤其是高程精度)、数字化以及作业成本低(无须进行航外像控测量)等特点。正是由于这些优势,机载激光雷达测量技术开始应用于输电线路(特别是植被茂密的山区输电线路)工程实践。

(2)电力线模型自动识别与提取。

电力线是输电通道中关键的组成部分。研究输电通道的安全运行状态信息监测就必须对电力线的运行状态进行监测。构建输电线路通道三维全景监测系统,关键在于电力线模型的提取。目前在电力线点云的自动识别以及模型的自动提取方面已经有学者相继展开研究,并且取得了一定的研究成果。

(3)数据无缝对接技术。

输电线路通道三维全景监测系统主要包含两方面内容:一个方面是三维全景平台的输电线路通道实景展示,另一方面是三维点云分析平台的数据分析。为了实现输电线路通道三维全景监测系统高效、实时运行,必须实现三维全景平台与三维点云分析平台数据的高效对接,即研究基于三维全景重构模型的三维点云数据的查询、检索方法,研究三维点云数据分析平台(模块)测量结果与三维全景平台的结果展示的自动更新,实现三维全景平台与三维点云分析平台的数据无缝对接。

2.1.3　双目视觉三维重构技术

双目立体视觉重构主要包括相机标定、图像校正、立体匹配、三维重构等步骤。其中,图像获取的方式很多,可以利用单目相机通过平移或旋转获取图像,也可以利用双目相机直接获取等,如何获取图像以及获取图像的质量主要由具体应用场合决定,这一步操作相对较简单。特征提取部分非必选,立体匹配中如果采用特征匹配,那么该模块则是必需的,常用的图像特征主要有角点、特征点(如尺度不变、仿射不变的像素点)、边缘点、零交叉点等。三维重构是得到视差图像之后的信息处理,利用散乱三维点云信息,通过曲面重构恢复出场景可视化表面的形状。相机标定是为了获取相机的内外参数,为三维重构打基础。图像校正的目的是为立体匹配提供标准图像对,提高立体匹配的效率和精度。立体匹配是为了得到场景中同一物点在左右视图中的匹配点。如何对左右视图进行精确匹配,从而获取正确的视差图,是双目视觉研究的热点和难点。

1. 相机标定的研究进展

相机成像的几何模型决定了场景中物体可视面某点的世界坐标值与其在图像中对应点图像坐标之间的相互关系,成像模型中涉及相机的参数,包括内参(相机内部几何特性和光学特性)和外参(相机坐标系相对于世界坐标系的三维方向和位置)。一般情况下,相机的生产厂商会提供部分参数值,如焦距、像素大小等,如果是双目相机,还可能提供基线(两个镜头光心之间的距离),但这些参数都是理论上的理想值,必须通过实验与计算才能获得相机参数的实际值,求解相机内外参数的过程就是相机标定。相机参数的标定是非常关键的环节,其标定精度及算法的稳定性直接影响图像校正、三维重构等的准确性。因此,相机标定是后续工作的前提和基础,提高标定精度是课题的研究重点之一。

目前的相机标定方法有传统相机标定法、基于主动视觉的相机标定法和相机自标定法三种。

1)传统相机标定法

传统相机标定法起源于摄影测量学。利用尺寸已知、制作精度很高的标定物作为空间参照物,建立标定物上坐标已知的三维空间点与其三维图像像素点之间的关系,计算得到相机的参数。标定物包括三维立体标靶和平面型标定物(如平面棋盘格)。利用三维标定物,只需要一幅图像就可以进行标定,且标定精度较高,但是加工和维护高精度的三维标定物很困难,且价格昂贵。平面标定物制作简单,价格低廉,精度易保证,但必须获取两幅以上的图像。传统相机标定方法适用于任意相机,标定精度较高,标定结果的正确性依赖于标定物的制作精度,但标定过程费时费力,不适用于在线标定和不能放置标定物的场合(如空间机器人或者在恶劣环境下的情况等)。该标定方法的典型代表包括直接线性变换方法、非线性优化算法、Tsai 的两步法和平面模板法。

2)基于主动视觉的相机标定法

主动视觉是指将相机安装在一个可以精确控制的操作平台上,控制平台做特定的运动(常见的运动包括纯旋转和纯平移),利用相机拍摄多幅图像,通过获取的图像和相机的特定运动参数获得相机的参数。该方法具有代表性的工作是中科院自动化所研究员马颂德提出的两组三正交运动的线性方法,可求解出 4 个内参。李华等人提出了基于四组和五组平面正交运动进行标定的改进方案,利用图像中的极点线性进行标定。另外,胡占义等人提出的基于平面单应矩阵和基于外极点的正交运动方法,只做二正交运动,更容易实现,而且可求解出 5 个内参。尽管基于主动视觉的相机标定法操作简单,鲁棒性较强而且往往能够获得线性解,但对实验设备要求较高,当相机运动参数未知时,该方法无法求解。

3)相机自标定法

相机自标定法由 Faugeras 等人提出,该方法不需要任何标定物,利用图像间的对应关系进行标定,使得在场景和相机运动未知的情况下也可以对相机进行标定,但前提是假定相机内参保持不变。常用的自标定方法有基于 Kruppa 方程组的自标定方法、分层自标定方法、基于绝对二次曲面的自标定方法和 Pollefeys 的模约束方法。传统相机标定和基于主动视觉的相机标定,都需要先得到关于场景或相机运动的信息,对于场景任意、相机运动信息未知的一般情形,都无法标定。自标定方法只与相机内参有关,与外参无关,可对相机进行在线定标,所以自标定方法灵活性强,具有较强的实用性,但由于其基于绝对二次曲线或曲面,算法鲁棒性差。

2. 图像校正的研究进展

立体图像对校正是三维重建、三维电影制作以及三维立体电视等应用中的一个重要前提。校正包括提取极线,将极线与图像的水平扫描线对齐。通过校正,图像中的极点被映射到无穷远处,极线与图像的水平轴 X 轴平行,在进行立体匹配时,只需要在另一幅图像中在该点对应的水平极线上进行搜索,即消除图像的垂直视差,只保留水平视差值,从而提高立体匹配的效率和精度。立体图像的校正也称为极线校正,最初由 Slam 于 1980 年提出,由于其基于光学技术的硬件来实现,应用范围受限,后来逐步发展为基于软件的实现。目前,立体图像校正方法分为基于平面的图像校正方法和基于外极线的图像校正方法。

1) 基于平面的图像校正方法

该方法也称为投影校正,依据是投影或透视变换。Fusiello A. 提出了一种简洁的立体图像对校正方法,其必须提供左右相机的透视投影矩阵,属于相机已标定情况下的一种有效校正方法,由于在现实中存在大量的非标定图像对,因此该方法的应用范围极其有限。为此,很多学者对非标定图像对的校正方法进行了深入研究,Robert 最初提出非标定图像对校正方法,该方法为"匹配基线投影",Hartley 认为两个校正变换矩阵之一必须近似于刚体变换,其余的自由度通过最小化匹配点间的距离(视差)来指定。Loop 等人将校正变换矩阵分解为相似、剪切和投影因子,而其中的投影因子应尽量接近仿射变换,求解各因子的依据是最小化图像畸变,该方法应用的前提是投影变换的矩阵是正定的。Gluckman 通过惩罚缩放因子,选择能将原始图像保持得最好的变换矩阵作为校正变换矩阵。Al-Zahrani 则最小化校正后图像间相对畸变来求取校正变换矩阵,其余的自由度通过选择场景中的参考平面来确定,该平面在校正后的图像中的视差值为 0。如何选择该平面则极大地影响该方法校正质量,该方法最大的优点是使得参考平面的作用显式化。由于基于平面的图像校正方法应用范围较广,它一直是国内外该领域的研究热点。

2) 基于外极线的图像校正方法

该类方法对两幅图像上的所有外极线实施变换进行图像校正。Pollefeys 将图像的像素坐标全部转化为极坐标,利用坐标变换的思想进行图像校正,前提是基础矩阵已知,由于后续的立体匹配必须在笛卡尔坐标系下进行,因此最终不得不将极坐标转换成笛卡尔坐标,而坐标转换的计算量很大,另外,极点附近的邻域像素点需要大量的重复计算。Lee 的方法也是基于极坐标变换,对两幅预处理后的图像的公共区域进行检测、外极线匹配和重采样等操作,从而对图像进行校正。

3. 立体匹配的研究进展

制约立体视觉技术发展的瓶颈是立体匹配,这也是该领域的研究难点和热点。当空间三维物体利用相机被投影为二维数字图像时,同一场景在不同视点下的图像有很大区别,三维场景中的所有因素,如光照、物体几何形状、表面材质特性、拍摄过程中的噪声、相机镜头畸变和相机的物理特性(内参)等,都被综合为图像中的亮度值或灰度值。因此,如果要精确地匹配包含了诸多不利因素的图像,显然存在很大的困难。到目前为止,没有一种立体匹配方法能完美地解决这个典型的"病态"问题。降低算法的复杂度并提高匹配的精确度是目前研究者们正在努力的方向。

据立体匹配结果视差图的效果,可以将其分为两类:稀疏视差图和致密视差图。稀疏视差图通过基于特征的立体匹配方法获得,该方法处理速度快,得到的视差也较准确,但视差图较稀疏,只能获得能够匹配上的特征点对应的视差,其余点的视差需要通过复杂的插值算法才能得到,如果没有关于场景形状的约束,一般很难进行后续的三维重建。致密视差图可以计算得出所有像素点的视差值,在很多领域都得到了广泛的应用。目前,常用的立体匹配算法有如下两种。

(1)基于局部的立体匹配算法。

基于局部的立体匹配算法将像素点及其邻域像素点的局部信息作为匹配基元,构造的能量函数只涉及数据项,计算复杂度低,但对噪声较敏感,对于无纹理区域、重复纹理区域、视差不连续区域以及遮挡区域匹配效果不是很理想。

(2)基于全局和半全局的立体匹配算法。

基于全局和半全局的立体匹配算法利用扫描线或整幅图像的信息进行匹配,该算法重点是解决图像中不确定区域的匹配问题,搜寻全局最优解,本质是寻求能量函数(包括数据项和平滑项)的全局最优解,计算复杂度高,不能用于实时性要求较强的应用场合。

4. 三维重构技术

三维重构技术是一门新兴的科学技术,应用的产业非常广泛,主要表现在如下几方面。

在医学诊断方面,过去医生主要通过对 CT、MRI 等二维医学图像的观察来发现病变体,但是这往往依赖于医生的阅片经历,而三维图像能够更加逼真地显示人体器官的状态,方便医生判断病情。这通常需要三维重构技术来完成三维数据的生成与显示。目前国家也在大力扶持这方面的技术研究,中国科学院自动化所结合国家自然科学基金已成功研发出了"医学影像诊断平台",但是这个产业还有许多课题有待进一步研究。

在测量方面,过去的测量技术大都利用手工接触式测量,这种方法虽然测量的精度比较高,但是测量的速度慢,而且接触式测量容易造成被测物体的损坏,同时由于接触测量产生的压力会引起物体变形导致测量数据存在误差。使用三维重构技术的测量方式,可以实现非接触式的自动化测量,且在一定情况下,测量的精度高,对于微结构外观的物体测量非常适用。目前浙江大学的 CAD 实验室和清华大学的国家 CAD 工程中心等都有关于三维重构技术的测量方法研究,并取得了一些研究成果。

在人机交互方面,过去的鼠标式操作,只是简单的让人们完成鼠标点击操作来控制计算机运行,现在研究的手势识别和人体三维姿势识别项目可以实现将人们的身体运动直接转换或信号给计算机进行真实的模拟操作。目前市场上流行的微软公司出品的 Kinect 产品就是其中的一种基于三维重构数据的人体姿势识别的产品,这类产品能够极大地舒缓人们的工作心情,因此现在已经成为一个热门的研究应用领域了。

在导航方面,三维导航的应用越来越广,利用三维重构技术恢复的三维数据可以更加逼真地将实际场景显示出来,方便人们观察导航,现在的许多城市地图都有三维导航技术,但是都是基于模型的三维导航,而非真实的场景三维数据,因此对于这方面的研究目前也在不断地深入发展。此外,通过真实的三维数据能够实现未来的汽车无人驾驶技术等。

在监控方面应用,传统的二维监控方式一般情况下是固定的、局部范围内的监控,对于细节的查看很难灵活进行;而基于三维数据的监控,能够实现全方位的、任意缩放的、从整体到局部的场景浏览。

因此,随着三维重构技术的应用越来越广,当下对于三维重构算法的研究也越来越热门,形成多种技术原理的三维重构方法。目前主要有基于结构光视觉的三维重构技术、基于单幅图像 X 信息(shape from X)的三维重构技术和基于多视角三维重构技术。双目立体视觉三维重构是多视角三维重构中的研究分支之一,它模仿了人的双眼视觉原理,直观、简单、便捷,相对于基于结构光视觉的三维重构技术,不需要额外的光源发射器,因此成本较低。同时,相对于基于单幅图像 X 信息的三维重构技术而言,鲁棒性、抗干扰性强。

基于双目立体视觉三维重构技术的研究,西方发达国家的研究起步普遍早于国内,并形成了许多有影响力的国际会议,如 3D Imaging Modeling Processing Visualization Transmission (3DIMPVT)、IEEE International Conference on

Computer Vision（ICCV）、European Conference on Computer Vision（ECCV）等，取得了一些研究成果。Matthew Johnson-Roberson 开发了基于立体视觉的珊瑚分割分类系统，该系统相较于传统的基于二维纹理等特征的分割分类方法，添加了立体视觉恢复的三维信息，使得分割分类更准确。Shahriar Negahdari-pour 开发的一款针对船体检测等的遥控机器人系统，使用双目立体视觉技术测量船体的位置、导航及三维地图等，大大方便了人们对船体的检测及搜索等。Sergiu Nedevschi 等人实现的障碍物检测系统，也是利用双目立体视觉技术恢复了目标障碍物的三维信息，这项技术可以减少人们的驾驶汽车时产生事故的概率。

关于双目立体视觉重构技术，国内虽然研究起步比较晚，但是发展速度快。随着国内许多研究机构对这个课题的大力研究，不断地涌现了许多研究成果。浙江大学的蒋焕煌等人使用双目立体视觉技术获取蔬菜果园内的物体的三维信息，将其应用到蔬菜采摘机器人中，用于指导机器人的蔬菜采摘活动。南京航空航天大学的张元元等人开发了一款无线柔性坐标测量系统，该系统使用两个 CCD 摄像机识别了测笔的位置，使用双目立体视觉原理恢复目标物体的三维信息。中国农业大学的王传宇等人成功开发了一款测量玉米叶片三维信息系统，通过双目立体视觉技术测得叶面边缘及叶脉点的三维信息，再通过插值方法恢复物体的叶片三维信息。

5. 双目视觉三维重构技术理论依据

双目立体视觉（binocular stereo vision）是计算机视觉的一种重要形式，它根据视差原理，利用摄像机等成像设备从两个不同的角度获取同一场景的两幅图像，通过计算对应点的位置偏差，从而获取物体的深度信息。

双目立体视觉具有效率高、精度强、系统简单、成本低廉的优点，适合现场测量和模拟控制。它对运动物体图像的获取和计算能够在很短时间内完成，因此，通常选择双目立体视觉系统获取场景中运动物体的深度信息，并进行入侵物与输电线路之间的实时距离测量。

1) 双目视觉空间建模原理

空间任意一点 P 在图像上的成像关系可以用针孔模型近似表示，即任意一点 P 与光心 O 的连线与图像平面的交点 P' 就是空间点在图像上的投影位置。由比例关系如下

$$x = \frac{fX_c}{Z_c} \tag{2-2}$$

$$y = \frac{fY_c}{Z_c} \tag{2-3}$$

式中，(x, y) 为 P 点的图像坐标，(X_c, Y_c, Z_c) 为空间点 P 在摄像机坐标系下的坐标。上述透视投影关系用矩阵和齐次坐标表示为

$$Z_c \begin{bmatrix} x \\ y \\ 1 \end{bmatrix} = \begin{bmatrix} f & 0 & 0 & 0 \\ 0 & f & 0 & 0 \\ 0 & 0 & 1 & 0 \end{bmatrix} \begin{bmatrix} X_c \\ Y_c \\ Z_c \\ 1 \end{bmatrix} \tag{2-4}$$

图像中任意一个像素在以像素为单位的图像坐标系和以毫米为单位的图像坐标系中的转换关系如下

$$\begin{bmatrix} u \\ v \\ 1 \end{bmatrix} = \begin{bmatrix} \dfrac{1}{\mathrm{d}x} & 0 & u_0 \\ 0 & \dfrac{1}{\mathrm{d}y} & v_0 \\ 0 & 0 & 1 \end{bmatrix} \begin{bmatrix} x \\ y \\ 1 \end{bmatrix} \tag{2-5}$$

若空间中任意一点 P 在世界坐标系与摄像机坐标系下的齐次坐标分别表示为

$$\begin{bmatrix} X_c \\ Y_c \\ Z_c \\ 1 \end{bmatrix} = \begin{bmatrix} R & t \\ 0^{\mathrm{T}} & 1 \end{bmatrix} \begin{bmatrix} X_w \\ Y_w \\ Z_w \\ 1 \end{bmatrix} = M_1 \begin{bmatrix} X_w \\ Y_w \\ Z_w \\ 1 \end{bmatrix} \tag{2-6}$$

得到 P 点的世界坐标与其投影点 p 的图像坐标 (u, v) 的关系

$$Z_c \begin{bmatrix} u \\ v \\ 1 \end{bmatrix} = \begin{bmatrix} \dfrac{1}{\mathrm{d}x} & 0 & u_0 \\ 0 & \dfrac{1}{\mathrm{d}y} & v_0 \\ 0 & 0 & 1 \end{bmatrix} \begin{bmatrix} f & 0 & 0 & 0 \\ 0 & f & 0 & 0 \\ 0 & 0 & 1 & 0 \end{bmatrix} \begin{bmatrix} R & t \\ 0^{\mathrm{T}} & 1 \end{bmatrix} \begin{bmatrix} X_w \\ Y_w \\ Z_w \\ 1 \end{bmatrix} \tag{2-7}$$

$$= \begin{bmatrix} \alpha_x & 0 & u_0 & 0 \\ 0 & \alpha_y & v_0 & 0 \\ 0 & 0 & 1 & 0 \end{bmatrix} \begin{bmatrix} R & t \\ 0^{\mathrm{T}} & 1 \end{bmatrix} \begin{bmatrix} X_w \\ Y_w \\ Z_w \\ 1 \end{bmatrix} = M_1 M_2 X_w = M X_w$$

式中，$\alpha_x = \dfrac{f}{\mathrm{d}x}$，$\alpha_y = \dfrac{f}{\mathrm{d}y}$；$\boldsymbol{M}$ 为 3×4 矩阵，称为投影矩阵；M_1 完全由内部参数 α_x、α_y、u_0、v_0 决定；M_2 则由摄像机相对于世界坐标系的方位决定，是摄像机的外部

参数。

平行式立体视觉模型是最简单的双目立体成像系统模型,也称为标准视觉模型,它要求两台摄像机的内部参数完全相同,并且保持机身和光轴都平行放置。模型原理如图 2.7。

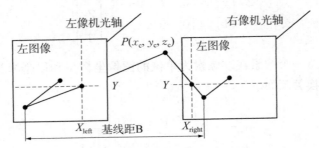

图 2.7　平行式双目立体视觉模型原理

假如两台平行放置的摄像机参数完全相同,则它们的图像坐标系的 x 轴重合、y 轴平行,因此,右摄像机就相当于左摄像机在 x 轴方向平移了一小段距离,这个距离称为基线距 B,它等于两摄像机投影中心位置连线的距离。

设两摄像机在同一时刻拍摄空间物体的同一点 (x_c, y_c, z_c),分别在左摄像头和右摄像头获取了 P 点的两幅图像,图像坐标分别表示为 $\rho_{\text{left}} = (X_{\text{left}}, Y_{\text{left}})$,$\rho_{\text{right}} = (X_{\text{right}}, Y_{\text{right}})$。现两摄像机的图像在同一个平面上,点 P 的图像纵坐标 Y 相同,有 $Y_{\text{left}} = Y_{\text{right}} = Y$,则由三角几何关系可以得到

$$\begin{cases} X_{\text{left}} = f \dfrac{x_c}{z_c} \\[2mm] X_{\text{right}} = f \dfrac{(x_c - B)}{z_c} \\[2mm] Y = f \dfrac{y_c}{z_c} \end{cases} \tag{2-8}$$

则两摄像机的图像的视差可以表示为 $\text{Disparity} = X_{\text{left}} - X_{\text{right}}$,用视差表示点 P 在摄像机坐标系下的三维坐标为

$$\begin{cases} x_c = \dfrac{B \cdot X_{\text{left}}}{\text{Disparity}} \\[2mm] y_c = \dfrac{B \cdot Y}{\text{Disparity}} \\[2mm] z_c = \dfrac{B \cdot f}{\text{Disparity}} \end{cases} \tag{2-9}$$

　　由此可知,若要确定空间某一点的三维坐标,只需要找到该点投影在左相机像面上的点以及右摄像机上与之对应的点。由于这种方法是点对点的运算,像面上任意一点只要存在与之对应的匹配点,就可以通过上述方法,计算出空间中该点的三维坐标。

　　由上述可知,平行式立体视觉的几何关系简单,计算方便,但是在实际安装过程中,我们看不到摄像机的光轴,无法正确判断这两个摄像机的相对位置是否平行,因此,很难得到绝对平行的立体视觉模型。故一般使用如图 2.8 所示的汇聚式立体双目视觉模型。

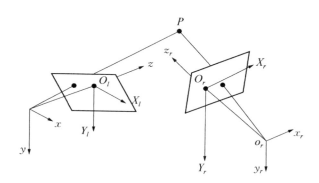

图 2.8　汇聚式立体双目视觉模型

　　设左摄像机坐标系为 $O\text{-}xyz$,光心与世界坐标系的原点重合且坐标系无旋转,图像坐标系为 $O_1 - X_1 Y_1$,焦距为 f_1;右摄像机坐标系为 $O_r - x_r y_r z_r$,光心与世界坐标系的原点重合且坐标系无旋转,图像坐标系为 $O_r - X_r Y_r$,焦距为 f_r。

　　在双目立体视觉模型下,假定空间中任意一点 P 在两个摄像机 C_1 与 C_2 上的对应点 P_1、P_2 已经从两个图像中分别检测出来。也就是确定 P_1、P_2 互为空间同一点 P 的对应点。假设摄像机 C_1 与 C_2 的标定工作已经完成,它们的投影矩阵分别用 M_r 与 M_1 表示。

$$Z_{\text{cl}}\begin{bmatrix} u_1 \\ v_1 \\ 1 \end{bmatrix} + Z_{\text{cr}}\begin{bmatrix} u_r \\ v_r \\ 1 \end{bmatrix} = \begin{bmatrix} m_{11} & m_{12} & m_{13} & m_{14} \\ m_{15} & m_{16} & m_{17} & m_{18} \\ m_{19} & m_{110} & m_{111} & m_{112} \end{bmatrix} \begin{bmatrix} X \\ Y \\ Z \\ 1 \end{bmatrix} \tag{2-10}$$

其中,$[u_1, v_1, 1]^T$ 和 $[u_1, v_1, 1]^T$ 分别代表特征点在左右图像坐标系下的齐次坐标。式(2-10)消 Z_{cl} 和 Z_{cr}

$$(m_{l1}-m_{l9}u_1)X+(m_{l2}-m_{l10}u_1)Y+(m_{l3}-m_{l11}u_1)Z=m_{l12}u_1-m_{l4}$$

$$(m_{l5}-m_{l9}v_1)X+(m_{l6}-m_{l10}v_1)Y+(m_{l7}-m_{l11}v_1)Z=m_{l12}v_1-m_{l8}$$

$$(m_{r1}-m_{r9}u_1)X+(m_{r2}-m_{r10}u_r)Y+(m_{r3}-m_{r11}u_r)Z=m_{r12}u_r-m_{r4}$$

$$(m_{r5}-m_{r9}v_1)X+(m_{r6}-m_{r10}v_r)Y+(m_{r3}-m_{r11}v_r)Z=m_{r12}v_r-m_{r8}$$

$$(2-11)$$

令

$$D=\begin{bmatrix} m_{l12}u_1-m_{l4} \\ m_{l12}v_1-m_{l8} \\ m_{r12}u_r-m_{r4} \\ m_{r12}v_r-m_{r8} \end{bmatrix} \qquad (2-12)$$

$$C=\begin{bmatrix} m_{l1}-m_{l9}u_1 & m_{l2}-m_{l10}u_1 & m_{l3}-m_{l11}u_1 \\ m_{l5}-m_{l9}v_1 & m_{l6}-m_{l10}v_1 & m_{l7}-m_{l11}v_1 \\ m_{r1}-m_{r9}u_1 & m_{r2}-m_{r10}u_r & m_{r3}-m_{r11}u_r \\ m_{r5}-m_{r9}v_1 & m_{r6}-m_{r10}v_r & m_{r3}-m_{r11}v_r \end{bmatrix} \qquad (2-13)$$

$$W_P=\begin{bmatrix} X \\ Y \\ Z \end{bmatrix} \qquad (2-14)$$

但在实际应用中，由于内部参数和外部参数都存在误差，W_P 通常没有解或者有多个解，可以使用最小二乘法提高精度。根据最小二乘法公式

$$W_P=(\boldsymbol{C}^{\mathrm{T}}C)^{-1}\boldsymbol{C}^{\mathrm{T}}D \qquad (2-15)$$

通过以上计算，可以获得 P 点具有深度信息的空间坐标(X,Y,Z)。

2）双目摄像机标定原理

摄像机标定就是利用从摄像机获取的图像信息，通过构建已知物像点之间对应的关系模型，确定摄像机内外参数的过程。内部参数的标定是指确定摄像机内参数的过程，这些内参数包括摄像机固有的、只与内部结构有关的参数和光学参数，包括主点坐标、焦距、比例因子和镜头畸变。外部参数的标定是指确定摄像机坐标系相对于世界坐标系的方位，一般用旋转矩阵和平移向量来表示。

摄像机的标定方法发展到现在已经比较完善，使用较广泛的是张正友提出的平面标定法。该方法利用多幅平面模板标定摄像机的内外参数，假设参考模板在世界坐标系中 $Z=0$，建立线性模型，利用平面模板上每个特征点的真实位置与其在图像上对应像素点之间的关系确定映射矩阵，先应用线性分析的方法计算得出

摄像机的内参数,再利用奇异值分解的方法求解出外参数,但由于线性方法得到的结果不是最优解,故最后需要结合图像的径向畸变,采用极大似然准则对上述线性结果进行非线性优化。

$$s\begin{bmatrix} u \\ v \\ 1 \end{bmatrix} = K\begin{bmatrix} r_1 & r_2 & r_3 & t \end{bmatrix}\begin{bmatrix} X \\ Y \\ 0 \\ 1 \end{bmatrix} = K\begin{bmatrix} r_1 & r_2 & t \end{bmatrix}\begin{bmatrix} X \\ Y \\ 1 \end{bmatrix} \quad (2-16)$$

式中,K 为摄像机的内参矩阵,$\widetilde{M} = \begin{bmatrix} X & Y & 1 \end{bmatrix}^{\mathrm{T}}$ 为模板上点的齐次坐标,$\widetilde{m} = \begin{bmatrix} u & v & 1 \end{bmatrix}^{\mathrm{T}}$ 为模板平面上点投影到图像平面上对应点的齐次坐标,$\begin{bmatrix} r_1 & r_2 & r_3 \end{bmatrix}$ 和 t 分别是摄像机坐标系相对于世界坐标系的旋转矩阵和平移向量。

定义一个矩阵变换 $\boldsymbol{H}$

$$\boldsymbol{H} = \begin{bmatrix} \boldsymbol{h}_1 & \boldsymbol{h}_2 & \boldsymbol{h}_3 \end{bmatrix} = \lambda \boldsymbol{K}\begin{bmatrix} \boldsymbol{r}_1 & \boldsymbol{r}_2 & \boldsymbol{t} \end{bmatrix} \quad (2-17)$$

$$\boldsymbol{r}_1 = \frac{1}{\lambda}\boldsymbol{K}^{-1}\boldsymbol{h}_1, \ \boldsymbol{r}_2 = \frac{1}{\lambda}\boldsymbol{K}^{-1}\boldsymbol{h}_2 \quad (2-18)$$

根据旋转矩阵的性质,即 $\boldsymbol{r}_1^{\mathrm{T}}\boldsymbol{r}_2 = 0$ 和 $\boldsymbol{r}_1^{\mathrm{T}}\boldsymbol{r}_1 = \boldsymbol{r}_2^{\mathrm{T}}\boldsymbol{r}_2$,每幅图像可以获得以下两个对摄像机内参数矩阵的基本约束:

$$\boldsymbol{h}_1^{\mathrm{T}}\boldsymbol{K}^{\mathrm{T}}\boldsymbol{K}^{-1}\boldsymbol{h}_2 = 0 \quad (2-19)$$

$$\boldsymbol{h}_1^{\mathrm{T}}\boldsymbol{K}^{\mathrm{T}}\boldsymbol{K}^{-1}\boldsymbol{h}_1 = \boldsymbol{h}_2^{\mathrm{T}}\boldsymbol{K}^{\mathrm{T}}\boldsymbol{K}^{-1}\boldsymbol{h}_2 \quad (2-20)$$

由以上分析可知摄像机有 5 个未知参数,当所获取的图像数目大于等于 3 时,就可以得到内参矩阵 K 的线性唯一解。

双目立体标定的目的是得到两摄像机之间的空间关系。设左右两摄像机的旋转矩阵和平移向量分别为 $\boldsymbol{R}_1$、$\boldsymbol{T}_1$ 与 $\boldsymbol{R}_r$、$\boldsymbol{T}_r$,对于空间任意一点,若在世界坐标系、左摄像机坐标系和右摄像机坐标系中的分别表示为 x_w、x_1、x_r

$$\begin{cases} x_1 = \boldsymbol{R}_1 x_w + \boldsymbol{T}_1 \\ x_2 = \boldsymbol{R}_r x_w + \boldsymbol{T}_r \end{cases} \quad (2-21)$$

左右两摄像机之间的空间关系如下

$$\begin{cases} \boldsymbol{R} = \boldsymbol{R}_r \boldsymbol{R}_t^{-1} \\ \boldsymbol{T} = \boldsymbol{T}_r - \boldsymbol{R}_r \boldsymbol{R}_t^{-1}\boldsymbol{T} \end{cases} \quad (2-22)$$

6. 输电线路本体状态感知与评估技术研究现状

输电线路本体状态感知是指直接安装在输电线路设备上可实时记录表征设备运行状态特征量的测量、传输和诊断系统。它是实现输电线路状态检修的重要手段,是提高输电线路运行安全可靠性的有效方法。通过对输电线路状态监测参数的分析,可及时判断输电线路故障并提出事故预警方案,以便及时采取绝缘子清扫、覆冰线路融冰等措施,降低输电线路事故发生的可能性。输电线路在线监测内容包括雷电、覆冰、风偏、导线温度、动态增容、弧垂、杆塔倾斜等,分别监测输电线路某一个方面的特征参量。由于输电线路状态监测装置分布广,数量多,在通信方面可选用 ZIGBEE、GPRS、GSM 等公共网络或者电力专网的通信方式,在评估诊断方面可采用省市两级的系统架构也可采取省市三级的系统架构。输电线路状态监测应用广泛,其在相关方面的研究进展如下。

国外对动态增容技术的研究较早,确定实时限额的方法如下:①由环境温度调节限额;②白天/夜晚(日照能量)调节限额;③风速和导线温度调节限额;④耐张段应力调节限额。这些方法都是利用热模型计算载流量,主流算法包括《计算裸架空导线电流和温度关系的标准》(IEEE Std 738—1993)、国际大电网会议(CIGRE) ELT 144 线路工作组报告《架空导线的热性能》提供的算法以及英国的摩尔根公式;由于摩尔根公式考虑的因素较多,并有实验基础,故采用较多。1993年,美国电力研究协会(EPRI)开发出一种 DTCR 系统,提供多个计算模块,包括根据气象条件和导线温度来计算最大可传输容量的热模型,此系统已得到广泛应用并得到不断改进。还有一种是根据导线温度的改变和弧垂变化之间的关系来提高传输容量。此外,还有利用弧垂与导线温度之间关系来提高输送容量并采用概率分析等对输电线热容等级进行研究的方法。国内,华东电力试验研究院、浙江省电力公司、上海交通大学等单位对输电线路动态增容监测系统的原理、导线监测装置安装位置、安全判据等进行过深入研究。广东电网公司对输电线路在线监测系统的结构和功能进行了分析,并提出了实施建议。华北电力大学针对监测装置的电源供电部分进行过研究,证实了增容改造技术的积极作用。杭州雷鸟、上海涌能等公司研制出的动态增容系统相关装置,已在华东电网公司的 500 kV和 220 kV 线路上投入运行,统计分析表明增容改造节省投资效果显著。

对于导线弧垂的测量,目前主要是通过对导线张力、悬挂点倾斜角以及导线温度进行测量等方法来计算得到。技术应用上也有相关的产品,主要包括:①美国 The Valley Group Inc. 公司的通过测量导线应力计算弧垂的实时监测装置CAT-1,它主要由应力传感器、太阳能电源和控制部分、系统软件三部分组成,能实时测量铁塔两侧耐张段的导线应力,通过系统软件的分析,实现从应力计算弧垂和导线温度等功能;②美国 USI 公司的架空线监测系统 POWER DONUT2,可以测量导线电流、电压、弧垂和倾角，利用中心处理软件对导线悬挂点倾角计算得到实时弧垂；③美国 EDM International Inc. 公司的 Sagometer，它是一种通过高精度图像分辨来测量弧垂的装置，由照相机、目标靶和软件部分组成，照相机固定安装在杆塔上，对准固定悬挂在导线上的标靶，通过正确分辨所摄取图像中标靶的 x, y 坐标值，计算出线路弧垂。

关于覆冰监测的研究，国内外理论较多，但由于各种载荷计算模型、覆冰理论尚不完善，验证手段落后以及气象部门对导线、绝缘子覆冰观测少、观测资料代表性差，对研究者提出的理论模型验证作用不明显，所以相关监测产品所见甚少，主要是以气象站监测的方式来掌握覆冰情况。西安交通大学提出一种输电线路覆冰监测技术，通过在导线与杆塔之间安装拉力传感器测量导线的张力，求得覆冰重量，进而计算出覆冰的厚度。对野外、偏远地区线路巡视以及对线路危险点监测，利用无线图像监控技术可实现输电线路及周边环境情况的全方掌握。图像监控的特点是直观、方便、信息内容丰富，其发展主要经历了 3 个阶段：本地模拟图像监控、基于 PC 的多媒体监控和基于嵌入式系统的数字图像监控技术，其未来发展方向是基于 Web 服务器的无线监控。目前，电子芯片、传感器技术以及无线通信网络等技术发展迅速，图像处理、压缩等技术已日趋成熟，在电力系统中的无人值守变电站的遥视、设备和危险点现场监控预警等领域得到了大量应用。图像监控系统多采用 CCD 或 CMOS 图像传感器获取现场画面，经过处理电路对图片压缩、编码，经 GPRS/CDMA 网络发送至主站后解压缩，得到现场图片。

输电导线舞动在线监测技术的目的是获取有关导线舞动的现场数据，为舞动分析研究提供科学依据和基本资料。基于这一目的，舞动监测的内容可分为两个部分：一是舞动时的气象资料，包括当时当地的风速、风向、覆冰形状、覆冰厚度、气温、湿度等项目；二是舞动本身的振动特征参数，包括一档内的振动半波数、振动频率、振幅等内容。由于舞动的主要危害是因相间气隙不够造成的相间闪络，故用以反映舞动范围大小的舞动幅值，就成为一个最重要的舞动参数。对于带电的试验线路，也可通过在绝缘子上串接拉力传感器，由所测张力变动来推算导线舞动幅值。现在学术对导线舞动理论的研究主要有计算机仿真技术、采用摄像技术实现输电导线舞动的监测和基于 GSM SMS 的输电导线舞动在线监测系统等。

1）输电导线舞动的计算机仿真技术

导线舞动的计算机仿真是指根据已建立的导线舞动的数学模型以及有关导线舞动的基本参数，借助计算机软件如 MATLAB 软件，对输电导线的起舞过程以及重要变量的变化（水平压力、舞动频率、水平位移、垂直位移以及空气动力载荷）进行计算与仿真，以直观的图形输出结果，同时，还可借助软件的强大功能，制作一个易于操作的导线舞动仿真人机操作界面。另外，导线舞动的计算机仿真技术还能有效地对各种新的舞动机理学说进行验证，以及判断各种防舞器在不同情况下的防舞效果，从而大大促进导线舞动机理的研究以及防舞技术的发展。

2）采用摄像技术实现输电导线舞动的监测

随着摄像和无线数据传输技术的发展，研究人员采用摄像的方式实现对导线舞动的定性监测，该方式在舞动监测中占有重要地位。通过摄像可直接把舞动的场面拍摄下来，事后都可真实地再现，供有关人员分析研究或观摩。为了方便分析，摄像时需要注意以下几点。

（1）拍摄时摄像机应固定在三脚架上，目的是为所拍摄的舞动场面提供大地基准坐标系。由于摄像所再现的舞动是相对于大地坐标的绝对运动，因而对于确定舞动特征参数会有很大帮助。

（2）拍摄时要选择合适的拍摄角度，以充分反映舞动的特征。一般应至少拍摄如下3个角度的舞动场面：第一个拍摄角度选在所观测线档的侧旁，拍摄视线与线路走向成斜角，应使拍摄视角包含整个舞动线档。第二个位置选在杆塔附近，从侧面向塔头拍摄，所得场面可用来展示横担及绝缘子的运动情况。第三个位置选在线档正下方靠近一端杆塔处，向着另一端塔头拍摄。其目的是展示导线可能的侧向运动。除此之外，还可选取一些其他角度进行拍摄，例如选取最大舞幅点的近旁，从正面拍摄该点的舞动轨迹等。

3）基于 GSM SMS 的输电导线舞动在线监测技术

基于 GSM SMS 的输电线路舞动在线监测系统，主要实现对舞动频率的监测，以及根据建立的导线舞动的三自由度模型仿真计算其舞动幅值等舞动信息。整个系统主要由电网公司监测中心主机、地市局监测中心主机、线路监测分机、专家软件组成，系统组网拓扑图与覆冰在线监测系统相似。监测分机定时/实时完成环境温度、湿度、风速、风向、雨量，以及该杆塔绝缘子的倾斜角、风偏角、覆冰导线的重力变化、导线舞动频率等信息的采集，将其打包为 GSM SMS，通过 GSM 通信模块发送至监测中心，由监测中心软件判断该线路导线的舞动情况。监测中心可对分机进行远程参数设置（如采样时间间隔、分机系统时间以及实时数据请求等）。各地市局的监测中心与省公司监测中心采用 LAN 方式组网，省公司监测中心可以直接调用各地市局监测中心的各杆塔绝缘子串的倾斜角、风偏角、覆冰导线重力变化、导线舞动频率以及环境参数等数据，借助专家软件了解该省相应线路的覆冰舞动状况。专家软件则利用各种修正理论模型、试验结果和现场运行结果来判断输电线路的舞动状况，及时给出输电导线舞动的预报警信息，有效防止输电导线舞动的发生。

综上所述，激光三维雷达建模可以建立输电线路的静态三维数据，双目视觉技术可以实时发现输电通道的异物并进行跟踪，可成为激光三维扫描数据的有益补充,且在线监测和负荷信息等信息同样可以作为输电线路三维模型中的动态数据来源,若综合上述信息,建立三维空间下输电线路动态仿真模型可以及时发现输电线路本体和通道的危险源,将有望为输电线路故障防御工作提供一种新的手段。

7. 全景测量与动态复原仿真技术难点

1）线路走廊物体点云特征与自动提取

激光雷达扫描仪获取的是包含输电通道及周围一定范围内的带状区域中所有物体的激光点云数据,通常包含电力线、杆塔、植被、建筑、公路、地面、河流等点云信息,对这些不同类型的激光点云进行特征识别以及分类,是后续点云分析、检测、仿真等工作的基础和关键。

2）基于三维模型的动态仿真技术

该技术是通过对激光扫描数据、双目视觉数据和在线监测、负荷信息的融合,构建输电线路整个通道的三维动态模型,根据输电线路工况、环境的变化实时模拟计算出输电线路的状态,包括弧垂、导地距离、温度、异物入侵及目标跟踪等。如何将激光扫描成像后的高精度的三维数据和低精度的双目视觉三维数据融合,实现通道内三维数据的动态获取是动态仿真技术的基础。如何将输电线路状态评估模型映射到三维空间,使得通过状态信息可以实时模拟出输电线路在力学、舞动等工况下的空间参数,是动态仿真技术的核心。

3）包含高速列车、气候参数、线路本体信息的导线动力学计算模型的建立

高速列车通过跨越通道时,会产生强大的气流,气流和自然风叠加后会作用在导线上,如何评价列车运行带来的影响,以及实现跨高铁动态过程进行全景复现均需要构建包含高速列车、气候参数、线路本体信息的导线动力学计算模型。相关研究鲜有开展,是未来研究的重点方向。

2.2 ▶ 人工智能图像识别技术

随着计算机软硬件技术水平的不断提升,人工智能概念已风靡全球,不仅得到学术界认可,其技术还广泛应用于生产和生活,填补了传统技术的空缺,其发展甚至被纳入了国家战略。2016 年 8 月,国务院发布《"十三五"国家科技创新规划》,明确人工智能作为发展新一代信息技术的主要方向。2017 年 7 月 8 日,国务院印发《新一代人工智能发展规划》,提出面向 2030 年我国新一代人工智能发展的指导思想、战略目标、重点任务和保障措施,部署构筑我国人工智能发展的先发优势,加快建设创新型国家和世界科技强国。国家电网公司积极响应国家战略部署,由国家电网公司科技部牵头编制了《新一代人工智能计划》,总结公司各业

务口径的人工智能相关基础,展望了新一代人工智能技术在电力行业的潜在发展方向。

通过人工智能技术对人类视觉进行模拟甚至延伸,被公认为人工智能技术的最典型落脚点。《人工智能:一种现代方法》中提到,在人工智能中,感知是通过解释传感器的响应而为机器提供它们所处的世界的信息,其中它们与人类共有的感知形态包括视觉、听觉和触觉,而视觉最为重要,因为视觉是一切行动的基础。基于人工智能技术的图像、视频数据分析和处理已广泛应用于工、商和服务等不同行业以及医疗、军事和生活等多个领域。对于国家电网公司,一个基于人工智能的图片、视频识别技术的显著需求点便是在于电网的巡视图像处理技术方面:电网巡视所涉及的设备数量大、种类多,而每种设备可能出现的故障及缺陷又多种多样,基于人力对每一张巡视图片或每一帧巡视视频进行核对、比较显然会造成极大的工作量,另外人工判断又缺少客观及可靠性。随着巡视硬件水平的提升,如机器人、直升机、无人机等智能化巡视方式的大力推广,摄像设备像素等参数的提升,以及诸如红外测温等非可见光影像采集装置的广泛使用等,电网巡视的图像、视频质量和数量已发生巨大的提升,这都为输变电设备图像的处理提供了良好条件。此外,由于当前电网视频监测设备布点多、图像质量高,传统人工处理和服务器识别方式已不能满足大规模监控、巡视图像的处理需求,因此需要识别精度高、处理速度快的大型智能系统完成此项任务。

当前一切巡视相关图像处理在后台进行主要是由于信息通信技术的限制造成的。例如,无人机在输电网巡视过程中仅会将图片临时存储于机身的存储单元,待到巡视结束后,再由人工将数据导入计算中心,数据的提取、处理过程势必会降低工作时效性,导致工作人员无法在第一时间对异常状况进行处理,无法满足巡视要求(即时发现缺陷并上报、消除),且无人设备续航能力有限、时间宝贵,导致采用后台服务器处理方式整体效率往往不如人工巡视。同时,针对变电站运维工作中涉及的图像采集工作,需要实现针对站内巡视部位的高精度、多层次、全方位的图像采集,通过利用机器学习、人工智能、深度学习等技术,为设备状态分析及诊断提供数据支撑,实现变电站设备缺陷的智能辨识,辅助运维人员日常工作。因此亟须开发智能图像识别技术来解决输变电系统中的以上问题。

作为目前人工智能技术中的"引擎"技术,深度学习技术在多领域的图像处理问题上取得了接近甚至超越人类水平的效果。目前关于巡视图像处理技术已经陆续开展了一些研究,但大多都是在实验室环境下进行,具有很大局限性,并没有考虑巡视图像的复杂背景和目标相对运动的随机性因素等,在识别精度、适应性和推广性方面仍有较大提升空间。通过对各类设备采集的图像进行智能分析,完成对各类设备的状态检测,高度准确定位安全隐患点和故障点,进而引导检修队伍快速开展线路维护,能够降低检修工作人员的劳动强度,缩短巡视周期,提高公司输电线路和变电站的运维检修能力,为保障电网稳定运行提供有力的信息技术支撑,全面提升电网业务智能化和管理精益化。

围绕电网巡检中大规模监控视频图像无法快速有效处理的问题和无人智能巡视设备无法即时识别缺陷的问题,以及输变电巡视中图像质量差和智能分析诊断水平低的问题,充分利用高性能计算资源开展人工智能图像识别技术方面研究,实现输变电设备的图像目标检测和识别,以及输变电设备巡视辅助分析"大脑",最终构成完整的输变电设备图像识别处理技术链,为图像的大规模快速识别提供基础支撑,极大地提升输变电设备巡视的智能化水平和实用化进程。

完整的输变电设备图像识别处理技术链将大幅提升人工智能在智能运检体系建设中的业务应用场景。目前,大多研究仅针对现成图像样本的智能识别阶段,尚未实现对输变电设备巡视的全过程运用人工智能图像识别技术,未来将继续研究利用各种图像处理和人工智能技术提升输变电图像识别精确度,同时有效结合研究图像识别技术与业务场景,建设实现输电线路立体巡视体系的模型。

2.2.1　人工智能技术

早在 20 世纪 70 年代,人工智能研究已经在世界各国兴起。当时学者召开并创办了多个人工智能国际会议和国际期刊,英国爱丁堡大学还成立了"人工智能"系。但当时的人工智能水平根本无法面对巨大的搜索空间,人工神经网络中的感知机模型不能通过学习解决异或(XOR)等非线性问题。因此,人工神经网络的研究此后被冷落了近 20 年,人工智能研究出现了一个暂时的低潮。

随后在 20 世纪 80 年代末期,反向传播算法(back propagation)的实现,给机器学习领域带来了希望。但是针对深度网络学习的训练过程,反向传播(back propagation)算法存在梯度衰减、不能保证全局最优等不足。

2006 年,Hinton 在 *Science* 上发表深度学习一文,提出多隐层结构具有更好的特征学习能力,更有利于图像的可视化或分类,自此开启了深度学习在学术界和工业界的应用浪潮。卷积神经网络(convolutional neural network,CNN),稀疏编码(sparse coding)以及稀疏—自动编码(sparse auto-encoder)等深度学习的基本模型在图像处理等应用中展现了优势。CNN 能够利用增加深度带来的非线性,经过极少的预处理,直接从原始像素中识别视觉规律。

与传统的基于工程技术和专业领域知识手工设计特征提取器不同,深度学习对输入数据逐级提取从底层到高层的特征,建立从底层信号到高层语义的映射关系,从通用的学习过程中获得数据的特征表达。

如今,深度学习已受到了学术界和工业界研究人员的广泛关注。加利福尼亚大学伯克利分校、清华大学等许多著名大学都有学者在从事深度学习研究,而谷歌、脸书、百度、华为等知名 IT 公司也投入了大量的人力物力研发深度学习应用技术。2012 年,华为成立诺亚方舟实验室,运用以深度学习为代表的人工智能技术对移动信息大数据进行挖掘,寻找有价值的规律。2013 年,百度成立深度学习研究院,研究如何运用深度学习技术对大数据进行智能处理,提高分类和预测等任务的准确性。Google、Facebook 等也成立了新的人工智能实验室,投入资金对以深度学习为代表的人工智能技术进行研究,Hinton 等多位深度学习领域的知名教授也纷纷加入工业界,以深度学习为支撑技术的产业雏形正逐步形成。在图像识别、语音识别、自然语言处理等领域,深度学习的表现也不负众望。

2016 年 3 月,由 Google 旗下 DeepMind 公司戴密斯·哈萨比斯领衔的团队开发的 AlphaGo 与围棋世界冠军、职业九段棋手李世石进行围棋人机大战,以 4 比 1 的总比分获胜;2016 年末至 2017 年初,该程序在中国棋类网站上以"大师"(Master)为注册账号与中日韩数十位围棋高手进行快棋对决,连续 60 局无一败绩;2017 年 5 月,在中国乌镇围棋峰会上,AlphaGo 与排名世界第一的世界围棋冠军柯洁对战,以 3 比 0 的总比分获胜。围棋界公认 AlphaGo 的棋力已经超过人类职业围棋顶尖水平。2017 年 5 月 27 日,在柯洁与 AlphaGo 的人机大战之后,AlphaGo 团队宣布 AlphaGo 将不再参加围棋比赛。

随着 DeepMind 和 AlphaGo 的成功,除了深度学习之外,强化学习(reinforcement learning)也日益受到关注。强化学习中,自主行动的个体通过探索环境来学习一种能最大化累积奖赏的行为策略。环境针对学习个体的输出产生变化,然后反馈学习个体一个奖惩值。目前强化学习在调度优化、认知神经科学等领域已有广泛应用。例如 DeepMind 利用新部署的一套基于强化学习的管理数据中心控制系统人工智能程序,Google 数据中心总体电力利用效率(power usage efficiency, PUE)提升了 15%,大大优化了运营成本。

然而,强化学习在特征表示、搜索空间、泛化能力等方面仍面临诸多挑战。比如,许多应用的状态和动作空间是连续的,或者应用的有限状态空间之间有着紧密的联系,一个合适的状态特征表示会显著地影响强化学习的表现。DeepMind 的研究者提出的强化学习方法 Deep Q - Network 利用深度学习的优势,直接从数据中学习特征表达,在多个反应式的游戏上取得了超越人类玩家水平的不可思议的成绩。在搜索空间方面,由于强化学习为多步决策、累积优化问题,使得策略搜索空间往往过于庞大,给优化造成了巨大影响。一般我们可以采取逆强化学习自动获得奖惩函数,并利用交叉熵法进行优化等。在泛化能力方面,传统强化学习的环境比较稳定,而随着领域的拓展,强化学习面对的环境越来越复杂,如何从稳定环境泛化至动态环境成为强化学习的研究重点与热点。

在新兴的人工智能技术中,除了深度学习和强化学习两颗闪耀的新星外,迁移学习也受到广泛的关注。迁移学习运用现有的知识对相关但不相同的领域问题进行求解。它不拘泥于训练样本与新的测试样本必须满足独立同分布、好的分类模型必须依赖足够可用的训练样本这两个基本假设,将现有的知识迁移至仅有少量有标签样本甚至没有训练数据的目标领域。人类活动中随处可见迁移学习的影子:比如一个人如果通晓音律与节奏,那他学习舞蹈也会更容易;如果数学功底好的,那他学习物理也相对轻松。

目前迁移学习已初步应用于文本分类聚类、图像分类、协同过滤等方面。迁移学习作为一个新兴研究领域,目前主要集中在算法研究方面,基础理论研究还很不成熟。但是随着越来越多的研究人员投入到该项研究中,迁移学习肯定会迎来它的蓬勃发展,助力人工智能技术的飞跃。

综上,经过多年的演进,人工智能发展进入新阶段。特别是在移动互联网、大数据、超级计算、传感网、脑科学等新理论新技术以及经济社会发展强烈需求的共同驱动下,人工智能正加速发展,呈现深度、强化、迁移学习、跨界融合、人机协同、群智开放、自主操控等新特征。

2.2.2　图像识别技术

人工智能与机器学习虽然得到了快速发展,但仍存在很多没有良好解决的问题,例如图像识别、语音识别、自然语言理解、天气预测、基因表达、内容推荐等等。目前我们通过机器学习去解决这些问题的思路(以视觉感知为例子)如下:传感器—预处理—特征抽取—特征选择—推理/预测/识别。

从开始的通过传感器(例如 CMOS)来获得数据,然后经过预处理、特征提取、特征选择,再到推理、预测或者识别。现行任何图像分类系统都需要图像作为原始输入,图像首先经过预处理,然后提取图像特征,这样做的好处是,可以减少所需处理的图像的数据量,保留图像相对重要的特征信息,最后根据提取的图像特征学习分类模型,将问题转化为模式识别问题。构建高效且准确的图像分类模型的主要有以下两种方法:①通过优化分类器得到高效的图像分类模型;②通过优化图像特征得到更好的图像理解过程,从而得到高效的图像分类模型。良好的特征表达对最终算法的准确性起了非常关键的作用,如 SIFT 的出现,由于 SIFT 对尺度、旋转以及一定视角和光照变化等图像变化都具有不变性,并且 SIFT 具有很强的可区分性,这让很多问题的解决变为可能。

早在 20 世纪 70 年代末,图像分类主要是基于文本的(text based image classification, TBIC)。基于文本的图像分类方法主要是通过人类手工标注图像来进行标识,采用文本处理技术进行基于关键字的匹配。但是,随着 Web 图像的规模越来越大,手工标注大规模图像的标识的代价过高,同时,图像标识存在不可避免的主观性与非精确性,为每一幅图像都添加准确的标识是不可操作的。

在 20 世纪 90 年代初时,研究者提出了基于内容的图像分类技术(content based image classification, CBIC),主要是利用图像包含的颜色、纹理、边缘等信息,通过相似性匹配的方法来实现基于图像内容的分类方法。基于内容的图像分类技术几乎不需要人工标注来完成图像分类任务。

通过自动化标注的方式来显著地提高图像分类的准确度,是当前主要的图像分类技术。然而,在实际应用中,基于内容的图像分类技术的效果却不尽人意,其主要原因在于:在基于内容的图像分类技术中,图像之间的相似性主要体现在人类的视觉的相似性上,但是人类对图像之间相似性的辨别则主要建立在图像语义的相似性上。通过计算机所提取的图像的低层特征并不能很好地表达图像内容所体现的图像的高层语义。

同时,手工地选取特征是一种非常费力、启发式(需要专业知识)的方法,能不能选取好很大程度上靠经验和运气,而且它的调节需要消耗大量的时间。深度学习借鉴人类视觉处理的机制,实现特征的自动选取。

人的视觉系统的信息处理是分级的。从低级的 V1 区提取边缘特征,再到 V2 区的形状或者目标的部分等,再到更高层,整个目标、目标的行为等。也就是说高层的特征是低层特征的组合,从低层到高层的特征表示越来越抽象,越来越能表现语义或者意图。而抽象层面越高,存在的可能猜测就越少,也就越利于分类。

卷积神经网络、稀疏编码以及稀疏—自动编码等深度学习的基本模型在图像处理的应用中展现了深度学习的优势。

CNN 是一种常见的深度学习架构,受生物自然视觉认知机制启发而来。1959 年,Hubel 和 Wiesel 发现,动物视觉皮层细胞负责检测光学信号。受此研究启发,1980 年 Kunihiko Fukushima 提出了 CNN 的前身——neocognitron。

20 世纪 90 年代,LeCun 等人发表论文,确立了 CNN 的现代结构,后来又对其进行完善。他们设计了一种多层的人工神经网络,取名为 LeNet‐5,可以对手写数字做分类。和其他神经网络一样,LeNet‐5 也能使用反向传播算法训练。

CNN 能够得出原始图像的有效表征,这使得 CNN 经过极少的预处理就能直接从原始像素中,识别视觉上的规律。然而,由于当时缺乏大规模训练数据,计算机的计算能力也跟不上,LeNet‐5 对于复杂问题的处理结果并不理想。

2006 年起,研究人员设计了很多方法,想要克服难以训练深度 CNN 的困难。

其中,最著名的是 Krizhevsky et al. 提出了一个经典的 CNN 结构,并在图像识别任务上取得了重大突破。其方法的整体框架称为 AlexNet,与 LeNet - 5 类似,但内容要更加深入一些。

AlexNet 取得成功后,研究人员又提出了其他的完善方法,其中最著名的是 ZFNet、VGGNet、GoogleNet 和 ResNet 这 4 种。从结构看,CNN 发展的方向之一就是层数变得更多,ILSVRC 2015 冠军 ResNet 是 AlexNet 的 20 多倍,是 VGGNet 的 8 倍多。

通过增加深度,网络便能够利用增加的非线性得出目标函数的近似结构,同时得出更好的特性表征。但是,这样做同时也增加了网络的整体复杂程度,使网络变得难以优化,容易过拟合。

1) 深度学习和其他机器学习方法的区别

(1) 自动特征学习的能力。深度学习与传统模式识别方法的最大不同在于它是从大数据中自动学习特征,而非采用手工设计的特征。好的特征可以极大地提高模式识别系统的性能。在过去几十年模式识别的各种应用中,手工设计的特征处于统治地位,往往需要 5~10 年才能出现一个受到广泛认可的好特征。而深度学习可以针对新的应用从训练数据中很快学习得到新的、有效的特征表示。在神经网络的框架下,特征表示和分类器是联合优化的,可以最大限度地发挥两者联合协作的性能。在一些有名的竞赛中,部分参赛的卷积网络模型可将物体检测率提高 20%。

(2) 深层结构的优势。深度学习模型意味着神经网络的结构深,由很多层组成。理论研究表明,针对特定的任务,如果模型的深度不够,其所需要的计算单元会呈指数增加。深度模型能够减少参数的关键在于重复利用中间层的计算单元。深度模型的表达能力更强,更有效率。

(3) 提取全局特征和上下文信息的能力。深度模型具有强大的学习能力,高效的特征表达能力,从像素级原始数据到抽象的语义概念逐层提取信息。这使得它在提取图像的全局特征和上下文信息方面具有突出的优势。这为解决一些传统的计算机视觉问题,如图像分割和关键点检测带来了新的思路。深度学习的出现使这一思路在人脸分割、人体分割、人脸图像配准和人体姿态估计等方面都取得了成功应用。

(4) 联合深度学习。一些计算机视觉学者将深度学习模型视为黑盒子,这种看法是不全面的。事实上我们可以发现传统计算机视觉系统和深度学习模型存在着密切的联系,而且可以利用这种联系提出新的深度模型和新的训练方法。在联合深度学习中,深度模型的各个层和视觉系统的各个模块可以建立起对应关系,利用这些对应关系,在视觉研究中积累的经验可以对深度模型的预训练提供指导。在此基础上,深度学习还会利用反向传播对所有的层进行联合优化,使它们之间的相互协作达到最优,从而使整个网络的性能得到重大提升。

2)深度学习的研究进展及应用

(1)目标识别。

深度学习在物体识别中最重要的进展体现在 ImageNet ILSVRC 挑战中的图像分类任务。传统计算机视觉方法在这个测试集上最低的 Top5 错误率是 26.172%。2012 年 Hinton 的研究小组利用卷积网络在这个测试集上把错误率大幅降到 15.315%。这个网络的结构称为 AlexNet。

ImageNet ILSVRC2013 比赛中,排名前 20 的小组使用的都是深度学习,其影响力可见一斑。该项比赛的获胜者是来自纽约大学 Rob Fergus 的研究小组,其采用的深度模型是卷积网络,通过对网络结构作了进一步优化将 Top5 错误率降到 11.197%,该模型称为 Clarifai。

2014 年深度学习又取得了重要进展,在 ILSVRC2014 比赛中,获胜者 GoogleNet 将 Top5 错误率降到 6.656%。该模型突出的特点是大大增加了卷积网络的深度,超过 20 层,这在之前是不可想象的。

深度学习在物体识别上另一个重要突破是人脸识别。人脸识别的最大挑战是如何区分由于光线、姿态和表情等因素引起的类内变化和由于身份不同产生的类间变化。这两种变化分布是非线性的且极为复杂的,传统的线性模型无法将它们有效区分开。

2013 年,采用人脸确认任务作为监督信号,利用卷积网络学习人脸特征,在 LFW 上取得了 92.52% 的识别率。这一结果虽然与后续的深度学习方法相比较低,但超过了大多数非深度学习的算法。

2014 年 CVPR,DeepID 和 DeepFace 都采用人脸辨识作为监督信号,在 LFW 上取得了 97.45% 和 97.35% 的识别率。他们利用卷积网络预测 N 维标注向量,将最高的隐含层作为人脸特征。这一层在训练过程中要区分大量的人脸类别(例如在 DeepID 中要区分 1 000 类人脸),包含了丰富的类间变化的信息,而且有很强的泛化能力。DeepID2 在 DeepID 基础上通过加大网络结构,增加训练数据,以及在每一层都加入监督信息进行了进一步改进,在 LFW 达到了 99.47% 的识别率。

(2)物体检测。

深度学习也对图像中的物体检测带来了巨大提升。物体检测是比识别更难的任务。一幅图像中可能包含属于不同类别的多个物体,物体检测需要确定每个物体的位置和类别。深度学习在物体检测中的进展也体现在 ImageNet ILSVRC 挑战中。2013 年比赛的组织者增加了物体检测的任务,需要在四万张互联网图片中检测 200 类物体。当年的比赛中赢得物体检测任务的方法使用的依然是手动设计的特征,平均物体检测率,即 mean averaged precision (mAP),只有 22.581％。在 ILSVRC2014 中,深度学习将 mAP 大幅提高到 43.933％。深度学习在物体检测方面较有影响力的工作包括 RCNN、Overfeat、GoogleNet、Deep-IDNet、Network in Network、VGGNet 和 Spatialpyramid Pooling in Deep CNN。如果一个网络结构提高图像分类任务的准确性,通常也能使物体检测器的性能显著提升。

　　深度学习的成功还体现在行人检测上。在最大的行人检测测试集 Caltech 上,得到广泛应用的 HOG 特征和可变形部件模型平均误检率是 68％。目前基于深度学习最好的结果是 20.86％。在最新的研究进展中,很多在物体检测中已经被证明行之有效的思路都有其在深度学习中的实现。例如,联合深度学习提出了形变层,对物体部件间的几何形变进行建模;多阶段深度学习可以模拟在物体检测中常用的级联分类器;可切换深度网络可以表达物体各个部件的混合模型;通过迁移学习将一个深度模型行人检测器自适应到一个目标场景。

　　(3) 视频分析。

　　深度学习在视频分析方面的应用总体而言还处于起步阶段,未来还有很多工作要做。描述视频的静态图像特征,可以采用从 ImageNet 上学习得到的深度模型;难点是如何描述动态特征。以往的视觉方法中,对动态特征的描述往往依赖于光流估计,对关键点的跟踪和动态纹理。如何将这些信息体现在深度模型中是个难点。最直接的做法是将视频视为三维图像,直接应用卷积网络,在每一层学习三维滤波器。但是这一思路显然没有考虑到时间维和空间维的差异性。另外一种简单但更加有效的思路是通过预处理计算光流场,作为卷积网络的一个输入通道。也有研究工作利用深度编码器(deep encoder)以非线性的方式提取动态纹理,而传统的方法大多采用线性动态系统建模。在一些最新的研究工作中,长短记忆网络(LSTM)正在受到广泛关注,它可以捕捉长期依赖性,对视频中复杂的动态建模。

2.2.3　输变电巡视图像识别应用

1. 电网巡检系统

　　视频监控系统的设计目的是依靠视觉传感器提供的信息控制变电站巡检机器人完成巡检任务。变电站巡检机器人应用于对变电站内位于户外的电力设备进行检测与维护,通过自主或遥操作控制的方式帮助维护人员完成对变电站系统的排险保障工作。

　　最早投入实际应用的电力系统巡检机器人由 Sawada J. 等人在 1991 年成功

研制。如图 2.9 所示,该机器人利用轮式机构行驶于高压线路上,并通过挂臂跨越电线杆的阻碍。机器人上搭载专门用于拍摄输电线表面可见光视像的摄像机,避免寻线人员为了观测而攀爬到电线上,方便作业的同时也保证了工作人员的安全。虽然该机器人只是针对高压输电线进行缺陷检测,并不适用于完成对变电站场所设备仪表的拍摄任务,但其功能结构、运行方式以及巡检过程中的安全保障手段都对后续的电力巡检机器人设计产生了影响。早期的研究主要聚焦在巡检机器人机体的设计,并没有形成一套完整的监控系统。

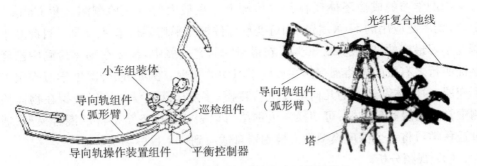

图 2.9 Sawada J.设计的电力巡检机器人

受到输电线巡检机器人的启发,Pinto J. K. C.等设计出一种移动于缆绳上的机器人(见图 2.10)针对变电站环境进行巡检。机器人行驶于变电站现场预先为其架设的线缆上,可以保证在运行时不会进入到设备安全区域以内,威胁电力设备的正常工作。该机器人搭载一部红外摄像机用于拍摄红外图像,对变电站现场设备工作温度进行监测。本书作者在其论文中展示了基于图形界面的视频监控系统。操作人员可以通过该系统获取机器人拍摄的红外图像信息,并对机器人下达控制指令。监控系统能控制机器人进行自主巡检作业,当发现有温度异常的仪表时,系统将会记录下该信息并告知操作人员。图 2.11 所示为东京工业大学设计的电力巡检机器人系统。

图 2.10 Pinto J. K. C.等设计的电力巡检机器人系统

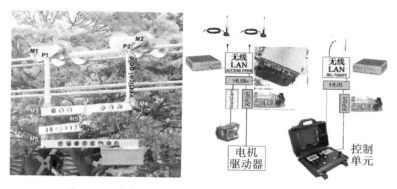

图 2.11　东京工业大学设计的电力巡检机器人系统

Barrientos A. 等人设计采用无人直升机(见图 2.12)实现对高压输电线进行巡查的方案,他们的研究主要针对巡检过程中直升机的运动控制以及视觉伺服问题,确保巡检系统在执行任务过程当中的可靠性。而 Wang B. 等人将无人直升机的应用扩展到对更多电气设备的巡检上。上述系统均采用遥控直升机作为机器人平台,研究的主要内容是直升机如何根据视像画面中的电线进行寻线跟踪,并在跟踪时检测线路是否出现异常问题。

图 2.12　电力巡检的无人直升机系统

Wang B. 等人设计的电力巡检之直升机系统以 Guo R. 以及他的同事研发的轮式移动机器人作为平台,设计出一系列可用于平坦路面行驶的变电站巡检机器人,并命名为 Smart Guard。如图 2.13 所示,Smart Guard 在实际的变电站巡检中得到运用。Smart Guard 搭载的高清、红外摄像机,能够检测设备表面覆盖的异常物体,并对设备的温度实施监控。由于该巡检系统的高可靠性能够得到保证,该套系统适用于对变电站现场进行长期连续的巡检。据报道,Smart Guard

曾在无人干预的情况下连续工作 62 天,每天完成两次对变电站内要求设备仪表的巡视检测任务。并在两年的实际运行当中,检测出两起设备缺陷,成功地避免了重大事故的发生。而 Smart Guard 也拥有一套完整的图形化视频监控系统,实现对机器人运行状态的显示,巡检结果的记录以及对机器人的控制。

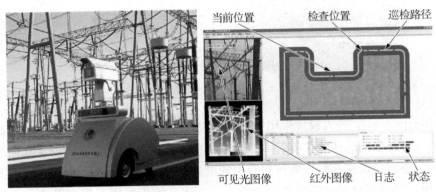

图 2.13　变电站巡检机器人"Smart Guard"

由此可见,随着技术发展,巡检平台向着智能化和无障碍化发展,对操作人员要求越来越低,自身功能却越来越完善。

2. 电网巡检图像处理技术

输电线路先进巡线系统已经成为当今电力工业的一项重要的产品。早期应用于实际的电力巡检系统并没有对拍摄的图像进行处理,而巡检机器人只是采集一些巡视人员所不便于到达区域的线路、设备的视像,最终由操作人员观察图像,对设备状态做出判断,完成巡检任务。为了进一步减轻操作人员的工作负担并且排除人为因素对巡视结果的影响,开始利用算法对巡检图像进行自动分析和处理,研制能够进行自动侦测的设备。

图像分割方面,有研究分别利用阈值分割法与形态学相结合提取边界的方法,结合边缘检测法,确定了电力线图像中的断股位置,并进行故障诊断。又有研究人员利用遗传微粒群算法优化最大类间方差法,以快速求解图像的分割最优阈值,找到一种优化的输电线路图像分割算法。郝艳捧等提出了一种输电线路覆冰厚度小波分析图像识别方法,采用小波分析多尺度边缘滤波方法,提取覆冰输电线路的边缘,再利用霍夫变换直线检测和延长得到覆冰导线边缘,采用所检测的两边缘直线相应位置距离的像素值与实际几何距离的对应关系,求得输电线路覆冰厚度。除了电力线的分割研究以外,图像分割也应用在输电线路周围的环境检测以及绝缘子识别中,如有研究以输电线路图像/视频监测装置采集的现场图像为对象,通过采用纹理分析与阈值分割相结合的方法来实现纹理图像分割,结合

Sobel 算子进行树木区域边缘检测,标识出树木边界轮廓并发送报警信息。另有研究采用一种基于非下采样 Contourlet 变换的灰熵模型和细菌觅食—粒子群优化算法相结合的方法,实现了绝缘子串的分割。

在图像特征提取方面,研究人员取得了很多进展。张少平等利用 Ratio 算子和霍夫变换的电力线提取算法,从复杂的自然背景中完整提取电力线,同时能有效避免漏检、误检等情况。另有研究提出了一种使用 Radon 变换提取该电力线的线段,并用卡尔曼滤波器将其连接成整体的方法,自动从航拍图像提取出准确的电力线。还有研究提出了一种采用改进的相位一致性检测电力线图像特征的方法,首先针对检测过程中出现的余震现象对相位一致性方法进行了改进,并进一步通过非极大值抑制细化边缘以及边缘连接的方法提取了经过标记的单根电力线。王亚萍等则利用了一种基于亮度和空间信息的线对象检测方法,对线对象进行分析,获取其位置、方向、宽度信息,能准确检测电力线以及发现电力线存在的可疑异物和断股缺陷,并成功应用于直升机巡检系统中。有研究利用 MPEG-7 边缘直方图法对绝缘子纹理特征提取与识别,并在此基础上对原始的 MPEG-7 边缘直方图进行了优化和改进,使其在复杂的背景下能有效识别出图片中绝缘子。有研究则利用户外绝缘子表面的憎水性通过边缘共生矩阵来提取纹理特征从而实现对户外绝缘子状态的识别与分类。姚建刚等提出了一种利用绝缘子串相对温度分布特征和人工神经网络模型相结合的方法识别不同污秽等级、不同湿度条件下的零值绝缘子。而又有研究利用纹理分布不均匀的特征用基于主动轮廓模型的方法从航空影像提取绝缘子状态。

除此之外,图像识别等技术在输电线路方面也有相关应用。例如,有研究针对传统相关匹配算法运算量大、直方图匹配结果不准确的缺陷,提出一种基于梯度方向场优化的直方图和归一化相关匹配结合的复合匹配的方法,实现了对输电线路图像中间隔棒的快速、准确定位。另有研究利用改进的图像融合与拼接算法对多角度图像进行拼接,并利用新型拼接缝消除算法消除拼接缝,将其应用在无人机巡检系统中,可对存在一定重叠和旋转的多幅图像进行自动拼接,获得无缝、清晰的大视场图像。还有研究针对气体隔离开关站的在线监测,提出了一种基于统计对比分析的异常情况定位算法,给出了一种基于图像识别方案的系统设计。有研究利用 Harris 角点提取方法对经过图像灰度化、图像平滑等方法预处理后的图像导线进行特征提取,找到导线弧垂最低点和金具点,再由坐标系变换,在世界坐标系中得到较为精确测量的导线实际弧垂。张成等基于图像平滑处理、阈值变换和轮廓跟踪等算法,实现了基于现场图像的绝缘子覆冰及覆冰厚度等特征参数的自动分析和识别。有研究中提出了在视频监控系统中利用离散正交 S 变换(DOST)算法更好地识别了绝缘子。Marthy V. S. 等则采用独特的模板设计,以小波变换进行特征提取实现架空电力线路的视频跟踪,并用隐马尔可夫模型分析损坏的绝缘子状态。

总而言之,电力巡检系统在当今电力工业中得到越来越广泛的应用。早期应用于实际的电力巡检系统并没有对拍摄的图像进行处理,而巡检机器人只是为采集一些巡视人员所不便于到达区域的线路、设备视像,最终由操作人员观察图像,对设备状态做出判断,完成巡检任务。传统的图像识别方式在处理运检复杂背景视频图像时远远无法满足检测的准确性需求,急需先进的人工智能新技术对巡检图像进行自动分析和处理。利用人工智能技术的智能电网巡检系统一方面能够减轻操作人员的工作负担并且排除人为因素对巡视结果的影响,另一方面实现巡检信息的高效智能化处理,是未来发展的趋势。

2.2.4 高性能计算相关技术

1. 异构计算

近几年来,以深度神经网络(DNN)为代表的深度学习技术发展得如火如荼,深度学习的研究领域从开始的图像识别(如 ImageNet 比赛)到现在的自然语言处理,几乎有席卷一切机器学习研究领域的趋势。对于深度神经网络的训练来说,通常网络越深,需要的训练时间越长。对于一些网络结构来说,如果使用串行的 X86 处理器 CPU 来训练的话,可能需要几个月甚至几年,因此必须使用并行甚至是异构并行的方法来优化代码的性能才有可能让训练时间变得可以接受。关于并行和向量化的研究可以追溯到 20 世纪 60 年代,但是直到近年来才得到广泛的关注,主要是自 2003 年以来,能耗和散热问题限制了 X86 CPU 频率的提高,使得多核和向量处理器得到广泛使用。从 2006 年开始,可编程的 GPU 越来越得到大众的认可,GPU 是图形处理单元(graphics processing unit)的简称,最初主要用于图形渲染。自 20 世纪 90 年代开始,NVIDIA、AMD(ATI)等 GPU 生产商对硬件和软件加以改进,GPU 的可编程能力不断提高,GPU 通用计算比以前的 GPGPU(general-purpose computing on graphics processing units)容易许多,另外由于 GPU 具有比 CPU 强大的峰值计算能力,近来引起了许多科研人员和企业的兴趣。

GPU 使用的芯片,其中大多数的晶体管作为纯运算单元。这样的架构设计决定了 GPU 在灵活性和通用性方面不如 CPU,却拥有强大的浮点运算能力。GPU 的计算核心远多于 CPU,每个 GPU 核心即着色器,都是一个标量处理器。虽然不具备与 CPU 一样的多级缓存系统和分支预测功能,但结构相对简单,主频也较低,其计算能力以数量取胜,GPU 每个时钟周期处理的线程数比 CPU 多得多,整体运算能力远超 CPU。

需要高密度计算的图像处理操作,受到 CPU 本身在浮点计算能力上的限制,一直没能在处理性能与效率上有太大进步,但异构计算(见图 2.14)和 GPGPU 技术提供了这类计算密集型应用的高效解决方案。相比 CPU 来说(包括由 CPU 阵列组建的超级计算机),GPGPU 计算机具有小体积、低功耗、低成本的特点,已经成为越来越多的传统超级计算机的替代品。以深度学习计算为例,当训练数据达 128 万张图片,采用 6 层神经网络结构时,根据官方资料统计,一台拥有 8 块 GPGPU 的 DGX-1 工作站,可用 2 小时完成 XERO 双路服务器 150 小时的计算任务,效率相比普通 GPU 提升 75 倍。

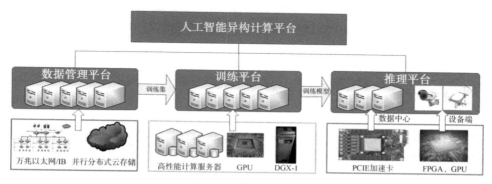

图 2.14　异构计算框图

2. 分布式计算

分布式计算是研究如何把一个需要拥有非常巨大的计算能力才可以解决的问题分割成许多小的部分,通过分配给许多计算机单独进行处理,汇总其计算结果,到最终得到结果,达到虚拟计算机解决大型问题的学科。相对于传统的数据计算,在 Web2.0 时期之前,在一个机器上对数据进行计算是机器配置完全可以支撑的,因为常见服务器的内存是 100G,把所有计算数据都缓存进内存进行科学计算是可行的。随着计算量的不断增长,当前一些应用的用户日志都是以 TB 为单位的,这些数据不可能一次性全部缓存进内存,即使可以对服务器的内存进行扩充,但是运算代价还是非常大。在这个时候必须利用一定的运算机制把计算任务分担到多台机器上,让每台机器都承担一部分的计算和数据存储的任务。这就降低了对单机的配置要求,可以使用普通的机器进行科学计算。

Hadoop,Spark 和 Storm 是目前最重要的三大分布式计算系统,Hadoop 常用于离线、复杂的大数据分析处理,Spark 常用于离线、快速的大数据处理,而 Storm 常用于在线、实时的大数据处理。Hadoop 的开源特性使其成为分布式计算系统的事实上的国际标准。Yahoo,Facebook,Amazon 以及国内的百度、阿里巴巴等众多互联网公司都以 Hadoop 为基础搭建自己的分布式计算系统。Spark

是 Apache 基金会的开源项目,它由加州大学伯克利分校的实验室开发,是另外一种重要的分布式计算系统。它在 Hadoop 的基础上进行了一些架构上的改良。Spark 与 Hadoop 最大的不同点在于,Hadoop 使用硬盘来存储数据,而 Spark 使用内存来存储中间计算结果,因此 Spark 可以提供超过 Hadoop100 倍的运算速度。但是,由于内存断电后会丢失数据,Spark 不能用于处理需要长期保存的数据。Storm 是 Twitter 主推的分布式计算系统,它由 BackType 团队开发,是 Apache 基金会的孵化项目。它在 Hadoop 的基础上提供了实时运算的特性,可以实时地处理大数据流。不同于 Hadoop 和 Spark,Storm 不进行数据的收集和存储工作,它直接通过网络实时地接收数据并且实时地处理数据,然后直接通过网络实时地传回结果。这些计算系统大幅提高了数据处理能力。

2.2.5 基于视觉的图像基础处理技术

1. 图像去噪、去雾、稳定、增强技术

航拍巡检利用图像预处理技术对获得的图像进行去雾、去噪、去抖动、增强及复原等操作,从而获得高质量的图像资源,再利用目标检测等技术对其进行处理确定目标的状态,以利于后续处理。

1)去噪技术

图像在采集、获取、传输过程中往往会受到噪声的污染,噪声是影响图像质量的主要因素,并且极大地影响了人们从图像中提取信息。因此,有必要在分析和利用图像之前消除噪声、图像去噪一直以来也都是计算机图像处理和计算机视觉研究中的一个热点。

按照对信号的影响,噪声可以分为加性噪声和乘性噪声,乘性噪声对图像的污染严重,且处理起来更困难(相比加性噪声)。按照噪声信号的特点,噪声又可以分为椒盐噪声、高斯噪声、瑞利噪声等,其中,高斯噪声因为在时频域中比较容易处理,其研究更为广泛。

图像去噪要解决的问题是在给定有噪图像的情况下对未知的干净图像进行估计。现有去噪方法大致分为三大类,即局部方法、非局部平均方法、稀疏编码方法。

(1)局部方法。传统方法尽管采用了各种形式的技术和数学工具,但是其本质非常简单,大都基于局部平均计算进行估计,即利用对应局部图像块内的信息,通过平均操作恢复各像素。经典处理技术包括空域上的局部平均、偏微分方程、能量最优化和变换域方法等。

(2)非局部平均方法。局部方法大都基于一定的数学模型假设,认为图像是平滑或整体平滑的函数,并没有充分利用图像本身的信息或考虑图像自身的特

点。非局部平均方法可以克服局部方法的缺点。图像中存在一些结构相似的图像块,并且相似块的位置不限于局部区域。非局部平均算法利用图像信息冗余带来的非局部自相似性提高去噪效果(见图 2.15)。对于给定图像中的任意一个像素,首先在一个大的搜索窗或者整个图像空间内计算以该像素为中心的图像块与其他相似块的相似度,然后计算这些图像块中心像素的灰度加权平均,作为对当前像素真实灰度的估计,相似块的权重高于非相似块的权重。

图 2.15　去噪演示

（3）稀疏编码方法。研究显示稀疏编码对于图像信息的表达效果良好,用于去噪领域的代表方法为基于字典训练的稀疏与冗余表达方法 K - SVD。该方法通过学习得到一个过完备字典,认为自然图像中的每个图像块都可用该字典中各原子的线性组合来近似表示,并且系数向量具有稀疏性,即向量中大多数元素为零。

2）去雾技术

航拍巡检或固定监控时,由于气象条件或大气污染等因素雾霾天较多,室外获取的图像经过空气中水滴、尘埃等粒子的吸收和散射作用后形成了降质的图像。由于这些粒子的干扰使图像的对比度和分辨率均较差,而且图像边缘等细节信息可能会丢失或变得模糊,极大地影响了图像分析和理解等后续工作。

图像去雾技术的主要任务是去除天气因素对图像质量的影响,以增强图像的能见度和改善图像质量。去雾技术是图像处理领域研究的一个热点,雾化图像被广泛地描述为方程:$I = Jt + A(1-t)$。其中 I 是雾化图像的颜色值,J 是场景无雾情况下的颜色值,A 是空气颜色值,而 t 则是场景色彩在各个区域通过程度的描述。去雾方法的本质就是从 I 获取 J、A 和 t。

去雾技术主要分为两类:雾天图像复原和雾天图像增强。雾天图像的增强方法从提高图像对比度入手,只是普通增强算法在雾天图像的应用,目的是图像对比度加强后更适合于人眼的视觉习惯与机器视觉的输入习惯,并不是真正意义上的去雾,常出现边缘信息损失或过饱和现象。雾天图像复原方法基于雾天图像退化的物理过程,建立描述图像降质的模型,通过相关算法,结合降质模型,利用暗通道先验算法获取雾天图像成像模型的相关参数,进而反推出场景真实信息,反演图像退化过程,从而复原由雾而导致的雾天模糊,这样的处理方法是真正物理意义上的去雾,还原图像真实自然,一般不会有信息损失。雾天图像的去雾一般过程是基于物理模型的图像复原方法进行雾天降质图像的清晰化处理,如图 2.16 所示。

图 2.16　去雾演示

3) 视频稳定技术

视频抖动是指拍摄过程中由于摄像机存在不一致的运动噪声而造成视频序列的抖动和模糊。为了消除这些抖动,需要提取摄像机的真实全局运动参数,然后采用合适的变换技术补偿摄像机的运动,使视频画面流畅而稳定,这项技术通常称为视频去抖动或视频稳定(见图 2.17)。目前已有的视频去抖动技术有特征法、光流法、几何分析方法等。

特征法是在提取每帧图像的特征点的基础上,在相邻帧之间进行特征匹配,然后根据匹配的结果计算摄像机的全局运动参数,最后用滤波后的全局运动变换对原始序列进行补偿。光流法首先计算相邻帧之间的光流,然后根据光流信息,通过运动分析获得全局运动参数,随后根据滤波后的运动参数来补偿原始序列。几何分析方法则是基于运动矢量的视频去抖动算法,采用新的快速鲁棒估计法获

无防抖　　　　　　　　　电子防抖

图 2.17　图像去抖动演示

得摄像机全局运动参数集；对该参数集进行滤波，滤除随机抖动带来的运动噪声。为了提高算法的可靠性，在全局运动估计之前对原始运动矢量进行了时空滤波；在运动校正阶段，引入了"重同步"机制防止差错累积。

4）图像增强技术

图像增强是使图像清晰或将其转换为更适合人或机器分析的形式，其可以依据具体应用要求突出图像中细节特征、提高图像对比度，从而改善图像视觉效果。图像增强不要求忠实地反映原始图像。相反，含有某种失真（例如突出轮廓线）的图像可能比无失真的原始图像更为清晰。

图像增强方法按照对图像的不同处理方式可以有不同的划分。增强方法依据图像处理过程中处理空间的不同，可将图像增强方法分为空域增强算法和频域增强算法。

空域是指待处理图像的原始像素集合，空域增强算法是指图像处理过程在图像的原像素空间进行运算，算法以变换函数为基础，对图像像素根据增强需求和图像特点进行不同变换达到增强目的。空域增强算法可分为两大类：一类是点运算，这类算法在增强过程中对图像像素逐点进行处理，与其周围像素无关。另一类是邻域运算，也称为模板运算，模板运算算法与像素相邻有关。空域增强算法主要包括直接灰度映射、直方图变换、线性滤波、非线性滤波和局部增强等。根据空间域变换函数的不同，处理可以分为直接灰度变换和基于直方图的变换。

频域处理基础是卷积定理，频域增强通常借助傅里叶变换或其他正交变换增强图像重要的细节信息。频域图像增强的主要作用是去除噪音、增强边缘、提高对比度、改善图像显示质量、丰富层次信息等。算法在对图像增强过程中使用频域变换函数将图像处理空间变换到频率域中进行处理，增强处理后再将增强结果逆变换到原始图像空间即为最后的增强结果。频域变换函数可选傅里叶变换、小波变换等变换函数。图像经过频域变换对图像像素进行分析，图像中细节与噪声对应频域中高频分量,图像的背景和变化缓慢部分对应频域的低频分量,在变换过程中可以针对不同的增强目的采用数字滤波方法改变不同的频率分量从而实现图像增强。根据频域增强中所选滤波器的不同,可将频域增强方法分为低通滤波增强、高通滤波增强、带阻滤波增强、同态滤波增强。

5)图像复原技术

图像复原就是利用导致图像退化的先验知识,建立有效的数学模型来描述图像退化的过程,然后沿着图像退化的逆过程,设计相应的求解方法,以恢复出已退化图像的原本面目。

在各个领域中图像的来源千差万别,图像降质的原因各不相同,假设成像系统是线性移不变系统的前提下,图像复原问题可以归纳为共同的本质,即用一个空间域的卷积过程来描述图像的降质。从图像的降质过程可以看出,图像复原是图像降质的逆过程,其属于数学物理问题中的一类"反问题"。图像复原的目的是反过来从降质图像求取原始图像;这个过程表明了图像复原具有反问题的本质,由上述分析可知,图像的复原过程是一个反问题,所有的反问题有着一个共同的属性称为病态性,这是一个使得问题的理论分析或数值求解都异常困难的特殊属性。

为了克服图像降质方程的病态性,目前通常采用的方法是利用原始图像符合物理现象的先验知识,依靠增加适当的约束或改变求解策略,使得病态问题转换为良性问题,并要求转变后的良性问题解必须非常接近于原本病态问题的真解,向稳定良性问题的转变使得从降质图像求取真实图像的最优估计变得有效可行。

图像复原技术作为数字图像处理领域的一个重要分支,由于其对于解决实际应用中的图像降质问题具有十分重要的作用和意义,因而,经过了多年的发展和研究,各种类型的图像复原方法被提出并应用。当前的主流方法包括逆滤波法、维纳滤波法、约束最小二乘滤波法、最小熵法、正则化方法和贝叶斯方法等。主要技术包括均值滤波器、自适应维纳滤波器、中值滤波器、形态学噪声滤波器和小波去噪等。

2. 图像分割、特征提取

图像分割主要用于图像描述和分析,是图像处理到图像分析的关键步骤,也是进一步理解图像的基础。图像分割会对图像进行分析、识别、跟踪、理解、压缩编码等,分割的准确性直接影响后续任务的有效性,因此具有十分重要的意义。现有的图像分割方法主要分以下几类:基于阈值的分割方法、基于区域的分割方法、基于边缘的分割方法等。

图像分割是根据灰度、颜色、纹理和形状等特征把图像划分成若干互不交迭的区域,并使这些特征在同一区域内呈现出相似性,在不同区域间呈现出明显的差异性。以下简要介绍图像分割的几种典型方法。

（1）基于阈值的分割方法。阈值法的基本思想是基于图像的灰度特征来计算一个或多个灰度阈值，并将图像中每个像素的灰度值与阈值相比较，最后将像素根据比较结果分到合适的类别中。阈值分割法主要有两个步骤：第一，确定进行正确分割的阈值；第二，将图像的所有像素的灰度级与阈值进行比较，以进行区域划分，达到目标与背景分离的目的。

（2）基于边缘的分割方法。所谓边缘是指图像中两个不同区域的边界线上连续的像素点的集合，是图像局部特征不连续性的反映，体现了灰度、颜色、纹理等图像特性的突变。通常情况下，基于边缘的分割方法指的是基于灰度值的边缘检测，它是建立在边缘灰度值会呈现出阶跃型或屋顶型变化这一观测基础上的方法。阶跃型边缘两边像素点的灰度值存在着明显的差异，而屋顶型边缘则位于灰度值上升或下降的转折处。正是基于这一特性，可以使用微分算子进行边缘检测，即使用一阶导数的极值与二阶导数的过零点来确定边缘，具体实现时可以使用图像与模板进行卷积来完成。

（3）基于区域的分割方法。此类方法是将图像按照相似性准则分成不同的区域，区域分割包括区域生长和分裂合并两种典型的串行算法。其特点是将分割过程分解为顺序的多个步骤，其中后续步骤要根据前面步骤的结果进行判断而确定。区域生长的基本思想是将具有相似性质的像素集合起来构成区域，该方法需要先选取一个种子点，然后依次将种子像素周围的相似像素合并到种子像素所在的区域中。在区域分裂技术中，整个图像先被看成一个区域，然后区域不断被分裂为 4 个矩形区域，直到每个区域内部都是相似的。分裂合并算法中，区域先从整幅图像开始分裂，然后将相邻的区域进行合并。主要包括种子区域生长法、区域分裂合并法和分水岭法等几种类型。

（4）基于图论的分割方法。此类方法把图像分割问题与图的最小分割（mincut）问题相关联。首先将图像映射为带权无向图，图中每个节点对应于图像中的每个像素，每条边连接着一对相邻的像素，边的权值表示了相邻像素之间在灰度、颜色或纹理方面的非负相似度。而对图像的一个分割就是对图的一个剪切，被分割的每个区域对应着图中的一个子图。而分割的最优原则就是使划分后的子图在内部保持相似度最大，而子图之间的相似度保持最小。基于图论的分割方法的本质就是移除特定的边，将图划分为若干子图从而实现分割。目前所了解到的基于图论的方法有 GraphCut，GrabCut 和 Random Walk 等。

图像处理和分析的最终目的是希望从分割出的区域中识别出某种物体（目标）。而识别的第一步就是物体特征的提取和表达。因此图像特征提取与表达是图像处理和分析研究中的重要内容，对识别的最终效果有着决定性的影响。特征提取和表达，则是使用计算机提取图像信息，决定每个图像的点是否属于一个图像特征。特征提取的结果是把图像上的点分为不同的子集,这些子集往往属于孤立的点、连续的曲线或者连续的区域,这主要涉及图像纹理、颜色、形状和空间关系特征的提取。特征提取的结果就是特征表达。值得一提的是,和传统的机器学习技术对比,深度学习过程就是将特征提取和分类器训练过程合二为一。图像特征提取与表达的关键则是图像特征的描述和定义。

航拍巡检基于图像预处理技术可获得的图像的颜色特征、纹理特征、形状特征和空间关系特征,并利用相应的特征提取的方法获得深度学习的特征库,将这些获得特征存储到特征库里,为深度学习的训练做储备。由于巡检过程中位置、视角可能的不确定性和复杂性,加之环境噪声等的影响,想要提取一种可以对平移、旋转、缩放、光照、颜色等情况都鲁棒的特征是极难的。方案力图充分考虑多种特征自身的特点,对于巡检典型目标分别计算椭圆傅里叶特征、泽尼克(Zernike)矩特征、BoVW特征、SIFT特征,通过权重控制,让具有高辨识能力的特征可以得到足够大的权重,让具有较低辨识能力的特征可以辅助表达目标的特性。

(1)颜色特征:一种全局特征,描述了图像表面性质,基于像素点的特征,是全局像素点的贡献。对方向、大小等变化不敏感,所以对局部特征很难捕捉。其特征提取与匹配方法为颜色直方图,即描述颜色的全局分布,给出不同色彩的比例,适用于难以分割和可以忽略空间位置的图像。最常用的颜色空间有RGB颜色空间、HSV颜色空间。颜色直方图特征匹配方法包括直方图相交法、距离法、中心距法、参考颜色表法、累加颜色直方图法。

(2)纹理特征:一种全局特征,描述了图像表面性质。其不能完全反映出物体的本质属性,因而无法获得高层次图像内容。其提取是通过对局部区域进行统计计算,具有旋转不变性和较强的噪音抵抗能力。其特征提取与匹配常用统计方法、几何法、模型法和信号处理法,具体的方法有灰度共生矩阵、Voronio棋盘格特征法及结构法、马尔可夫(Markov)随机场(MRF)模型法和吉布斯(Gibbs)随机场模型法、Tamura纹理特征、自回归纹理模型、小波变换。

(3)形状特征:各种基于形状特征的检索方法都可以比较有效地利用图像中感兴趣的目标来进行检索。但它们也有一些共同的问题。其特征提取与匹配方法包括边界特征法、傅里叶形状描述符法、几何参数法。

(4)空间关系特征:是指图像中分割出来的多个目标之间的相互的空间位置或相对方向关系,可分为连接/邻接关系、交叠/重叠关系和包含/包容关系等。通常空间位置信息可以分为两类:相对空间位置信息和绝对空间位置信息。其特征提取与匹配方法如下:一种方法是首先对图像进行自动分割,划分出图像中所包含的对象或颜色区域,然后根据这些区域提取图像特征,并建立索引;另一种方法则简单地将图像均匀地划分为若干规则子块,然后对每个图像子块提取特征,并建立索引。

（5）椭圆傅里叶特征：是基于闭合物体轮廓线链码的傅里叶特征。这一特征对于旋转、平移和缩放具有很高的鲁棒性。其提取算法可以大致分为 3 个步骤：从物体的轮廓线中提取链码；对得到的链码做傅里叶分解；对分解得到的傅里叶系数做归一化处理。

尺度不变特征变换（scale invariant feature transform, SIFT）算法是基于灰度变化率进行操作的，其对图像的旋转、平移及尺度变化具有不变性，对图像经度与纬度倾斜变化、三维视角、光照变化及噪声也有一定的稳定性，而且由于在立体和频域空间被很好地局部化，故降低了噪声干扰的可能性。SIFT 算法首先检测尺度空间的极值点，大致确定关键点的位置以及所处的尺度，然后滤去低对比度的关键点以及不稳定的边缘响应点，以增强匹配的鲁棒性和抗噪声能力；接着需要确定每个关键点的方向参数，标记关键点邻域梯度的主方向为该点的方向特征；最后通过对关键点当前尺度邻域的梯度统计，生成 SIFT 特征描述子。SIFT 算法主要包括这 3 个步骤：建立尺度空间、特征点检测和特征描述子生成。

2.2.6　基于自学习能力的视觉感知技术

1. 图像语义理解及分析技术

图像的语义理解和分析技术是对图像的语义解释。其在智能电网中的应用是以变电设备图像为对象，先验知识为核心，研究图像中变电设备之间的相互关系、图像中变电设备位置以及如何将分析结果应用到场景。目的是描绘出变电设备轮廓的信息，并对每一个单独的设备以及图像中的其他像素进行类别标注，从整体上对图像进行理解。

在图像理解和语义分析过程中，变电设备处理需要推理出图像的前景与背景知识，提供精确的像素级标注，准确划分各个语义概念所属的像素区域，完成图像内容的语义解释。

从变电设备图像采集设备获取的设备图像仅是信号描述，需要进行取样采集形成面向计算机的数据信息，形成像素点集，完成了待处理设备场景图像的获取，通过图像处理技术在原始像素的基础上提取出视觉特征并存储入计算机，实现"视觉信息的表示与存储"。然后根据已有的先验知识，基于深度学习算法对采集到的设备图像信息进行图像分割、场景分类等任务，形成知识并存入计算机，实现知识信息的"表示与存储"。最后对已形成的知识进行"推理与分析"，完成最终的变电设备图像语义分析与理解任务。

如图 2.18 所示，图像理解的层次结构如下：底层理解以变电设备图像数据作为输入，输出是以像素为基本单位的视觉特征；中层理解的输出是在抽象和简化底层描述的基础上,形成的与目前存在的设备相匹配的特征表述,在视觉特征表述中初步结合了语义信息,提高了特征的表述能力;高层理解是以底层、中层的特征数据为基本输入,通过语义标注模型和先验知识推理来实现图像的语义解释。其中,中层的存在是为了减少底层和高层的语义鸿沟。整个图像的语义分析和理解过程就是综合处理视觉信息、知识信息和分析图像内容的过程。

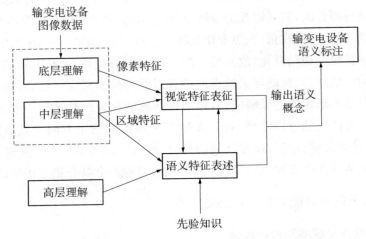

图 2.18　图像理解结构层次图

　　图像的特征根据特征的表述内容和语义层次,可以分为视觉特征和语义特征这两类。

　　图像的视觉特征主要包括颜色、纹理、形状等描述图像视觉效果的特征,这些特征是计算机能够从图像中提取出的直观属性。颜色特征是最便于提取且使用最广泛的一种视觉特征,可利用直方图交叉核技术提高机器视觉的现实感知能力;纹理特征是物体表面自然属性的一种感知;形状特征是视觉系统进行物体识别的关键信息之一,其具有位移、旋转和尺度变换的不变性,可以描述图像中具有语义含义的区域或相关对象。

　　图像的语义特征是基于人类视觉认知而从图像中抽象出的语义信息,可以用于对图像内容进行语义描述。人类视觉系统在理解图像时,不仅利用了图像的视觉特征,还加入了一些语义概念的感知知识,这些语义感知无法从视觉特征中直接获取,需要结合先验知识对图像语义进行推理判断。

　　图像的语义理解与分析技术关键在于提取最具表现力的图像特征。如果选择鉴别力高的图像语义特征用于分类,则会产生比较好的分类结果。按照图像语义的复杂程度,可以分为如图 2.19 所示的 3 个层次。第一层次是特征语义层:通过图像的底层视觉特征如颜色、纹理及形状等及其组合来提取相关语义描述。第二层是对象语义层：通过识别和推理找出图像中的具体目标对象及其相互之间的关系，然后给出语义表达。第三层是抽象语义层：通过图像包含的对象、场景的含义和目标进行高层推理，得到相关的语义描述。这个层次的语义主要涉及图像的场景语义、行为语义和情感语义。

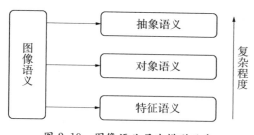

图 2.19　图像语义层次模型示意

2. 迁移学习

迁移学习（transfer learning）是运用已有的知识对不同但相关领域问题进行求解的一种新的机器学习方法，目标是将从一个环境中学到的知识用来帮助新环境中的学习任务，迁移已有的知识解决目标领域中仅有少量标签样本数据甚至没有样本数据的学习问题。因此，迁移学习不会像传统机器学习那样作同分布假设。目前迁移学习可以分为 3 个部分，即同构空间下基于实例的迁移学习、同构空间下基于特征的迁移学习和异构空间下的迁移学习。研究指出，基于实例的迁移学习有更强的知识迁移能力，基于特征的迁移学习知识迁移能力更广泛，而异构空间的迁移具备广泛的学习和扩展能力。这几种方法各具特点。

1）同构空间下基于实例的迁移学习

基于实例的迁移学习应用范围较窄，仅可应用在样本数据与目标数据非常相似的情况。其目标是从辅助训练数据中找出那些适合测试数据的实例，并将这些实例迁移到源训练数据的学习中去。在这种情况下，常用的一种算法是具有迁移能力的 boosting 算法，它的作用是建立一种自动调整权重机制，于是重要的辅助训练数据的权重将会增加，不重要的辅助训练数据权重将会减小。而在实际应用中，样本数据和目标数据在实例上交集较多的情况并不多见，基于实例的迁移学习算法往往很难找到可以迁移的知识。

但是研究发现，即便有时源数据与目标数据在实例层面上并没有共享一些公共的知识，它们可能会在特征层面上有一些交集。因此提出了基于特征的迁移学习，它利用特征层面上公共的知识进行学习。

2）同构空间下基于特征的迁移学习

基于特征的迁移学习，主要使用互聚类算法同时对样本数据和目标数据进行聚类,寻找特征上的相同之处,实现样本数据到目标数据的迁移学习,其经典的算法有 CoCC 算法、TPLSA 算法、谱分析算法与自学习算法等。应用这个思想,研究人员提出了基于特征的有监督迁移学习和基于特征的无监督迁移学习。

基于特征的有监督迁移学习的主要工作是基于互聚类的跨领域分类,此工作考虑的问题:当给定一个新的、不同的领域,标注数据极其稀少时,如何利用原有领域中含有的大量标注数据进行迁移学习。在基于互聚类的跨领域分类这个工作中,为跨领域分类问题定义了一个统一的信息论形式化公式,将其中基于互聚类的分类问题的转化成对目标函数的最优化问题。在提出的模型中,目标函数被定义为最大化源域和目标域数据在公共特征空间中的互信息,同时最小化与辅助数据实例间的互信息损失。

自学习聚类算法属于基于特征的无监督迁移学习方面的工作。这里考虑的问题是:现实中可能有标记的辅助数据都难以得到,在这种情况下如何利用大量无标记数据辅助数据进行迁移学习。自学习聚类的基本思想是通过同时对源数据与辅助数据进行聚类得到一个共同的特征表示,而这个新的特征表示由于基于大量的辅助数据,所以会优于仅基于源数据而产生的特征表示,从而对聚类产生帮助。

上面提出的两种学习策略(基于特征的有监督迁移学习与无监督迁移学习)解决的都是源数据与辅助数据在同一特征空间内的基于特征的迁移学习问题。当源数据与辅助数据所在的特征空间中不同时,研究提出了跨特征空间的基于特征的迁移学习,它也属于基于特征的迁移学习的一种。

3) 异构空间下的迁移学习

当样本数据和目标数据分别属于两个不同的特征空间时,研究人员提出了使用异构空间下的迁移学习方法:翻译学习。研究人员找到样本数据与目标数据之间的某种桥梁关系,并构建一个翻译器,使两种不属于同一空间下的数据可以利用翻译器,将样本数据翻译到目标数据的特征空间中去,并进行学习和分类。

3. 增强学习

增强学习(reinforcement learning),是机器学习的一种,其简单定义就是学习基于奖励或惩罚的最佳动作。在增强学习中有 3 个概念:状态、动作和回报。"状态"是描述当前情况的。对一个正在学习行走的机器人来说,状态是它的两条腿的位置。对一个围棋程序来说,状态是棋盘上所有棋子的位置。"动作"是一个智能体在每个状态中可以做的事情。给定一个机器人两条腿的状态或位置,它可以在一定距离内走几步。通常一个智能体只能采取有限或者固定范围内的动作(见图 2.20)。例如一个机器人的步幅只能是 $0.01 \sim 1\,\text{m}$,而围棋程序只能将它的棋子放在 19×19 路棋盘(361 个位置)的某一位置。当一个机器人在某种状态下采取某种动作时,它会收到一个回报。这里的术语"回报"是一个描述来自外界的反馈的抽象概念。回报可以是正面的或者负面的。当回报是正面的时候,它对应于我们常规意义上的"奖励"。当回报是负面的时候,它就对应于我们通常所说的"惩罚"。

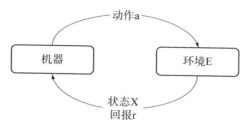

图 2.20　增强学习图示

增强学习任务通常用马尔可夫决策过程来描述:机器处于环境 E 中,状态空间为 X,其中每个状态 $x \in X$ 是机器感知到的环境的描述,机器能采取的动作构成了动作空间 A,若某个动作 $a \in A$ 作用在当前状态 x 上,则潜在的转移函数 P 将使得环境从当前状态按某种概率转移到另一个状态,同时,环境会根据潜在的"奖赏"函数 R 反馈给机器一个奖赏。综合起来,增强学习任务对应了四元组 $E = <X, A, P, R>$,其中 $P: X \times A \times X \mapsto \Re$ 指定了状态转移概率,$R: X \times A \times X \mapsto \Re$ 指定了奖赏;在有的应用中,奖赏函数可能仅与状态转移有关,即 $R: X \times X \mapsto \Re$。

这里需要注意"机器"和"环境"的边界:例如在对弈中,环境就是棋盘与对手;在机器人控制中,环境是机器人的躯体与物理世界。总之,在环境中状态的转移、奖赏的返回是不受机器控制的,机器只能通过选择要执行的动作来影响环境,并通过观察转移后的状态和返回的奖赏来感知环境。机器要做的是通过在环境中不断地尝试而学得一个"策略"(policy)π,并依据策略,在状态 x 下就能得知要执行的动作 $a = \pi(x)$。策略的优劣取决于长期执行这一策略后得到的奖赏。在增强学习任务中,学习的目的就是要找到能使长期累积奖赏最大化的策略。长期累积奖赏常用的有"T 步累积奖赏" $E\left[\dfrac{1}{T}\displaystyle\sum_{t=1}^{T} r_t\right]$ 和"折扣累积奖赏" $E\left[\displaystyle\sum_{t=0}^{+\infty} \gamma^t r_{t+1}\right]$,其中 r_t 表示第 t 步获得的奖赏值,E 表示对所有随机变量求期望。

2.2.7　人工智能图像识别技术应用场景

从 2014 年开始,人工智能得到了前所未有的关注。但对于人工智能的发展,业界仍然存在两种截然不同的看法。尤其是埃隆·马斯克和霍金的"人工智能恶魔论"在学术界和产业界引发了激烈争论。但这丝毫没有阻止行业巨头对人工智能市场的热情。从市场披露的投资数据分析,在 2011~2015 年的五年时间中,人工智能领域的并购资金从 2.82 亿美元增长到 2015 年的 23.88 亿美元,而并购数量也从 67 起增长到 397 起。以谷歌、苹果、IBM、微软、Facebook 为代表的等行业巨头正在通过并购进行产业布局。在此以人工智能与图像处理领域取得明显突破的谷歌、百度和 Facebook 三家公司的布局和研究成果进行盘点。

1. Google

在图像识别方面,谷歌在 2014 年 8 月份收购了一家图片分析公司 Jetpac。Google 研究院也发表了一篇文章,表明未来 Google 的图形识别引擎不仅仅能够识别出照片的对象,还能够对整个场景进行简短而准确的描述。除此之外,谷歌一直在积极吸引图像识别和计算机视觉方面的专家参与到谷歌的项目研究中来,比如说向研究计算机视觉和模式识别的助理教授 Devi Parikh 授予了谷歌内部研究奖项(Faculty Research Awards)和 9 万美元的无限制基金,并允许她直接同谷歌的其他研究者和工程师进行合作。

2. 百度

在图像识别方面,百度也一直在利用深度学习技术来提高图像识别的精度。2014 年 9 月,百度云结合百度深度学习研究院提供的人脸识别及检索技术,推出云端图像识别功能。同年 11 月,百度发布了基于模拟神经网络的"智能读图",可以使用类似人脑思维的方式去识别、搜索图片中的物体和其他内容。

3. Facebook

Facebook 在人工智能领域的布局主要围绕着其用户的社交关系和社交信息来展开,在 2013 年加入公司的国际深度学习"三驾马车"之一的杨立昆(Yann LeCun)的帮助下,公司的图像识别技术和自然语言处理技术大幅提升。

在他的帮助下,2014 年 Facebook 的 DeepFace 技术在同行评审报告中被高度肯定,其脸部识别率的准确度达到 97%。而他领导的 Facebook 人工实验室研发的算法已经可以分析用户在 Facebook 的全部行为,从而为用户挑选出其感兴趣的内容。杨立昆未来计划在 Facebook 中建立一个智能助手,对用户上传的照片中的令人尴尬的内容进行识别和提醒。

2.2.8 输电线图像识别技术具体研究方案

目前由无人机、直升机等巡视采集的影像,仍然大量依赖人工对影像进行查看,不断地放大缩小观察各重点部位细节,才能识别出其中的故障和隐患。巡视采集的影像总量巨大,人工检查工作效率低,尤其是在连续高强度的查看工作状态下,很难保证缺陷隐患的全面、及时发现。目前传统的机器学习技术,对于缺陷识别、检测等具有一定的帮助。但是由于识别正确率低,泛化能力较差,无法大规模地进行应用。随着以深度神经网络为代表的人工智能技术的兴起,利用人工智能技术对于无人机巡线数据进行快速精确的识别处理成为了可能。这将可能大幅提升输电线路巡视的效率。

1. 实施方案 1:输电线路本体辅助巡视图像识别技术研究

图 2.21 显示了输电线路本体辅助巡视图像识别的技术路线。①需要对具体场景进行分析,了解每一场景所对应的难点,理解如何从业务场景向智能图像识别化;②需要了解每一场景的样本需求,提供充足的样本;③选择合适的手段进行模型训练;④产生模型并对模型进行验证和优化;⑤使用模型进行目标检测,发现本体上的诸如绝缘子和金具等设备上存在的缺陷。注意,针对每一个具体场景需要分别建立模型。下文将主要针对场景分析和模型训练展开说明。

图 2.21 输电线路本体辅助巡视图像目标检测技术路线

1) 输电线路本体辅助巡视图像识别场景研究

输电线路挂点位置的绝缘子、连接金具的销钉、螺栓脱落会造成导地线掉落的恶性后果,因此该研究主要集中在输电线路挂点位置的销钉脱落、螺栓脱落问题。

如图 2.22 所示,绝缘子的损伤场景识别因素分析:输电线路绝缘子伞裙为圆形对称结构,并且绝缘子作为杆塔与导地线的绝缘连接部分,是承力部件,因此运行线路中的绝缘子具有铅直中线与两侧对称的图形特性,玻璃绝缘子自爆、合成绝缘子破损、瓷质绝缘子钢角变形的识别可以从中线两侧对称性检查作为主要识别因子。合成绝缘子灼伤通过识别沿绝缘子铅直线方向的白色粉末状的带状细线颜色变化作为主要识别因子,玻璃、瓷质绝缘子能通过识别绝缘伞裙表面黑色放电痕迹作为主要识别因子。

销钉、螺栓、均压环等部件脱落场景识别因素分析(见图 2.23)。脱落的图像识别是从图像中查找缺失部件,首先要定位缺失部件的位置,再识别位置中是否有目标,输电线路挂点位置可以通过现有较成熟的绝缘子的识别来实现,识别程

图 2.22　输电通道本体场景示例

序首先识别出输电线路绝缘子和定位绝缘子空间关系,再检查绝缘子两个端部一定区域范围内是否有孔洞来确定螺栓脱落、检查绝缘子两个端部一定区域范围内螺栓顶部是否有金属条纹来确定销钉脱落、检查绝缘子两个端部一定区域范围内是否有均压环来确定均压环脱落。

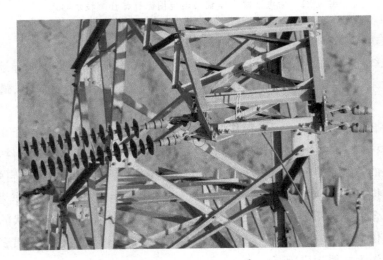

图 2.23　输电通道本体场景示例 2

防震锤等部件滑移场景识别因素分析。输电线路防震锤(见图 2.24)的作用是防止导地线不规律振动造成连接部位疲劳磨损,算法识别防震锤滑移之前需要准确获取导地线的杆塔侧挂点,之后依据图片中的位置关系,确定查找区域,判断识别目标是否在查找区域内。

图 2.24　输电通道本体场景示例 3

金具等部件裂纹场景识别因素分析。输电线路连接金具裂纹多发生在金属构件的凹凸部位和连接部位(见图 2.25),比如:在球头挂环根部区域,U 形环的螺栓孔位等。由于这个部位容易发生腐蚀,脆裂,图像特征通常有腐蚀痕迹、韧窝、纹理变化,金具等部件裂纹的识别以颜色与形状作为主要识别因子。

图 2.25　输电通道本体场景示例 4

导地线断股、断线场景识别因素分析。输电线路导地线断股后会发生个别铝股"散花"的现象(见图 2.26),可以通过查找横导地线方向的不规则毛刺、输电线路导地线断线后会发生导线散落的现场、断落的导地线会在断裂的瞬间发生抽曲变形等来判断,可以通过查找在图片垂直线路方向的弯曲线作业导地线断线作为主要识别因子。

图 2.26　输电通道本体场景示例 5

2）输电线路本体辅助巡视智能识别模型研究

针对诸如绝缘子自爆等每一输电线路本体巡视场景可以构建智能识别模型，使用模型判断某一图片上面是否包含目标物体和缺陷，以及它们的位置，如发现是否有绝缘子自爆以及发生自爆的绝缘子的位置在图片中的哪里。下面将针对绝缘子自爆这一场景介绍其相应智能识别模型的训练过程，其他输电本体场景的模型训练也将沿用统一技术路线。图 2.27 显示了模型训练的流程，包括提供已标注图片，进行候选区域提取，对候选区域图片进行尺寸调整，卷积神经网络进行特征提取，基于特征进行分类和调整。

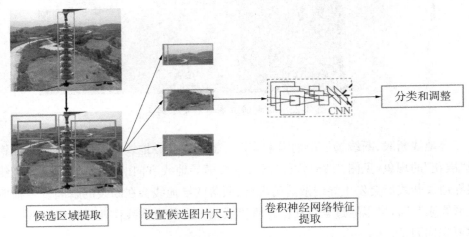

图 2.27　绝缘子自爆等具体输电本体场景的智能识别模型训练过程

（1）模型训练流程。

第一步，通过前期的准备工作得到大量的发生自爆的绝缘子的照片，然后针对每一张照片人工标注出目标的绝缘子，如图 2.27 中最左上角所示，保证每个目标能够最好地被框出来。

在第二步中，将使用算法自动地从每一张图片中标注出若干数量的图片框（候选区域提取），如 1 000 至 2 000 张图片，候选区域提取的方法将会在后面具体说明。这些候选区域将会被作为正负样本来对卷积神经网络进行训练（IOU 大于 0.7 的为正样本，小于 0.3 的为负样本，而 IOU 是 intersection over union 的缩写，指候选区域和人工标注区域的重合区域面积占两者总面积的比例），通过训练，卷积神经网络可以从这些图像中分辨出哪些特征对图片的类别最具有说明性，称为特征提取。网络架构有两个可选方案：第一选择经典的 AlexNet（特殊架构的深度学习网络）；第二选择 VGG16（另一种特殊结构的深度学习网络）。研究发现 AlexNet 精度相对较低。VGG 模型的特点是选择比较小的卷积核和较小的跨步，VGG 的精度高，但计算量是 AlexNet 的 7 倍。为了高效起见，于是直接选用 AlexNet。关于卷积神经网络将会在后面具体介绍。物体检测的一个难点在于，物体标签训练数据少，如果要直接采用随机初始化 CNN 参数的方法，那么目前的数据训练量是远远不够的。这种情况下，最好采用某些方法，把参数初始化了，然后再进行有监督的参数微调。在设计网络结构的时候，是直接用 AlexNet 的网络，然后直接采用它的参数作为初始的参数值，然后再二次训练。接着采用搜索出来的候选框继续对上面预训练的 CNN 模型进行二次训练。假设要检测的物体类别有 N 类，那么就需要把上面预训练阶段的 CNN 模型的最后一层给替换掉，替换成 $N+1$ 个输出的神经元，然后这一层直接采用参数随机初始化的方法，其他网络层的参数不变。

上面的操作对卷积神经网络的参数进行了优化，使用这个网络，给定一张图片，便可以将这张图片转化为一个向量表示的特征序列，而这个特征序列则将作为分类算法的输入来判断此图片是否为自爆绝缘子。判断某一个目标是否为自爆绝缘子是一个二分类问题。知道只有当 bounding box（在图像上使用图框对目标的标注）把整个自爆绝缘子都包含在内，那才称作正样本（请注意，这与上一步特征提取中的 IOU 设置不同）；如果 bounding box 没有包含到，那么就可以把它当作负样本。最后通过训练发现，如果选择 IOU 阈值为 0.3 效果最好，即当重叠度小于 0.3 的时候，我们就把它标注为负样本。一旦 CNN 特征被提取出来，那么将为每个物体类训练一个支持向量机（support vecton machine，SVM）分类器。当用 CNN 提取 2 000 个候选框，可以得到 2 000×4 096 这样的特征向量矩阵，然后只需要把这样的一个矩阵与 SVM 权值矩阵 4 096×N 点乘（N 为分类类别数目,因为我们训练的 N 个 SVM,每个 SVM 包含了 4 096 个权值 w),就可以得到结果了。

目标检测问题的衡量标准是重叠面积,许多看似准确的检测结果,往往因为候选框不够准确,重叠面积很小,故需要一个位置精修步骤。对每一类目标,使用一个线性脊回归器进行精修。输入为深度网络第五池化层的 4 096 维特征,输出为 x 和 y 方向的缩放和平移,这样便得到了更加准确的图框,进而得到完整的分类模型。

能够实现上述过程的算法为 Region-convolutional neural network(R-CNN),而 Fast RCNN 是对 RCNN 算法的提升,解决了 RCNN 方法 3 个问题:①解决了测试时速度慢的问题,在 RCNN 中一张图像内候选框之间大量重叠,提取特征操作冗余,而 Fast RCNN 将整张图像归一化后直接送入深度网络,在邻接时,才加入候选框信息,在末尾的少数几层处理每个候选框;②解决了训练时速度慢的问题,在训练时,Fast RCNN 先将一张图像送入网络,紧接着送入从这幅图像上提取出的候选区域,这些候选区域的前几层特征不需要再重复计算;③解决了训练所需空间大的问题,RCNN 中独立的分类器和回归器需要大量特征作为训练样本,而 Fast RCNN 把类别判断和位置精调统一用深度网络实现,不再需要额外存储。

Faster RCNN 是对 Fast RCNN 的一次显著优化,从 RCNN 到 Fast RCNN,再到 Faster RCNN,目标检测的 4 个基本步骤(候选区域生成,特征提取,分类,位置精修)被统一到一个深度网络框架之内。所有计算没有重复,完全在 GPU 中完成,大大提高了运行速度。Faster RCNN 可以简单地看作"区域生成网络+Fast RCNN"的系统,用区域生成网络代替 Fast RCNN 中的候选区域生成方法,解决了这个系统中的 3 个问题:①如何设计区域生成网络;②如何训练区域生成网络;③如何让区域生成网络和 Fast RCNN 网络共享特征提取网络。

(2) 候选区域提取算法。

候选区域提取算法的目的在于将原始图片分化出上千个区域,然后这每一个区域将会最终用于卷积神经网络的训练和测试上面。Selective search 策略是一种非常高效的目标区域生成算法,这个策略其实是借助了层次聚类的思想,将层次聚类的思想应用到区域的合并上面。假设现在图像上有 n 个预分割的区域,表示为 $R=\{r_1, r_2, \cdots, r_n\}$,计算每个 region 与它相邻区域(注意是相邻的区域)的相似度,这样会得到一个 $n \times n$ 的相似度矩阵(同一个区域之间和一个区域与不相邻区域之间的相似度可设为 NaN),从矩阵中找出最大相似度值对应的两个区域,将这两个区域合二为一,这时候图像上还剩下 $n-1$ 个区域;重复上面的过程(只需要计算新的区域与它相邻区域的新相似度,其他的不用重复计算),重复一次,区域的总数目就少1,直到最后所有的区域都合并成为同一个区域(此过程进行了 $n-1$ 次,区域总数目最后变成了1)。算法的流程图如图 2.28 所示。另外,在区域合并的时候 selective search 还考虑到了相似度问题,会将相似的区域优先合并起来,相似度问题考虑到了颜色(color)相似度、纹理(texture)相似度、大小(size)相似度和吻合(fit)相似度。

算法 1: 层次分组算法

Input: (彩色)图像
Output: 目标定位假设 L 的集合(区域集合)
使用 Fel&Hut (2004) 得到初始区域 $R = \{r_1, \ldots, r_n\}$
初始化相似度集 $S = \Phi$
For each 相邻的区域对 (r_i, r_j) **do**
　　计算 (r_i, r_j) 的相似度 $s(r_i, r_j)$
　　$S = S \cup s(r_i, r_j)$
End
While $S \neq \Phi$ **do**
　　得到最高的相似度值: $s(r_i, r_j) = \max(S)$
　　对相应区域进行合并: $r_t = r_i \cup r_j$
　　从 S 里面移除所有关于区域 r_i 的相似度: $S = S \backslash s(r_i, r_*)$
　　从 S 里面移除所有关于区域 r_j 的相似度: $S = S \backslash s(r_j, r_*)$
　　计算 r_t 与它相邻区域的相似度得到相似度集 S_t
　　更新相似度集: $S = S \cup S_t$
　　更新区域集: $R = R \cup r_t$
End
从所有的区域 R 中抽取目标定位 boxes: L

图 2.28　候选区域提取算法流程

(3)卷积神经网络(CNN)架构。

CNN 是一种前馈神经网络,它的人工神经元可以响应一部分覆盖范围内的周围单元,它对于大型图像处理有出色表现。CNN 与普通神经网络非常相似,它们都由具有可学习的权重和偏置常量(biases)的神经元组成。每个神经元都接收一些输入,并做一些点积计算,输出是每个分类的分数,普通神经网络里的一些计算技巧到这里依旧适用。卷积神经网络默认输入是图像,通过将图像的特定性质(如局部相关性和平移不变性)编码输入网络结构,可以提高前馈函数的效率,并减少模型参数的数量。一个卷积神经网络由很多层组成,它们的输入是三维的,输出也是三维的,有的层有参数,有的层不需要参数。卷积神经网络通常包含以下几层:①卷积层,卷积神经网络中的每层卷积层由若干卷积单元组成,每个卷积单元的参数都是通过反向传播算法优化得到的。卷积运算的目的是提取输入的不同特征,第一层卷积层可能只能提取一些低级的特征如边缘、线条和角等层级,更多层的网络能从低级特征中迭代提取更复杂的特征。②线性整流层(relulayer),这一层神经的活性化函数使用线性整流 $f(x) = \max(0, x)$。③池化层(pooling layer),通常在卷积层之后会得到维度很大的特征,将特征切成几个区域,取其最大值或平均值,得到新的、维度较小的特征。④全连接层(fully-connected layer),把所有局部特征结合变成全局特征,用来计算最后每一类的得分。AlexNet 是 CNN 的一个具体实现,把 CNN 的基本原理应用到很深很宽的网络中。AlexNet 主要使用到的新技术点如下。

成功使用 ReLU 作为 CNN 的激活函数,并验证其效果在较深的网络超过了 Sigmoid,成功解决了 Sigmoid 在网络较深时的梯度弥散问题。虽然 ReLU 激活函数在很久之前就被提出了,但是直到 AlexNet 的出现才将其发扬光大。

训练时使用 Dropout 随机忽略一部分神经元,以避免模型过拟合。Dropout 虽有单独的论文论述其原理,但是 AlexNet 将其实用化,通过实践证实了它的效果。在 AlexNet 中主要是最后几个全连接层使用了 Dropout。

在 CNN 中使用重叠的最大池化。此前 CNN 中普遍使用平均池化,AlexNet 全部使用最大池化,避免平均池化的模糊化效果。同时 AlexNet 中提出让步长比池化核的尺寸小,这样池化层的输出之间会有重叠和覆盖,提升了特征的丰富性。

提出了 LRN 层,对局部神经元的活动创建竞争机制,使得其中响应比较大的值变得相对更大,并抑制其他反馈较小的神经元,增强了模型的泛化能力。

使用 CUDA 加速深度卷积网络的训练,利用 GPU 强大的并行计算能力,处理神经网络训练时大量的矩阵运算。AlexNet 使用了两块 GTX580GPU 进行训练,因为单个 GTX580 只有 3GB 显存,这限制了可训练的网络的最大规模。因此将 AlexNet 分布在两个 GPU 上,在每个 GPU 的显存中储存一半的神经元的参数。因为 GPU 之间通信方便,可以互相访问显存,而不需要通过主机内存,所以同时使用多块 GPU 也是非常高效的。同时,AlexNet 的设计让 GPU 之间的通信只在网络的某些层进行,控制了通信的性能损耗。

数据增强。随机地从 256×256 的原始图像中截取 224×224 大小的区域(以及水平翻转的镜像),相当于增加了 2048 倍的数据量。如果没有数据增强,仅靠原始的数据量,参数众多的 CNN 会陷入过拟合中,使用了数据增强后可以大大减轻过拟合,提升泛化能力。取图片的 4 个角加中间共 5 个位置,并进行左右翻转,一共获得 10 张图片,对它们进行预测并对 10 次结果求均值。同时,AlexNet 相关论文中提到了会对图像的 RGB 数据进行 PCA 处理,并对主成分做一个标准差为 0.1 的高斯扰动,增加一些噪声,这个可以让错误率再下降 1%。

　　整个 AlexNet 有 8 个需要训练参数的层(不包括池化层和 LRN 层),前 5 层为卷积层,后 3 层为全连接层,如图 2.29 所示。AlexNet 最后一层是有 1 000 类输出的 Softmax 层用作分类。LRN 层出现在第 1 个及第 2 个卷积层后,而最大池化层出现在两个 LRN 层及最后一个卷积层后。ReLU 激活函数则应用在这 8 层每一层的后面。因为 AlexNet 训练时使用了两块 GPU,因此这个结构图中不少组件都被拆为了两部分。当 GPU 的显存可以放下全部模型参数时只考虑一块 GPU 的情况即可。

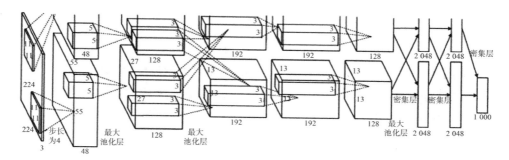

图 2.29　AlexNet 的网络结构

2. 实施方案 2:输电线路通道辅助巡视图像识别技术研究

　　输电线路通道的安全性决定了供电的可靠性,如若外源条件发生变化,对输电线路及其他设施造成威胁的情况下,应能够及时发现及时清除以保证损害不能发生,这要求我们的监控设备实时对输电通道的状况进行监测,并做到实时的视频分析,对目标检测及外物入侵进行高速的反馈。输电线路通道相关的异常状况包含了山火、冒烟、鸟巢和外破等,理应实时对诸如此类的状况进行目标检测,然而由于输电线路通道辅助巡视图像的特殊性,导致了前面所叙述的目标检测方法无法直接嫁接到此研究内容中作为解决方案。相对于输电本体来说,输电通道上如若发生山火和冒烟等外部变化时,变化的形式是多种多样的,这与输电本体性状较单一的特性有很大差异,这就要求以大量的图片样例作为学习的样本来训练模型,然而在实际状况中我们的样本量较少。针对样本量少的问题,为了对模型进行训练,提出两个解决方案:①使用图像技术对样本量进行扩充;②使用迁移学习方法基于少量样本对模型进行训练。所以,在本方案中将针对样本的扩充以及迁移学习来对模型进行补充训练。另外,对于通道辅助巡视图像识别对速度有比较严格的要求,所以需要在速度方面对学习算法进行约束,于是在本方案中还将开展工作来设计并使用运行速率相对较快的学习算法。如图 2.30 所示为输电线路通道辅助巡视图像目标检测技术路线。

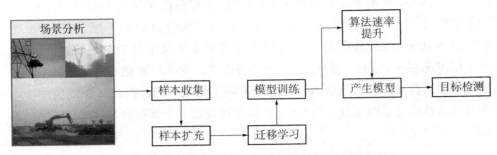

图 2.30 输电线路通道辅助巡视图像目标检测技术路线

1）输电线路通道辅助巡视图像识别场景研究

如图 2.31 所示，研究通道内吊车、塔吊、泵车等大型机械，彩钢板、风筝、塑料薄膜、气球等异物，烟雾、山火等环境的颜色、形状、纹理与空间特征，去除朝阳、夕阳、阴影、树木摆动、雨雪大雾天气等干扰因素，可提高算法的适用性，降低系统误报率。

图 2.31 输电线路通道辅助巡视图像示例

2）输电线路通道辅助巡视图像识别技术研究

图 2.32 展示了输电线路通道辅助巡视图像智能识别训练模型技术路线，首先样本扩充和迁移学习技术的使用解决了样本量不足导致卷积神经网络训练不足的情况，其次 YOLO 技术代替了 RCNN、Fast RCNN 和 Faster RCNN 等目标识别算法，提升了目标检测的效率。通过使用这些技术方法将有效解决山火、冒烟等输电线路通道辅助巡视图像识别问题。

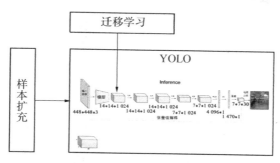

图 2.32　输电线路通道辅助巡视图像智能识别训练模型技术路线

（1）样本扩充。

深度学习的一大限制是，有的问题并没有大量的训练数据，而由于深度神经网络具有非常强的学习能力，如果没有大量的训练数据，会造成过拟合，训练出的模型难以实际应用。因此对于一些没有足够样本数量的问题，可以通过已有的样本，对其进行变化，人工增加训练样本。对于图像而言，常用的增加训练样本的方法主要有对图像进行旋转、移位等仿射变换，也可以使用镜像变换等。弹性变换算法最开始应用在手写体数字识别数据应用中，发现对原图像进行弹性变换的操作扩充样本以后，对于手写体数字的识别效果有明显的提升。当前也有很多人把该方法应用到手写体汉字的识别问题中，弹性变换是一种很普遍的扩充字符样本图像的方式。下面来详细介绍弹性变换算法流程：首先，需要对图像中的每个像素点产生两个 $[-1, 1]$ 之间的随机数，$\Delta x(x, y)$ 和 $\Delta y(x, y)$，分别表示该像素点的 x 方向和 y 方向的移动距离；其次，生成一个以 0 为均值，以 σ 为标准差的高斯核 KNN，并用前面的随机数与之做卷积，并将结果作用于原图像。这里提出 σ 的大小与弹性变换的处理结果息息相关，如果 σ 过小，则生成的结果类似于对图像每个像素进行随机移动，而如果 σ 过大，则生成的结果与原图基本类似。下面的操作结果以 KNN 的 n 和 σ 为变量，进行了实验，原图是 573×573 大小，产生的卷积结果实验结果 $\Delta x(x, y)$ 和 $\Delta y(x, y)$ 各自扩大了 100 倍 [因为 $\Delta x(x, y)$ 和 $\Delta y(x, y)$ 是 $[-1, 1]$ 的，如果不扩大的话基本看不出变化]，实验结果如图 2.33～图 2.35 所示。

图 2.33　$n=5$，$\sigma=4$，8，16 时

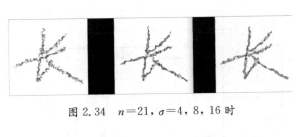

图 2.34　$n=21$，$\sigma=4$，8，16 时

图 2.35　$n=105$，$\sigma=4$，8，16 时

可以看出来，只有在 n 足够大（与要处理的图像相比），且 σ 大小合适时才能够到合适的扭曲图像，如图 2.35 所示，这里 $n=105$ 且 $\sigma=8$ 时比较合适。

（2）输电线路通道辅助巡视图像的迁移学习。

机器学习算法在挖掘研究中存在着一个关键的问题：一些新出现的领域中的大量训练数据非常难得到。传统的机器学习需要对各领域都标定大量训练数据，这将会耗费大量的人力与物力。没有大量的标注数据会使得很多与学习相关研究与应用无法开展。传统的机器学习假设训练数据与测试数据服从相同的数据分布。然而，在许多情况下，这种同分布假设并不满足。通常可能发生的情况如训练数据过期等。这往往需要我们去重新标注大量的训练数据以满足我们训练的需要，但标注新数据是非常昂贵的，需要大量的人力与物力。从另外一个角度上看，如果我们拥有大量的、在不同分布下的训练数据，完全丢弃这些数据是非常浪费的。如何合理利用这些数据就是迁移学习主要解决的问题。迁移学习可以从现有的数据中迁移知识，用来帮助将来的学习。迁移学习的目标是将从一个环境中学到的知识用来帮助新环境中的学习任务。因此，迁移学习不会像传统机器学习那样作同分布假设。迁移学习主要包含了以下 4 个方法。

a. 样本迁移。在源域中找到与目标域相似的数据，把这个数据的权值进行调整，使得新的数据与目标域的数据进行匹配。该方法的优点是操作简单，实现容易。缺点在于权重的选择与相似度的度量依赖经验，且源域与目标域的数据分布往往不同。

b. 特征迁移。假设源域和目标域含有一些共同的交叉特征，通过特征变换，将源域和目标域的特征变换到相同空间，使得该空间中源域数据与目标域数据具有相同分布的数据分布，然后进行传统的机器学习。该方法的优点是对大多数场景适用,效果较好。缺点在于难于求解,容易发生过适配。

c. 模型迁移。假设源域和目标域共享模型参数,是指将之前在源域中通过大量数据训练好的模型应用到目标域上进行预测,比如利用上千万的图像来训练好一个图像识别的系统,当我们遇到一个新的图像领域问题的时候,就不用再去找几千万个图像来训练了,只需要把原来训练好的模型迁移到新的领域,在新的领域往往只需几万张图片就够,同样可以得到很高的精度。该方法的优点是可以充分利用模型之间存在的相似性。缺点在于模型参数不易收敛。

d. 关系迁移。假设两个域是相似的,那么它们之间会共享某种相似关系,将源域中逻辑网络关系应用到目标域上来进行迁移,比如生物病毒传播到计算机病毒传播的迁移。

(3)适用于输电线路通道辅助巡视图像识别的高效率算法。

YOLO 技术将物体检测作为回归问题求解,基于一个单独的端到端网络,完成从原始图像的输入到物体位置和类别的输出。从网络设计上,YOLO 与 RC-NN、Fast RCNN 及 Faster RCNN 的区别如下:首先,YOLO 训练和检测均是在一个单独网络中进行;其次,YOLO 没有显示地求取区域提取过程,而 RCNN/Fast RCNN 采用分离的模块求取候选框,训练过程因此也是分成多个模块进行,尽管 Faster RPN 与 Fast RCNN 共享卷积层,但是在模型训练过程中,需要反复训练 RPN 网络和 Fast RCNN 网络;另外,YOLO 将物体检测作为一个回归问题进行求解,输入图像经过一次推理,便能得到图像中所有物体的位置和其所属类别及相应的置信概率,而 RCNN/Fast RCNN/Faster RCNN 将检测结果分为物体类别和物体位置预测两部分求解。

YOLO 检测网络包括 24 个卷积层和 2 个全连接层。YOLO 网络借鉴了 GoogleNet 分类网络结构。不同的是,YOLO 未使用 inception module,而是使用 1×1 卷积层(此处 1×1 卷积层的存在是为了跨通道信息整合)。YOLO 将输入图像分成 $S \times S$ 个格子,每个格子负责检测落入该格子的物体。若某个物体的中心位置的坐标落入到某个格子,那么这个格子就负责检测出这个物体。每个格子输出 B 个 bounding box(包含物体的矩形区域)信息,以及 C 个物体属于某种类别的概率信息。

Bounding box 信息包含 5 个数据值,分别是 x、y、w、h 和 confidence。其中 x,y 是指当前格子预测得到的物体的 bounding box 的中心位置的坐标。w,h 是 bounding box 的宽度和高度。注意:实际训练过程中,w 和 h 的值使用图像的宽度和高度进行归一化到 $[0, 1]$ 区间内;x、y 是 bounding box 中心位置相对于当前格子位置的偏移值,并且被归一化到 $[0, 1]$。

Confidence 反映当前 bounding box 是否包含物体以及物体位置的准确性,

计算方式为：confidence＝P(object)，若 bounding box 包含物体，则 P(object)＝1；否则 P(object)＝0。IOU 为预测 bounding box 与物体真实区域的交集面积，以像素为单位，用真实区域的像素面积归一化到[0，1]区间。

因此，YOLO 网络最终的全连接层的输出维度是 $S \times S \times (B \times 5 + C)$。YOLO 相关论文中，作者训练采用的输入图像分辨率是 448×448，$S = 7$，$B = 2$；采用 VOC20 类标注物体作为训练数据，$C = 20$。因此输出向量为 $7 \times 7 \times (20 + 2 \times 5) = 1470$ 维。YOLO 具有如下优点：①速度快。YOLO 将物体检测作为回归问题进行求解，整个检测网络 pipeline 简单。在 TITAN X GPU 上，在保证检测准确率的前提下(63.4% mAP，VOC 2007 test set)，YOLO 可以达到 45 fps (1 fps＝0.304 m/s) 的检测速度。②背景误检率低。YOLO 在训练和推理过程中能"看到"整张图像的整体信息，而基于 region proposal 的物体检测方法(如 RCNN/Fast RCNN)在检测过程中，只"看到"候选框内的局部图像信息。因此，若当图像背景(非物体)中的部分数据被包含在候选框中送入检测网络进行检测时，容易被误检测成物体。实验测试证明，YOLO 对于背景图像的误检率低于 Fast RCNN 误检率的一半，通用性强。

2.3 ▶ 典型机电设备三维实景重构技术

随着电力行业的快速发展，新产品开发速度加快、产品种类和数量迅速增加，传统的装配技能培训方式已无法满足需求，且开始影响新产品的研发与生产，其弊端主要反映在如下几个方面。

(1) 对于那些结构复杂、零部件数量较多、加工精度高的产品，如飞机、船舶、火箭等产品，在生产装配过程中，工人的装配经验少之又少，且由于产品的成本高、产量少，难以开展有实际零件的装配训练。

(2) 训练过程中设备、零件的损耗大，训练成本高。

(3) 虽然产品的成本不高，但需要大量的劳动力完成装配工作，传统的培训手段，难以提供大量的零件实物和场地来满足培训工作。

(4) 一些只能在室外进行的装配训练，受到天气环境的制约，遇到雨、雪、大风等状况时，无法开展训练。

(5) 因距离遥远，无法对装配工人进行现场指导、训练。

(6) 通常局限于单体设备的安装培训，在培训过程中不能有效兼顾周围设备的分布对该设备安装所造成的影响。

为解决传统的以实际装配操作为主的技能培训方式的不足，必须开发一种新的、高效的装配培训手段。

通过研究抽水蓄能电站典型机电设备的三维实景重构方法,可为虚拟装配提供同真实场景完全相同的设备模型,实现单体设备组装以及不同设备间安装时的完美协调,突破传统局限于单体设备装配培训的情况,提高培训效果。

三维实景重构、虚拟装配作为传统装配与计算机技术相结合的产物,在机械制造、设备维护、维修、工人技术培训等领域都有着广阔的应用前景。通过开发一套抽水蓄能电站典型机电设备装配培训系统,可使操作者在系统中了解设备零件,通过鼠标、键盘控制零件移动,自行选择装配顺序与路径,完成设备安装,该系统对于实际生产、工人技能培训具有重要意义。

(1) 对装配工作现场的指导。

通过构建典型机电设备的三维实景模型,可自行选择装配顺序与路径,从而可以兼顾到单个设备安装对整个设备区域的影响,实现了从单体到整体的提升,有助于增强培训效果。

利用计算机仿真和虚拟装配技术,将装配工艺以三维动画的可视化方式展现出来,能够以一种直观、生动、细致的方式对装配工艺进行描述,从而达到提高效率的目的。

(2) 对工人技能培训的意义。

虚拟装配培训,是将虚拟的零件模型和直接操作的方式相结合,装配工人能够在虚拟的环境里观察零件,直接对零件的位置和姿态进行操作,有效促进了对装配任务的理解和感知。由于虚拟装配系统是运行在计算机平台上的,反复的装配练习不会产生设备损耗,也不会增加培训成本。丰富、良好的人机交互,能随时给操作者提供指导和帮助,同时还能对受训者的装配过程进行考核和评价。与传统的装配训练相比,虚拟装配培训能显著增强培训的效果,提高实际产品的装配效率和质量。

通过电网设备三维实景重构技术可实现抽水蓄能电站典型设备数字化、智能化装配,为设备装配安全、运行安全、精细化管理提供技术支撑,为电网安全、可靠运行提供保障,具有良好的应用前景。

1. 国内虚拟装配技术的研究

国内虚拟装配的研究尚处于起步阶段。由于它的潜在前景,近几年来,已经引起了政府有关部门和科学界的重视,并开展了很多研究工作,据不完全统计,目前全国已有超过 34 家科研机构、高等院校和企业正在开展相关技术方面的研究,其主要集中在高校。虽然国内关于虚拟装配技术的研究起步较晚,但发展较快,取得了不少研究成果,并提出了许多有价值的新理论和新方法。

清华大学国家工程技术研究中心是在国内率先开展虚拟装配研究开发的单位之一,多年来已在面向装配设计、装配建模、装配顺序与路径规划、装配过程仿真、装配资源建模等方面做了较为深入的探索,并基于 CAD 软件平台 Pro/EN-GINEER 开发实现了一个虚拟装配支持系统(virtual assembly support system, VASS)。利用该系统可在产品设计阶段基于三维实体模型的试拆卸仿真,生动直观地分析、验证与改善产品的可装配性,进行产品及其部件的装配工艺规划,生成对实际装配操作具有指导意义的装配工艺文件。

上海交通大学的庄晓等人提出虚拟环境中"堆积木"式的快速产品装配建模方法,使设计人员可以方便地进行系统结构设计、修改,专注于产品功能的实现,介绍了与此方法相适应的配合约束的识别方法,提出"零件偏置体"的概念提高识别效率,并以关系图的方式记录识别到的配合约束关系,最终形成约束驱动的产品装配模型。

哈尔滨工业大学机械系在机构的三维运动仿真方面进行了不少研究,他们使用开发的机构三维仿真软件成功地模拟出了一些常用机构的运动状态,并在此基础上加入了一些计算机辅助设计和分析的功能。

2. 国外虚拟装配技术的研究

国外虚拟装配技术的研究起步于 20 世纪 90 年代中期,由于政府及工业界对其支持力度比较大,加之研究的基础条件比较好,因此发展势头相当迅猛。特别是近年来,许多工业发达国家均着力于虚拟制造的研究与应用。

美国华盛顿州立大学 VRCIM 实验室与美国国家标准与技术研究所 NIST 合作开发沉浸式虚拟装配设计环境(virtual assembly design environment, VA-DE),其目的是通过生成用于装配规划和评价的虚拟环境,探索产品设计中运用虚拟现实技术的可能性。

希腊帕特雷(Patras)大学制造系统实验室 Chryssofouris 等开发了虚拟装配工作单元(virtual assembly work cell),其嵌入了人机工程学模型以及功能。研究人员在该系统下进行了快艇螺旋桨的装配,以此为例对影响装配时间的因素(如装配者的力量、工作单元布局等)进行了分析,并建立了半经验式的时间模型,目前国内尚没有关于这一方面的研究。

日本的 N. Abe 等人开发了机械零件装配性验证和装配机器可视化系统,支持基于 CATIA/CAA 平台的虚拟装配路径规划研究,设计人员在虚拟环境中进行装配分析和性能评估,初学者在装配机器时可进行系统的操作训练。

德国比勒费尔德(Bielefeld)大学人工智能与虚拟现实实验室将虚拟现实交互技术与人工智能技术相结合,开发出基于构造工具箱(construction kits)概念的一个虚拟装配系统 CODY。CODY 是基于知识的、三维的虚拟装配系统,它允许设计人员在虚拟环境中直接通过三维操作或简单的人机对话与系统互动,利用标准的机械零件构造复杂的装配产品。

综上所述,目前国内外在虚拟装配系统方面的研究主要集中在机械、船舶、航空等领域,在电力行业当中尚处于起步阶段。此外,目前该方面的研究中,装配对象均局限于单个设备或产品上,如螺旋桨的组装、单个机器的安装组合等,忽略了单个设备装配过程中同周围其他设备之间的空间、功能等方面的联系。通过构建设备的三维实景模型,可有效还原单个设备以及多个设备之间的连接关系,有效实现设备单体以及多个设备间的装配模拟。因此,研究抽水蓄能电站典型机电设备三维实景重构及其在装配培训中的应用是有必要的。

3. 电力系统仿真培训的研究进展

电力系统仿真培训是提高电力系统操作,维护人员技术水平和个人素质的重要手段,对于保证电力系统安全、稳定和高效运行非常重要。在电力培训方面,技术的发展先后经历了不同的发展阶段。在早期,为了实现人员培训和教学演练,采用了仿真盘台的方式;该仿真培训方式较为直接,但是随着设备的发展、升级,培训装置和真实的输变电设备在形式上会出现显著差异,或出现互不兼容现象,会使培训的效果降低。电力系统的运行维护操作就具有特殊性,对操作正确性的要求非常高,一般不允许出现重大的操作失误;否则,所带来的损失将非常巨大。所以对于复杂的操作流程和高难度的操作技能,需要通过反复的操作训练来提高从业人员的技能水平。当前,随着虚拟现实技术的发展,使用虚拟现实方式对从业人员进行培训和考核是一个主要的发展趋势。

虚拟现实技术在电力仿真和培训方面具有不可替代的作用,其发展将越来越快;基于虚拟现实的仿真培训系统在节省培训资金投入的同时还可降低培训过程中的危险,可把系统中各个环节有机地联系起来,作业人员可以对设备进行多层次的、多角度的观测和体验。可以进入设备的每个结构空间,深入了解其组成和工作原理,获得许多即使通过现场实际训练和操作都无法获得的信息。此外,虚拟现实技术在电力仿真和培训较为灵活,模型、数据、信息和交互方式的配置可根据需要设计、建造、扩展、补充或组合。

电力系统仿真培训的研究进展主要涉及三维实景建模技术、仿真技术、虚拟装配技术三个方面的内容。

1) 三维实景建模技术

三维实景建模技术代表了数字化领域的一项革命性进展,它通过精密的设备采集现实世界中物体或场景的三维数据,包括空间尺寸、形状、特征,以及色彩纹理等信息。这一过程通常开始于使用三维激光扫描仪或高清摄影测量技术,这些设备能够捕捉物体表面的每一个微小细节,生成密集的点云数据。随后,这些原始数据会经过专业软件的预处理,以消除噪声、填补空洞、优化数据结构,确保数据的准确性和可用性。

在点云数据的基础上,三维建模软件进一步进行三维重建,这涉及根据点云构建物体的几何网格,恢复其形状和结构。重建过程中,软件会利用复杂的算法,如表面重建算法或体积重建算法,来生成尽可能平滑且与原物体一致的表面。完成几何重建后,接下来的步骤是纹理映射,这一步骤通过将实际拍摄的物体表面的高分辨率图像映射到重建的三维网格上,为模型添加逼真的色彩和纹理细节。

为了进一步提升模型的质量和实用性,模型优化是不可或缺的环节。这包括简化模型的复杂度、优化网格结构、调整纹理映射的准确性,甚至可能涉及对模型进行物理属性的模拟,以确保在虚拟环境中的表现与现实世界中的行为一致。此外,三维实景模型还可以进行光照和阴影的模拟,进一步增强其真实感。

三维实景建模技术的应用范围极其广泛,它在城市规划和建筑设计中发挥着重要作用,可帮助设计师和决策者更直观地评估和展示项目方案;也在游戏开发和电影制作中扮演着关键角色,为创作者提供了丰富的视觉元素和逼真的虚拟环境;在工业设计和制造领域,三维实景模型使得产品在生产之前就能进行详尽的测试和验证,这大大缩短了产品研发周期并降低了成本。

随着技术的不断发展,三维实景建模正变得更加自动化和智能化。例如,人工智能和机器学习算法的应用,使得点云的处理和三维重建更加快速和精确。同时,随着计算能力的提高和存储技术的进步,处理大规模点云数据变得更加可行,使得三维实景建模技术可以应用于更广泛的场合,包括对大型场景或复杂结构的建模。

三维实景建模技术的发展,不仅极大地推动了相关行业的数字化转型,还为虚拟现实、增强现实等新兴技术提供了强有力的支持。通过构建与实际物体完全一致的三维实景模型,我们能够实现更加丰富和真实的虚拟体验,它无论是在教育、展览、娱乐还是专业训练中,都有着巨大的应用潜力。未来,随着技术的不断完善和创新,三维实景建模技术将为我们打开一个全新的数字世界,让我们以前所未有的方式探索和理解我们周围的环境。

2) 仿真技术

仿真技术,特别是虚拟现实(virtual reality, VR)技术,是基于 Gibson J. J. 的直接知觉理论发展起来的,旨在创造一个能够模拟人类多种感官体验的交互环境。这种技术的核心目标是实现一个全方位、多通道的交互系统,使用户能够通过视觉、听觉、触觉、嗅觉、味觉以及方向感等多种感官与虚拟环境进行自然而直观的交流。

根据 Gibson J. J. 创立的直接知觉理论,虚拟现实系统要实现"以人为本、多元性、智能性、高效性、自由性、沉浸性"6 个特征,应该能支持用户进行视觉、听觉、触觉、嗅觉、味觉和方向感等多通道的和谐交互。

多通道交互(multi-mutual interaction)是一种使用多种通道与计算机通信的

人机交互方式。它既适应了"以人为中心"的自然交互准则,又推动了互联网时代信息产业快速发展。通道涵盖了用户表达意图、执行动作或感知反馈信息的各种通信方式,如言语、眼神、脸部表情、唇动、手动、头动、肢体姿势、触觉、嗅觉或味觉等。与基于鼠标、键盘和视窗等传统的交互方式不同,虚拟现实提供了一种多通道人机交互方式。它将复杂场景进行三维可视化,给用户呈现立体的交互环境。它提供类似于现实世界的视觉、听觉、触觉等多种反馈,使用户有身临其境的感觉。

在虚拟现实系统中,视觉交互是通过立体渲染技术实现的,它能够呈现深度和空间关系,使用户感觉自己真正处于一个三维空间之中。听觉交互则通过三维音频技术,模拟声音的方向和距离,增强用户的沉浸感。触觉交互通过特殊的手套或服装,能够提供压力、震动或温度等触觉反馈。嗅觉和味觉交互相对较新,但正在发展中,未来可能通过特定的气味释放器或味觉刺激器来实现。

与基于鼠标、键盘和视窗的传统交互方式相比,虚拟现实技术提供了一种全新的多通道人机交互方式。在虚拟现实环境中,用户可以通过手势、头部动作、眼神追踪等自然动作来执行操作,这些动作将被传感器捕捉并转化为虚拟环境中的相应动作。同时,用户接收到的反馈也是多感官的,包括视觉场景的变换、声音的响应,以及触觉的震动等。

虚拟现实系统通过三维可视化技术,将复杂场景转化为用户可以直观理解的立体图像,极大地提高了信息的表现力和交互的直观性。这种技术在游戏、教育、训练、设计验证、医疗模拟等多个领域都有广泛的应用。

此外,虚拟现实技术还具有高效性和自由性的特点。高效性体现在用户可以快速地在虚拟环境中进行操作和决策,而自由性则允许用户在没有物理限制的情况下自由探索和交互。沉浸性是虚拟现实技术的另一个重要特征,它使用户在使用过程中产生强烈的身临其境之感,仿佛真正存在于虚拟世界之中。

随着技术的不断发展,仿真技术正变得更加智能化和个性化。人工智能的集成使得虚拟环境中的交互更加自然和流畅,而机器学习算法的应用则可以根据用户的行为和偏好来优化交互体验。未来,仿真技术将不断推动人机交互的边界,为用户提供更加丰富和真实的虚拟体验。

3) 虚拟装配技术

虚拟装配技术是一种先进的计算机辅助设计(CAD)和计算机辅助制造(CAM)技术,它允许工程师和设计师在虚拟环境中模拟和测试装配过程。这种技术基于多元化的信息化手段,包括模型构建、空间跟踪、声音定位、视觉跟踪和视点感应等关键技术,以实现高度真实感的虚拟装配体验。

模型构建是虚拟装配系统的基石,它涉及创建精确的三维模型,这些模型代表了将要被装配的部件和组件。通过使用三维建模软件,可以生成具有详细几何形状和物理属性的模型,为后续的装配提供基础。

空间跟踪技术确保了用户在虚拟环境中的移动和操作能够被系统准确捕捉和反映。这种技术通常使用外部传感器或内置于设备中的传感器来跟踪用户的位置和姿态。

声音定位和视觉跟踪增强了用户的沉浸感,使得用户能够通过听觉和视觉感知虚拟环境中的相对位置和方向。这为用户判断部件之间的空间关系提供了重要线索。

视点感应技术允许系统根据用户的视角调整显示的图像,确保用户能够从最佳角度观察装配过程。

虚拟装配系统的目的是在计算机上生成一个与现实世界相映射的虚拟装配环境。这个环境通过外部传感器与真实世界相连,能够接收用户的操作指令,并将操作数据和反馈信息实时输入到系统中。系统能够将视觉效果、听觉效果、受力效果和触觉效果传输给用户,实现用户与虚拟环境之间的交互,使用户感受到身临其境的体验。

在虚拟装配环境中,用户可以完成以下任务。

虚拟装配建模:在虚拟环境中构建装配模型,包括各个部件的几何形状、尺寸和配合关系。

虚拟装配序列规划:确定装配的顺序和步骤,以确保装配过程的合理性和效率。

路径规划:为装配操作规划精确的运动路径,避免干涉和碰撞。

装配过程仿真:模拟装配过程,验证装配方案的可行性。

装配结果分析:评估装配结果,识别潜在的问题和改进方向。

上述虚拟装配技术的应用可以显著提高产品设计和制造的效率,减少原型制作的成本,缩短产品开发周期。通过在虚拟环境中测试不同的装配方案,工程师可以优化产品设计,提高装配质量,降低生产风险。

随着技术的发展,虚拟装配系统正变得更加智能化和自动化。集成了人工智能和机器学习算法的系统能够预测装配过程中可能出现的问题,并提出解决方案。此外,随着虚拟现实(VR)和增强现实(AR)技术的应用,虚拟装配系统将提供更加沉浸式和直观的用户体验。

总之,三维实景建模技术、仿真技术虚拟装配技术都是数字化制造领域的重要技术,它们通过多元化的信息化手段,为用户提供了一个高度交互和沉浸式的仿真环境。随着技术的不断进步,虚拟装配技术将在未来的电网系统仿真培训中发挥更加关键的作用。

第**3**章　变电站三维虚拟仿真技术

3.1 ▶ 虚拟仿真测试技术及虚拟场景搭建

虚拟仿真测试的优势在于它能够快速且多次重复实验,同时模拟复杂的极端危险工况,以此来验证算法的各项性能。它还能评估算法在危险情况下的处理能力及相关特殊任务的完成程度。虚拟仿真测试是一种相对低成本的、针对算法逻辑的测试,不影响电网节点的安全生产,同时能够模拟一些实际中难于模拟的极端情况,此处虚拟仿真测试可以细分为两种测试,一种为基于虚幻引擎等构建的纯虚拟环境,另一种为基于实际采集与标定的数据进行回放测试。如图 3.1 所示为电网设备虚拟仿真测试技术整体架构。

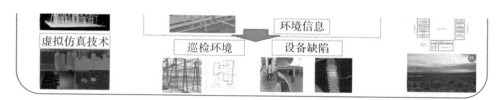

图 3.1　电网设备虚拟仿真测试技术整体架构

3.1.1　虚拟仿真技术

（1）高逼真场景建模技术。

如图 3.2 所示的场景创建是基于 Unreal 引擎及其编辑器实现的,在运用 Unreal Engine 4 创建场景时,主要问题是在模型的建立与模型材质纹理的建立与使用上。对于建立一般的场景,通常可以直接使用 Unreal 商城中的已有模型工程文件,将其导入开发者新建的项目中。由于本项目搭建的平台具有虚实结合的特性,所以在建立模型时需要使用真实路段的模型。在进行场景编辑时,我们需要得到选取路段的三维高精度地图的 3DMax 模型,通过 3DMax 模型编辑软件将原始贴图剥离，并将模型单位统一设置为厘米。

图 3.2　虚拟变电站三维模型

（2）传感器建模技术。

该仿真平台拥有多种模态传感器的仿真模型，包括相机、GNSS、IMU、激光雷达、毫米波雷达等，能够在这些传感器的仿真中按照测试仿真的需求，选择纯仿真和硬件在环仿真等模式。

（3）无人设备（无人机、机器人）建模技术。

为了定制化用户的无人设备仿真需求，可通过扫描用户所需的无人设备类型，进行无人设备模型的重建。通过激光雷达扫描得到的点云信息，得到无人设备的几何细节模型。并通过相机等传感器采集的图像信息，获得车辆的纹理贴图，并在无人设备建模中赋予所建的车辆模型。

（4）环境气候仿真技术。

在各种环境条件下，各传感器，尤其是视觉传感器的定位和感知效果应该会有较大的差异。而在实际采集数据时，在相同场景中采集不同天气光照等环境条件下的不同数据较为耗时，也存在一定的危险性（如极端天气环境）。故搭建仿真平台时需要能够设置场景的天气等环境条件。

依托于物理渲染引擎的级联粒子系统以及雾特效，使得仿真场景中的各种天气环境渲染效果更加逼真。

（5）典型电力应用场景搭建技术。

基于上述的各种虚拟仿真的核心测试技术部件，构建可靠的虚拟仿真平台，在上述内容基础上已经可以完成与真实场景下同等的各类通用的定位导航算法测试、环境感知算法测试、规划控制算法测试、算法稳定性测试等内容。在此基础上可构建典型电力应用场景，设定相应的具体任务，并以任务的达成率来评价相应的算法性能。

3.1.2 虚拟测试场景搭建

虚拟测试场景要素可分为机器人/无人机自身要素和外部环境要素两大部分。机器人/无人机自身要素包括机器人/无人机自身基础属性,位置信息、运动状态信息及任务信息等。外部环境要素包括道路、变电站内设备、障碍物、气象(光照条件以及天气情况)。

三维实景建模技术主要通过采集建模对象实景点云数据来获取对象的空间尺寸、三维坐标、纹理等数据信息,并以此为参考构建与实际物体完全一致的三维实景模型,为虚拟仿真测试技术提供模型基础。首先需要获得所需的三维模型,如变压器、GIS 等,将其导入 OpenGL。再根据先前得到的导线和变压器以及环境的数学模型,编写仿真计算的程序,并输入相关的参数,例如变压器的模型、导线的杨氏模量、粗细、固有扭转刚度、线路的安全距离、树木的相关参数、风的大小、方向等。在调用程序得到结果后,输出画面。另外,可以采用 OpenGL 中的双缓存技术(先在内存中生成下一幅图像,然后把已经生成的图像从内存中显示到屏幕上的一种技术)使所有的画面看起来是连续的。

在虚拟测试中提出了电网运行环境的复现技术,包括自然环境和人为环境。将依托于物理渲染引擎的级联粒子系统以及雾特效,使得仿真场景中的各种天气环境渲染效果更加逼真。由于在各种环境条件下各传感器的感知效果,尤其是视觉传感器的定位和感知效果应该是会有较大差异的,因此在环境复现时,在相同场景下能够设置不同的天气等环境条件,从而使得测试传感器能够采集不同天气光照等环境条件下的不同数据。

模拟的天气情况类型有以下几种。

雪天:检查导线覆冰及设备端子、接头处落雪有无特殊融化,套管、绝缘子上是否有冰溜,积雪是否过多,有无放电现象。

大风:检查母线及引线的摆动是否过大,端头是否松动,设备位置有无变化,设备上及周围有无杂物。

雷雨后:套管、绝缘子、避雷器等瓷件有无外部放电痕迹,有无破裂损伤现象,避雷器、避雷线、避雷针的接地引下线有无烧伤痕迹,并记录避雷器放点记录器的动作次数。

雾、露、小雨及雨后:检查设备接点及导线有无发红过热现象及热气流现象。

高峰负荷期:检查设备接点及导线有无发红过热现象及热气流现象。

气温突变:检查注油设备的油位和导线弧度有无变化,变压器、油断路器、电容器的套管有无变化,各开关电器是否在良好状态。

下面介绍设备缺陷的复现技术。

　　设备缺陷的复现技术包括对外观缺陷和绝缘缺陷的复现。通过对激光扫描数据、双目视觉数据进行三维重构,将激光扫描成像后的高精度的三维数据和低精度的双目视觉三维数据进行融合,实现通道内三维数据的动态获取是动态仿真技术的基础。双目立体视觉(binocular stereo vision)是计算机视觉的一种重要形式,它根据视差原理,利用摄像机等成像设备从两个不同的角度获取同一场景的两幅图像,通过计算对应点的位置偏差,从而获取物体的深度信息。

　　图 3.3 和图 3.4 所示为不同天气环境下和不同光照条件下的变电站模拟场景。

(a)　　　　　　　　　　　　　　　　(b)

图 3.3　不同天气环境下的变电站模拟

(a)晴天时的变电站环境模拟;(b)雨天时的变电站环境模拟

(a)　　　　　　　　　　　　　　　　(b)

图 3.4　不同光照条件下的变电站模拟

(a)黄昏时变电站环境模拟;(b)正午时变电站环境模拟

　　空间任意一点 P 在图像上的成像关系可以用针孔模型近似表示,即任意一点 P 与光心 O 的连线与图像平面的交点 p',就是空间点在图像上的投影位置。由比例关系如下

$$x = \frac{f X_c}{Z_c} \tag{3-1}$$

$$y = \frac{fY_c}{Z_c} \tag{3-2}$$

式中，(x, y) 为 P 点的图像坐标；(X_c, Y_c, Z_c) 为空间点 P 在摄像机坐标系下的坐标。上述透视投影关系用矩阵和齐次坐标表示为

$$Z_c \begin{bmatrix} x \\ y \\ 1 \end{bmatrix} = \begin{bmatrix} f & 0 & 0 & 0 \\ 0 & f & 0 & 0 \\ 0 & 0 & 1 & 0 \end{bmatrix} \begin{bmatrix} X_c \\ Y_c \\ Z_c \\ 1 \end{bmatrix} \tag{3-3}$$

图像中任意一个像素在以像素为单位的图像坐标系和以毫米为单位的图像坐标系的转换关系如下：

$$\begin{bmatrix} u \\ v \\ 1 \end{bmatrix} = \begin{bmatrix} \dfrac{1}{dx} & 0 & u_0 \\ 0 & \dfrac{1}{dy} & v_0 \\ 0 & 0 & 1 \end{bmatrix} \begin{bmatrix} x \\ y \\ 1 \end{bmatrix} \tag{3-4}$$

若空间中任意一点 P 在世界坐标系与摄像机坐标系下的齐次坐标分别表示为 $[X_w, Y_w, Z_w, 1]^T$ 与 $[X_c, Y_c, Z_c, 1]^T$，则它们的关系可表示为

$$\begin{bmatrix} X_c \\ Y_c \\ Z_c \\ 1 \end{bmatrix} = \begin{bmatrix} R & t \\ 0^T & 1 \end{bmatrix} \begin{bmatrix} X_w \\ Y_w \\ Z_w \\ 1 \end{bmatrix} = M_1 \begin{bmatrix} X_w \\ Y_w \\ Z_w \\ 1 \end{bmatrix} \tag{3-5}$$

得到 P 点的世界坐标与其投影点 p 的图像坐标 (u, v) 的关系

$$Z_c \begin{bmatrix} u \\ v \\ 1 \end{bmatrix} = \begin{bmatrix} \dfrac{1}{dx} & 0 & u_0 \\ 0 & \dfrac{1}{dy} & v_0 \\ 0 & 0 & 1 \end{bmatrix} \begin{bmatrix} f & 0 & 0 & 0 \\ 0 & f & 0 & 0 \\ 0 & 0 & 1 & 0 \end{bmatrix} \begin{bmatrix} R & t \\ 0^T & 1 \end{bmatrix} \begin{bmatrix} X_w \\ Y_w \\ Z_w \\ 1 \end{bmatrix}$$

$$= \begin{bmatrix} \alpha_x & 0 & u_0 & 0 \\ 0 & \alpha_y & v_0 & 0 \\ 0 & 0 & 1 & 0 \end{bmatrix} \begin{bmatrix} R & t \\ 0^T & 1 \end{bmatrix} \begin{bmatrix} X_w \\ Y_w \\ Z_w \\ 1 \end{bmatrix} = M_1 M_2 X_w = M X_w \tag{3-6}$$

其中，$\alpha_x = \dfrac{f}{\mathrm{d}x}$，$\alpha_y = \dfrac{f}{\mathrm{d}y}$；$\boldsymbol{M}$ 为 3×4 矩阵，称为投影矩阵；M_1 完全由内部参数 α_x、α_y、μ_0、ν_0 决定；M_2 则由摄像机相对于世界坐标系的方位决定，是摄像机的外部参数。

通过可见光、红外、激光点云等方式拍摄或扫描变电站和输电线路的不同类型设备缺陷，进行设备模型构建；通过不同位置拍摄的图像信息、激光雷达扫描得到的点云信息，得到设备的几何细节模型；通过相机等传感器采集的图像信息，获得设备的纹理贴图，并在设备建模中赋予所建的设备模型，由此能够得到不同的设备模型，最终实现较好的检测效果。

当前，成像系统以可见光成像、红外热像测温、紫外放电、音频智能传感监测为主，其中可见光成像检测具备分辨率高和纹理细节丰富的特性，其他传感器则具备检测其他波段状态信息并以二维形式展示的特性。基于上述特性分析，我们提出了如图 3.5 所示的全自动化多源异构数据空间合成与立体展示方法框架。该框架包括三个环节：设备网格模型重建、数据配准与变换和数据立体展示。

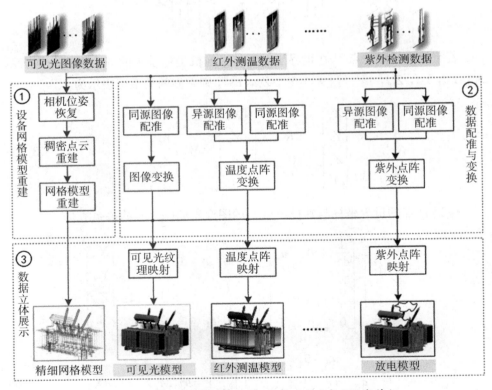

图 3.5　通过数据空间合成和立体展示方法复现设备特征

利用该框架进行数据空间合成和立体展示时,仅须输入设备对应的多源异构数据,上述三个环节便会自动对数据进行处理,后续工作无须人工参与。其中各环节主要功能描述如下。

(1) 设备网格模型重建:考虑到当前大多监测设备都装配有单目可见光数码相机,因此该框架利用单目可见光三维重建技术,从可见光图像序列中自动匹配图像,并计算出相机拍摄位姿以及设备空间位置,最后重建出精细的设备三维网格模型。该模型将作为后续设备状态数据立体展示的模型基础。

(2) 数据配准与变换:使用异源图像配准方法自动建立同一设备可见光、紫外、红外等多波段监测图像的空间关联关系,并根据该空间关联关系将多波段图像变换到与可见光图像相同的尺度和视角下。将变换后的数据用于立体展示环节中的模型纹理映射,以解决紫外和红外等检测图像分辨率低、缺乏纹理细节而无法直接进行三维重建的问题。此外,使用同源配准方法匹配某月或某日内不同时段或不同巡检轮次捕获的设备状态监测数据,得到不同时间下的状态数据之间的匹配关系。

(3) 数据立体展示:利用纹理映射方法将变换后的异源和同源数据自动映射到可见光精细三维网格模型中,为网格模型赋予可视化纹理信息,以实现异构数据的立体展示,提高设备多源异构状态数据的直观性,以方便后期设备状态仿真分析,以及运行人员观测不同时间下的电力设备状态变化。

最终可复现的设备缺陷包含外观缺陷、过热缺陷等,如图 3.6 所示。

图 3.6　温度、开关分合等设备状态

3.1.3　虚拟测试技术

虚拟仿真测试技术研究架构如图 3.7 所示,主要针对电网中智能装备的定位导航和环境感知、设备缺陷识别的相关算法模块在虚拟环境中进行定位性能、导航规划性能、环境感知性能、设备缺陷识别的测试,以及一些复杂工况危险情况下的安全处理能力,评估虚拟仿真测试技术能否通过模拟气象(光照条件和天气)实现机器人的特殊巡检。

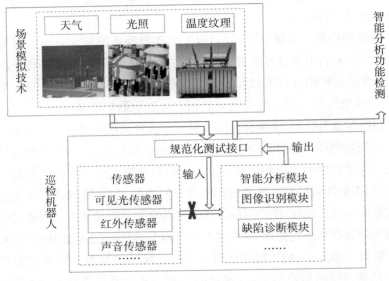

图 3.7　虚拟仿真测试架构

3.2 ▸ 虚拟场景测试场搭建

在没有足够真实场景为实验进行测试时,我们可以将真实的场景一比一复刻到由 Epic Games 开发的 Unreal Engine,也就是虚幻引擎 UE。

3.2.1　虚拟场景环境搭建准备工作

本节案例在搭建虚拟场景时所使用的虚幻引擎版本为 4.26,所搭配的 Visual Studio 版本为 2019。虚幻引擎可以从虚幻引擎的官网(www. unrealengine. com)上下载(见图 3.8)。

图 3.8　虚幻引擎官网

在图 3.8 中点击"获取虚幻引擎",开始下载 Epic Games 客户端。在安装完成 Epic Games 客户端之后,打开客户端会进入注册登录界面,在此处注册 Epic Games 账号后即可登录 Epic Games 商店以及使用 Unreal Engines,如图 3.9 所示。

图 3.9　Epic Games 客户端注册登录界面

登录后,点击左侧列表中的"虚幻引擎",再点击上方的"库",进入虚幻引擎库,此处可以看到所安装的各个版本的虚幻引擎。可以选择想要启动的虚幻引擎版本,也可以设置默认的虚幻引擎版本并在界面的右上角启动。

点击引擎版本右边的加号,选择 4.26.2 版本。等待进度条到底即表示虚幻引擎安装完成(见图 3.10)。值得注意的是,在整个安装的过程中,以及之后创建项目的时候,都应保证路径中不包含中文字符。如果路径中包含中文字符可能导致虚幻引擎项目打开时发生错误并崩溃。

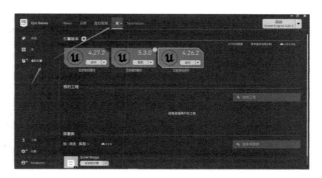

图 3.10　安装虚幻引擎

在虚幻引擎项目中会使用到 C++代码来协助虚幻引擎中的蓝图操作,包括但不限于:使用 C++代码构建蓝图函数库、开发自定义的插件来扩展虚幻引擎的功能、为游戏中的 AI 编写行为树和状态机等。因此,在下载了虚幻引擎之后用户还需要继续下载 Visual Studio 2019,用于编写并运行 C++代码。

此处附上 VS2019 的下载网址:https://visualstudio.microsoft.com/zh-hans/thank-you-downloading-visual-studio/?sku=Community&rel=16 进入网址之后就会自动下载 VS2019(见图 3.11)。

图 3.11　Visual Studio 2019 下载界面

为了避免在之后运行代码的过程中出现报错,造成不必要的麻烦,在安装 Visual Studio 2019 时就可以提前准备好之后运行代码的过程中会用到的各种插件。

首先点击工作负载(见图 3.12)中游戏标签下的"使用 C++的游戏开发",在其中的详细描述中我们也能看到"充分使用 C++生成由 DirectX、Unreal 或……提供技术支持的专业游戏",其中的 Unreal 就是常用的虚幻引擎 Unreal Engine。

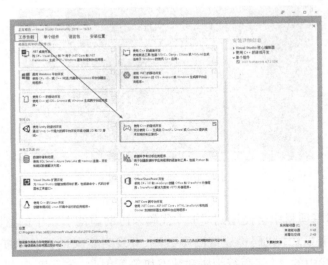

图 3.12　Visual Studio 2019 安装界面

　　图 3.13~图 3.15 分别展示了在安装过程中需要安装的各个"单个组件",包括支持 Unreal Engine 运行的"Unreal Engine 安装程序","Visual Studio SDK"等。

安装详细信息

▼ 单个组件

- ☑ NuGet 包管理器
- ☑ C# 和 Visual Basic Roslyn 编译器
- ☑ C# 和 Visual Basic
- ☑ .NET Framework 4.8 SDK
- ☑ .NET Framework 4.7.2 目标包
- ☑ .NET Framework 4.5.2 目标包
- ☑ .NET Framework 4.5 目标包
- ☑ .NET Framework 4 目标包
- ☑ .NET Framework 4.5.1 目标包
- ☑ .NET Framework 4.6 目标包
- ☑ .NET Framework 4.6.2 目标包
- ☑ C++ 核心功能
- ☑ Windows 通用 C 运行时
- ☑ MSVC v142 - VS 2019 C++ x64/x86 生成工具(...
- ☑ NuGet 目标和生成任务
- ☑ Unreal Engine 安装程序
- ☑ Visual Studio SDK

图 3.13　Visual Studio 2019 安装过程中应安装的单个组件 1

工作负荷　　单个组件　　语言包　　安装位置

window　　　　　　　　　　　　×

.NET
- ☐ .NET Native
- ☐ 高级 ASP.NET 功能

SDK、库和框架
- ☐ Windows 10 SDK (10.0.16299.0)
- ☐ Windows 10 SDK (10.0.17134.0)
- ☐ Windows 10 SDK (10.0.17763.0)
- ☐ Windows 10 SDK (10.0.18362.0)
- ☑ Windows 10 SDK (10.0.19041.0)
- ☐ Windows 10 SDK (10.0.20348.0)
- ☑ Windows 通用 C 运行时

SDKs, libraries, and frameworks
- ☐ Windows 11 SDK (10.0.22000.0)

代码工具
- ☐ ClickOnce 发布

图 3.14　Visual Studio 2019 安装过程中应安装的单个组件 2

图 3.15 Visual Studio 2019 安装过程中应该安装的单个组件 3

Unreal Engine 安装程序是搭建虚拟场景中最重要的一个组件,这个组件可以帮助我们直接在 Visual Studio 中设置和维护虚幻引擎的开发环境,这个组件也提供了一个统一的方式来安装和更新虚幻引擎的不同版本,以此来确保在开发虚拟场景搭建的过程中可以使用正确的虚幻引擎版本。通过 Unreal Engine 安装程序,用户可以使用 Visual Studio 2019 直接打开和编辑虚幻引擎的项目。Unreal Engine 安装程序还包括了用于增强 Visual Studio 功能以更好地支持虚幻引擎开发的扩展,这使得我们获得更强大的功能,更便捷地搭建虚拟场景。

在图 3.14 中,正在安装的 Visual Studio2019 中的组件 Windows 10 SDK 让用户能够在 Windows 操作系统上构建应用程序,其中包含了编译器、链接器以及其他构建工具,是 Visual Studio 2019 中必备的组件之一。也可以说,这个组件为在 Windows 平台上使用 Visual Studio 提供了最基础的保障。

图 3.15 中,正在安装的 Visual Studio2019 中的组件. NET Framework 4.8 SDK 的主要任务是支持. NET 应用程序开发,其 SDK 为开发人员提供了创建、编译、运行和调试应用程序所需的工具和库。搭建虚拟场景时,我们会在虚幻引擎中创建 C++类中的蓝图函数库,利用蓝图函数库这个 C++类在蓝图中添加蓝图函数。这类第三方虚幻引擎插件需要依赖于. NET Framework 4.8 这一组件来达到预期效果。

以上就是搭建虚拟场景之前需要做的准备工作。在安装好虚幻引擎 Unreal Engine 和处理代码的工具 Visual Studio 之后,就可以着手虚拟场景的搭建。

3.2.2 创建虚拟场景项目

如图 3.16 所示,打开 Epic Games 客户端,然后点击左侧虚幻引擎栏,再点击上方的库一栏，可以看到在下面的引擎版本中陈列着之前下载过的所有版本。如果按照本书的指引只下载了 Unreal Engine 4.26.2 的话，在引擎版本中就只会存在一个版本，此时也可以点击右上角的启动 Unreal Engine 4.26.2 的默认启动按钮来打开虚幻引擎。

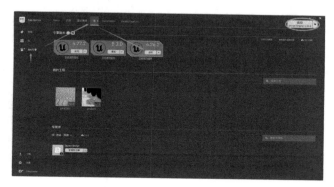

图 3.16　Epic Games 客户端

每一次启动虚幻引擎都需要等待一些时间，此时若心急地再次点击启动，在启动之后就会看到有多个虚幻引擎窗口，这会加重计算机负担，因此在启动虚幻引擎的时候请保持耐心。

启动虚幻引擎时可能需要等待。其主要原因如下：首先，在虚幻引擎启动的初始化过程中，需要初始化许多组件，包括图形引擎、物理引擎等，这些组件的初始化占用了大部分启动时间。其次是启动过程中的资源加载，如果你的项目是一个极大的项目，此时虚幻引擎在打开此项目时会加载很多资源，例如编辑器的用户界面资源、默认设置以及其他必要的资源等，这些都会导致等待时间延长。

除上述原因外，打开虚幻引擎时还会同时读取项目中使用到的插件和扩展。如果项目中安装了第三方插件或扩展，它们也需要在启动时初始化。

图 3.17 是虚幻引擎启动后的主界面，可以看到虚幻引擎主界面上有很多基础的项目类型，包括"游戏""影视与现场活动""建筑、工程与施工"与"汽车、产品设计和制造"这四类。

"游戏"类项目的特点是虚幻引擎提供了一整套游戏开发所需的工具和功能，包括高级图形渲染、物理模拟、动画系统、AI 行为树、蓝图可视化脚本系统等。此类虚幻引擎项目适合各种类型的游戏，包括第一人称射击游戏、角色扮演游戏、策略游戏、赛车游戏、模拟游戏等。此处可搭建的虚拟场景主要包括虚拟变电站、自动巡检无人小车等部分，因此，虚拟场景也算是"游戏"种类中的一张地图，我们在创建虚拟场景项目的时候可以选择"游戏"种类。

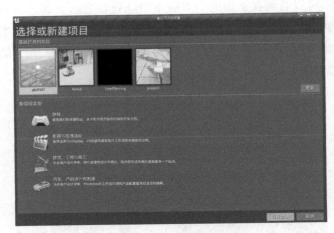

图 3.17　虚幻引擎 4.26 主界面

虚幻引擎在"影视与现场活动"类型的项目中提供了高质量的视觉效果、实时渲染、虚拟摄像机、动作捕捉集成、后期制作工具等。如同它的名字,"影视与现场活动"非常适合制作交互性不强的项目,例如电影和电视剧的视觉效果制作、动画电影、宣传 CG、虚拟现实(VR)体验、增强现实(AR)体验等。

"建筑、工程与施工"类的虚幻引擎项目利用虚幻引擎能够做到高逼真度的仿真,创建逼真的建筑模型。这一类型的项目可以对建筑可视化以及大规模场景的 VR 和 AR 的视觉效果提供支持,比较适合建筑设计可视化项目,可以用于房地产营销、城市规划、施工模拟、教育和培训模拟等。

"汽车、产品设计和制造"类项目的特点在于虚幻引擎支持的高精度模型渲染,它能够帮助产品进行实时模拟、展示与实时交互,比较适合汽车设计和原型制作、产品设计可视化、制造流程模拟、销售和市场推广、客户体验和培训等。由于虚拟变电站场景中不仅包括需要交互的无人巡检小车,还包括静态的虚拟变电站的模型,因此搭建虚拟变电站场景并不适合"汽车、产品设计和制造"这一类型的项目。

不同类型的虚幻引擎项目让其成为一个能够胜任各种应用场景的多功能平台,可适应不同行业的需求。无论是创造沉浸式的游戏世界、制作逼真的电影场景、设计未来的建筑项目,还是展示新产品的功能,虚幻引擎都提供了强大的工具和工作流程来支持创意和技术的实现。

在主界面选择"游戏",并点击"下一步",就会进入"游戏"这一大类下的各种游戏小类的模板选择(见图 3.18)。各类模板中自带的各类蓝图库和模式类型都能极大方便我们在项目初期的建设工作。选择"空白"模板之后,我们可以在项目内随意添加我们虚拟场景所需的内容与蓝图。当然，目标构建的虚拟场景包含了静态的虚拟变电站模型以及动态的实时交互的巡检无人小车两部分的内容，因此作为初学者可以先选择"第三人称游戏"模板。在"第三人称游戏"模板中，包含了一张最基本的第三人称游戏地图以及一个第三人称游戏内的角色的基础模型。

在虚拟变电站建模时，我们选择"第三人称游戏"选项，在这一类型项目中（见图 3.18），有模板可供参考，这对初学者有很大的帮助。

图 3.18　虚幻项目浏览器界面

选择"第三人称游戏"选项之后，会进入更深层次的项目设置界面，如图 3.19 所示。在项目设置界面的第一列第一行可以选择项目类型。项目类型一共有两种，一种是蓝图项目，另一种是 C++项目。蓝图项目主要由蓝图构成，蓝图是一种可视化的编程方式，相比起 C++代码而言会更加适合初学者进行入门项目程序的编写。相对地，C++项目则主要由 C++代码组成。两者的区别在于蓝图项目在创建蓝图类之后不能再将此蓝图类转换为 C++类，如果需要那些无法在蓝图中集成的函数功能时，开发人员就会束手无策，而 C++项目并没有这样的问题。C++项目主要基于 C++代码呈现，可以在 C++类的基础上创建蓝图类项目，这一行为称为"继承"。这些具体的内容会在之后的章节进行详细讲解，在这一界面处我们只需要将默认的蓝图项目改为 C++项目即可。

在第一列的第二行，可以选择项目的性能特性，其中包含两个选项，一个是最高质量，一个是可缩放三维或二维。如果项目使用"最高质量"，那么这个项目就会启用虚幻引擎中所有可用的最高质量设置，包括但不限于图形渲染、照明、后期处理效果等。这个选项常用于追求极致视觉效果的项目，例如高端的 3A 游戏或

图 3.19　项目设置界面

电影级别的视觉效果。不过与此同时,由于启用了所有高质量的特性,这可能会增加渲染时间和硬件要求。

而"可缩放三维或二维"这个选项旨在提供可伸缩的性能,使项目能够在不同性能的硬件上运行,同时保持合理的视觉质量。该选项允许开发者根据目标平台调整图形质量和性能,以适应低端到高端的各种硬件,因此这一选项比较适合需要跨平台开发并且要考虑到不同性能水平的设备。

鉴于搭建的虚拟场景并没有跨平台开发的需求,且项目本身对设备的性能要求并不高,因此这一栏不需要进行修改,保持默认的"最高质量"即可。

此外,其他的几个选项也都保持默认选项即可。在第二行第二列位置的选项是询问是否需要将初学者内容包作为项目的初始内容,此处我们可以选择"含初学者内容包",因为在初学者内容包中含有我们可以参考的蓝图结构与模型设置等,方便后续项目的开发。

这些选项确定后,在项目设置界面的最底下,提供了修改存储位置的选项。此处有一点值得注意,作为一个即将开始搭建虚拟场景的用户,应该在之后都保持一个最基本的常识,就是在保存任何项目时,保证在项目路径中不包含中文字符,仅保留英文字符和数字(大多数初学者都会犯这个错误)。

默认情况下,很多编程语言和工具链最初都是以英文为主要使用环境设计的,它们在处理非 ASCII 字符,如中文字符时可能存在兼容性问题。这些问题主要表现为字符编码的不一致、显式的本地化支持不足等问题。特别是当这些编程语言和工具被用于处理文件路径和文件系统交互时,对于包含中文路径的处理往往不如英文路径那样流畅。这就会导致路径解析错误、乱码甚至程序崩溃。

　　因此在修改项目保存位置时,务必注意在路径中不要出现中文字符,下划线可以存在。

3.2.3　虚幻引擎初接触

　　在创建了虚拟场景项目之后就来到了虚幻引擎的主界面,如图 3.20 所示。

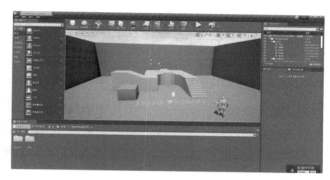

图 3.20　虚幻引擎初始界面

　　第一次打开虚幻引擎时,由于选择了"第三人称游戏"这一选项,所以显示的默认地图是虚幻引擎自己制作的第三人称视角游戏的地图,其中包括一个可供玩家操控的小人模型,一个四周封闭的房间,一个立方体,一个楼梯以及一个平台等。作为第一次接触虚幻引擎的新手用户,可以点击上方第一栏的"运行"按钮,来运行这个虚幻引擎的初始程序。

　　在"运行"按钮旁边有一个向下的小三角,点击这个小三角之后,可以看到一连串的选项,第一个大类是模式,其中包括"选中的视口""移动设备预览""新建编辑器窗口""VR 预览"(但是它是不可选择的)、"独立进程游戏"以及"模拟"。正常情况下用户会选择"选中的视口"进行运行,它表示对当前虚幻引擎正中的视口进行"运行"操作。当然,有时候我们也会选择最底下的"模拟"来检测整个运行过程的流程,比如在后面我们提到的在蓝图中查看每一步函数进行的顺序以及是否成功,用于检测或者验证蓝图中函数的功能。

　　点击"运行"之后,正中的视口会变成小人模型身后的位置如图 3.21,此时可能有不少初学者会表示疑惑,"为什么我移动鼠标或者按键盘没有任何反应呢?"此时移动鼠标仍然可以看到光标在屏幕上随着鼠标的移动而晃动,并不能使控制观察小人的第三人称视角相机转动。这里我们可以看到在正中视口的左上角有短短一句话"点击使用鼠标控制",说明在点击了"运行"之后虚幻引擎只是进入了运行视口状态,但是如果需要鼠标和键盘对这个运行的结果进行控制的话,我们就还要用鼠标点击正中视口来控制运行结果中的角色。

图 3.21 第三人称游戏运行过程

点击过视口之后就可以像正常玩游戏一样,使用键盘的"W""S""A""D"按键来控制小人的前后左右移动,并移动鼠标来控制我们观察小人的视角以及小人移动的前进方向。在稍微熟悉控制方式之后,设计人员可以按下键盘左上角的"esc"键退出运行,退回到虚幻引擎的初始界面。

完成上述操作后,就可以从头开始创建属于我们的地图和虚拟场景。

在正中视口下方的窗口是用来显示资源文件夹及其内容的内容浏览器。在内容浏览器中,设计人员可以查看、添加、删除和管理项目中的所有资源,包括模型、纹理、材质、蓝图、音频文件等。在内容浏览器中,资源通常会显示缩略图或预览图,使得开发者可以直观地识别资源,我们可以简单地通过拖放操作来移动资源、将资源添加到场景中或在不同文件夹之间进行复制,可以快速打开和切换不同的场景文件,并在场景之间"复制"和"粘贴"对象,还可以查看资源被哪些其他资源或场景引用,这有助于管理和解决资源依赖问题。

如图 3.22 所示,我们还能看到在内容浏览器中的顶部有一个显眼的绿色的"添加/导入"按键,这个按键的功能与在内容浏览器的空白区域按下鼠标右键的

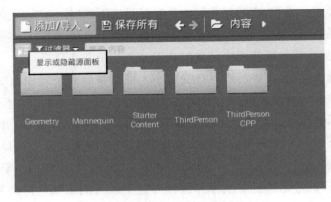

图 3.22 "添加/导入"过程

功能几乎一模一样,唯一的区别就在点击"添加/导入"之后,在弹出的弹窗的最上方有一个"添加功能或内容包"。

这个添加功能与在选择了"游戏"大类之后选择的各类游戏小类是一致的(见图 3.23)。换句话说,当时设计人员选择不同的游戏小类就是让虚幻引擎在创建这个项目的时候自动导入对应的游戏类型的功能包。因为当时在创建项目的时候选择的是第三人称游戏选项,因此我们可以在内容浏览器中看到,我们的内容中包含了两个文件夹,分别为"ThirdPerson"与"ThirdPersonCPP",这两个就是第三人称游戏所对应的功能包。如果我们想要查看其他的功能包也可以在这里选择导入。不过需要注意的是,因为我们创建的是 C++项目,因此在导入功能时要导入 C++功能。

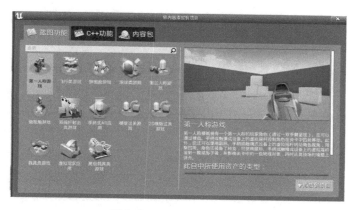

图 3.23　可以添加的功能

而如图 3.24 所示的内容包与当时在创建虚幻引擎项目的时候可以修改的选项"含初学者内容包"是一致的,内容包中包含了初学者在虚幻引擎需要用的各种

图 3.24　可以添加的内容包

材料,比如物体的材质、音频、初学者地图、粒子效果等。作为初学者的设计人员是十分需要这些虚幻引擎提供的材料的,因此初学者内容包对于搭建虚拟场景是有很大帮助的。

此时我们回到内容浏览器中,在空白区域右键单击,可以在弹出的弹窗中看到新建文件夹,单击"新建文件夹"后可以对这个文件夹进行命名(见图 3.25)。这个文件夹用来放置虚拟电站的地图等信息,因此可以把文件夹命名为"Map",并点击进入"Map"文件夹。

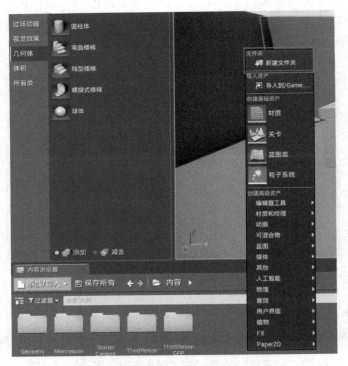

图 3.25　新建文件夹

进入文件夹之后再次在空白区域单击鼠标右键,如图 3.26 所示,选择关卡,命名为"dianzhan",并双击点开地图。

初次打开地图映入眼前的是一片漆黑(因为这是一张空白地图),地图内没有任何内容,此时可以加入一些光源来让这个"世界"亮起来。

现在来介绍正中视口的左侧,此处是"放置 Actor"组件。在这个组件中,有着虚幻引擎中所有可以直接放置在地图中的内容。在左侧我们可以看到有很多分类,分别为"基础""光源""过场动画""视觉效果""几何体""体积""所有类"。如图 3.27 所示,在"基础"中,主要是一些常用的 Actor 类。

图 3.26　新建关卡

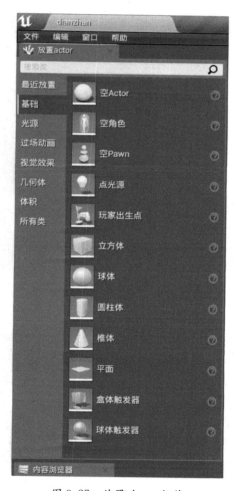

图 3.27　放置 Actor 组件

Actor 类在虚幻引擎中起着不可代替的作用，Actor 类代表游戏世界中的任何对象，它可以是静态的也可以是动态的。Actor 类在虚幻引擎中可以响应游戏逻辑，例如玩家的输入或 AI 命令，设计人员通过蓝图编辑器，无需编写代码就能够创建和管理 Actor 的行为。

如果将一个 Actor 类拖到正中视口中，我们可以选中这个 Actor 类并用鼠标拖动这个 Actor 类来移动位置，同时它的朝向也可以旋转，尺寸同样可以被缩放。

如果要让虚拟世界发光，就需要给这个地图添加"光源"。如图 3.28，点击左侧第二栏"光源"，可以看到里面有 5 种光源，即"定向光源""点光源""聚光源""矩形光源"和"天光"。我们将最上面的"定向光源"拖入正中视口中，定向光源就被添加进这个地图了。

图 3.28　"光源"中的各 Actor 类

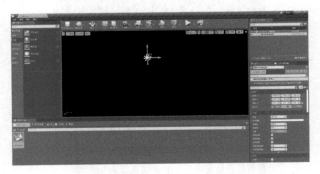

图 3.29　将定向光源拖入地图之后的界面

此时可以看到在整个界面的右下角出现了可以调整的各类参数。这时候就要提到虚幻引擎中另一个十分重要的窗口："细节"。在"细节"窗口中，我们可以调整我们拖入的 Actor 类的各项参数，包括它所处的世界坐标、朝向、缩放尺寸、光源强度等细节信息。

其实不管是不是"光源"，任何一个 Actor 类被拖入地图中，设计人员都可以在右侧的"细节"窗口对这个 Actor 类的各类参数进行修改。

首先，将"定向光源"拖入到地图中，定向光源模拟的是遥远且广阔的光源，如太阳。它从特定方向发出平行的光线，因此阴影和高光的方向在场景中是一致的。

将定向光源拖入地图之后，可以在右侧"细节"窗口看到这个拖进来的定向光源的位置、缩放、旋转等信息。在"位置"信息的右边有一个黄色的回退符号，这个符号的出现表示此处选项的选择并非默认选择，可以按下此黄色回退按钮将定向光源的位置信息回退到默认状态，即（0，0，0）坐标处。然后我们可以通过双击右侧世界大纲视图（见图 3.30）中的对应 Actor 类来将我们的视角移动到选中的类上。也可以使用快捷键"F"来将设计人员的视角聚焦到选中的物体上（F 对应的是英文单词 focus）。

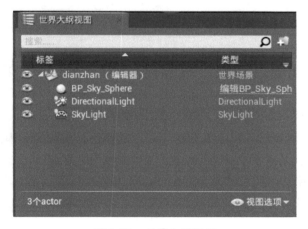

图 3.30　世界大纲视图

上述操作就算是将定向光源的信息修改完成了，设计人员可以用同样的方法处理第二个光源："天光"。天光是能够模拟天空对地面的光照的光源，包括太阳和天空散射光的组合。将"天光"添加进地图之后，如"定向光源"一样，将"天光"的位置重置为默认，此时"天光"和"定向光源"都在地图原点上。

此时我们添加的两个光源并不能展现出如同真实场景一样的天空，这时可以使用虚幻引擎自带的一个组件"BP_Sky_Sphere"（见图 3.31），即天空球体蓝图。这个蓝图是虚幻引擎自带的模拟天空效果的球体，本书作者认为可以将其称为"天穹"。

图 3.31　在 Actor 中搜索 BP_Sky_Sphere

　　它可以通过在左侧"放置 Actor"组件中的搜索功能找到。我们在搜索栏中输入"sky",就可以直接找到天穹蓝图类,如图 3.31 所示。

　　如图 3.32 所示,在将"天穹"拖入地图中之后,首先还是要将天穹的位置重置为默认。但是此时设计人员会发现这个天穹的颜色是温暖的夕阳的颜色,如果我们想要它是湛蓝、清澈的天空,可以在右侧"细节"中找到"Directional Light Actor"这个选项,将其中的"无"改为 Directional Light(见图 3.33),天空就会从红色转变为蓝色,一个正常白天的颜色。

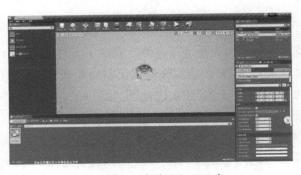

图 3.32　天穹蓝图初始状态

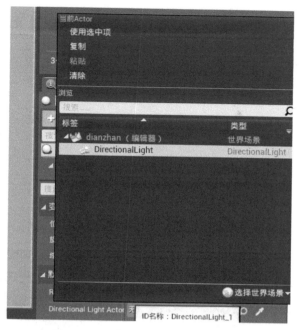

图 3.33　天穹细节中修改颜色的选项

此时我们就完成了一个地图的基本的天空光源的设置。接下来要开始为虚拟场景搭建提供一个基础的平台，也可以通俗地理解为虚拟变电站的地面。

3.2.4　虚幻模型组合

虚拟变电站场景的搭建都是基于现实中的真实变电站建立的模型。本节将介绍如何对虚幻引擎中的各类文件进行迁移。

可以在内容浏览器中看到最上方的路径上显示的是内容，如图 3.34 所示，这在项目文件夹中的对应文件就是内容的英文"Content"。设计人员在虚幻引擎中的"内容浏览器"中所看到的那些资产，都能在资源管理器的"Content"文件夹中找到（见图 3.35）。

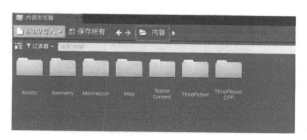

图 3.34　内容浏览器中的路径

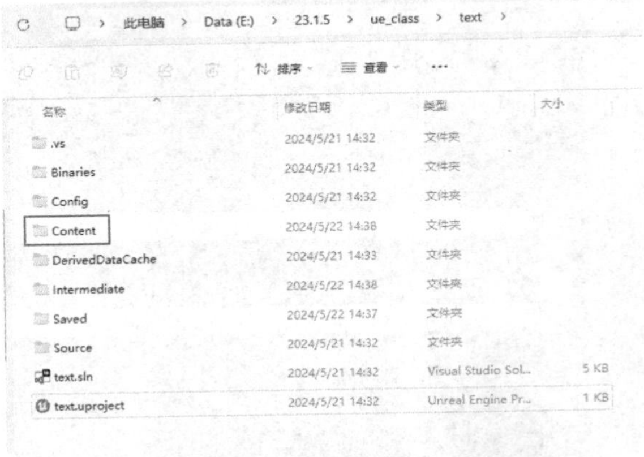

图 3.35　资源管理器中 Content 文件夹

　　模型文件夹名字为"Assets"，意为资产。将压缩包解压缩到"Content"文件夹之后，在虚幻引擎的右下角会弹出如图 3.36 所示的一个窗口，此处选择"导入"即可。

图 3.36　导入外部文件夹

　　接下来开始虚拟场景的搭建。

　　首先需要为虚拟变电站提供一个平台以供放置各类电力设备。如图 3.37 所

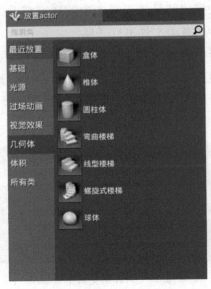

图 3.37　Actor 中的几何体（Brush）

示,在左侧的"放置 Actor"中,有一个大类称为"几何体",其英文名为"Brush",直译为笔刷。这是一种可塑性极强的 Actor 类,在被拖入地图之后可以对其进行多方位的修改。

如图 3.38 所示,我们将几何体中的"盒体"拖入地图中,可以发现这个盒体的表面是网格,并不是一块如同地面一样的草地。这是因为此时拖入的盒体上并没有任何材质信息,它现在可以被理解为是"没有穿衣服"的盒体,材质信息为空白。

图 3.38　初始盒体

一共有两种为几何体"穿上衣服"的方式,具体操作如下。

首先在内容浏览器中回到"内容"的路径下。一开始在讨论初学者内容包的时候就提过,初学者内容包中包含了初学者常用到的各类材质,也是现实生活中常见的各类材质,比如草、水泥、鹅卵石、玻璃等。这些材质都在初学者内容包"StarterContent"的材质"Materials"文件夹中(见图 3.39)。

图 3.39　初学者内容包中的各类材质

第一种方式就是用鼠标按住想要附在盒体上的材质并拖动到想要附着的盒体上。但是需要注意的是,通过这种方式给几何体附上材质只能为几何体的一个面附着上选中的材质,如果想一次性让整个几何体都附着上选中的材质的话,只能使用第二种方式。

第二种方式就是在将几何体拖入地图之前就在材质文件夹中选中想要使用的材质,在选中材质的前提下,再将盒体拖入到地图中,此时在视口中就能看到 6个面上都有对应材质的盒体。如图 3.40 所示,选择的材质可以和图中的不同,选择这个材质是因为作为虚拟变电站的地板,这一材质十分合适成为变电站的石头路面。

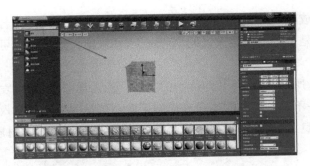

图 3.40　全部表面都附着材质的几何体

此时再来学习一下如何在虚幻引擎的视口中移动观察者的视角。将鼠标移动到正中视口中,按住鼠标右键后再按下"wsad"分别可以控制视角向前、向后、向左、向右移动。虚幻引擎作为各类优秀三维游戏的基本开发工具,其开发的过程也就如同游戏一般,符合玩家的基本逻辑。

按住鼠标右键不止可以让视角随着键盘按键的按下而移动,在按住的同时移动鼠标,可以转动观察者视角,这样的操作多实施几次就会愈发熟悉。向前向后等操作都是基于视口当时面对的方向,也就是说,如果你的视口正对着下方,按住"w"键也是在向下移动,而非朝着水平方向的前移动。因此就会出现想要水平看着一个物体的同时向上或向下移动,此时就可以在按住鼠标右键的同时按下"e"键或者"q"键。按下"e"键可以让你的视口垂直向上移动,同理,按下"q"键可以让视口垂直向下移动。

我们用鼠标左键选中这个物体的时候,我们会在物体的中心看到一个三维坐标系。这也就意味着,如果我们在右侧"细节"窗口调整选中的几何体的位置坐标时,所对应的位置是这个物体的中心点,如图 3.41 所示。

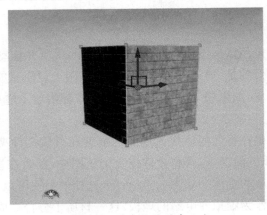

图 3.41　选中物体的中心点

当我们用鼠标去移动对应的轴时,可以将物体沿着你选中的轴进行移动。例如,将鼠标移动到绿色轴[①]上,然后按住绿色轴向一个方向移动,此时物体就会随着鼠标的移动而移动。

需要注意到,在视口的右上角有这一排按钮(见图 3.42),这些按钮各有各的妙用。首先是最左侧的 3 个按钮,其中第一个按钮是亮着的,表明现在正处于平移对象的状态,即可以通过按住各条轴来平移此物体。

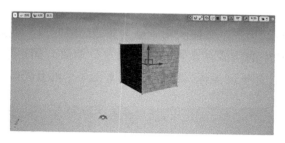

图 3.42 视口中的快捷按键

如图 3.43 所示,在平移物体的按钮旁边,第二个按钮是选择并旋转物体。

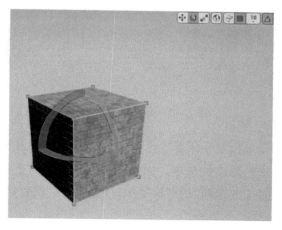

图 3.43 选择并旋转物体

与选择并平移物体类似,当处于旋转物体的工作状态下时,会以物体的中心点为中心出现 3 条旋转轴。拖动对应的轴并左右移动鼠标,或者上下移动鼠标,就可以旋转物体。如图 3.44 所示,如果在旋转物体的时候觉得一次转 10°不够精准,想要调整一次旋转的度数,可以通过右上角快捷按键中的第三栏的第二个按钮旁边的下拉菜单修改一次旋转的单位值。上述操作不仅对旋转物体生效,对平

---

① 读者在实际操作虚拟引擎时即可看到,后文中涉及颜色的介绍与此类似,不再赘述。

移物体也同样生效。

图 3.44 调整一次移动的单位值

如图 3.45 所示,第三个按钮的功能是选择并缩放对象。在此状态下,拖动对应的轴就可以将选中的物体在该轴的方向上进行缩放。如果把鼠标放在中心的灰点上,然后再按住并拖动鼠标,就可以将物体在 3 个轴上同比例缩放。

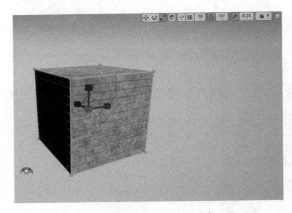

图 3.45 选择并缩放对象

对于想要更为精细地对物体进行缩放,虚幻引擎中也有如同平移和旋转一样的对一次操作的值进行修改的选项。如图 3.46 所示,在调整平移和旋转单次值的右侧,有一个"设置缩放选项"的下拉菜单,该菜单可以调整单次缩放的倍数。

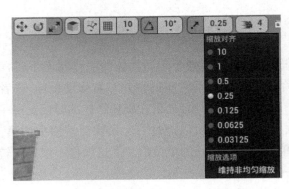

图 3.46 选择一次缩放的单位值

在一排快捷按键的最右边是可以调整相机速度的按钮。相机速度也就是在你按住鼠标的时候移动的速度。可以在这里修改,但是操作有点烦琐。另一种方法是在按住鼠标移动的时候还可以通过鼠标滚轮对相机的移动速度进行调整。按住右键时滚轮向上和滚轮向下分别对应了相机速度的增加和减少。

虚幻引擎作为一个大量从业人员都在使用的制作动画和游戏的工具,其使用技巧与快捷键组合已经被大家都摸索得十分清楚,相关的快捷键使用说明也非常多。本书再给大家介绍一个快捷键。当我们想要围绕着一个物体进行多个角度的观察的时候,可以按住"Alt"键,此时在转动鼠标就可以看到我们的视角是围绕着眼前的物体进行旋转的,也就是说我们此时就是在详细观摩这个物体。这个快捷键在后续调整物体比较细节的角落的位置或者其他内容的时候可能会派上很大用处。

关于虚拟场景的地面的设计。当拖入了这个附着有石头材质的盒体之后,为了让它像是一个地面,我们可以将它的大小修改为一个很大很矮的平面。

此时将注意力放在右边"细节"中的缩放上。缩放的 X、Y、Z 3 个缩放值的右边还有一个"锁"的符号。如果"锁"是打开的状态,就说明 X、Y、Z 3 个缩放值可以分别修改,可以将这个物体缩放成任意想要的大小。但是如果"锁"是关闭的状态(见图 3.47),就说明 X、Y、Z 3 个缩放值必须统一修改,3 个缩放值的大小保持一致,是 3 个方向上的均匀缩放。如果要让这个盒体成为我们虚拟场景需要的地面,显然我们不能让 3 个缩放值保持一致:在 Z 轴方向的缩放应该尽量小,而 X、Y 两轴的缩放值应该尽量大。所以设计人员不能锁定缩放,要让"锁"保持开启状态。

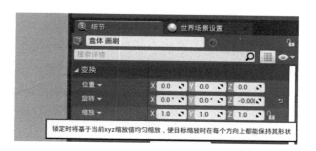

图 3.47　细节中缩放处的"锁"

如图 3.48 所示,将这个盒体的 X、Y 轴都放大了 500 倍,Z 轴放大了 10 倍。但是在修改完盒体大小之后,我们会发现盒体表面的纹理也被同比例放大了,显然这种比例的石头纹理已经不能恰当地充当虚拟变电站的地板了。此时设计人员可以看到在右边的"细节"窗口中的几何体一栏中,有一个"对齐"的下拉菜单可供选择,在"对齐"中选择"对齐表面盒体",就能将这个盒体表面的纹理恢复到一开始的纹理尺寸,与接下来要在地图中添加的各电力设备的尺寸相匹配。

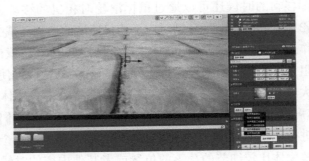

图 3.48　修改表面纹理

当虚拟场景的地面如图 3.49 所示一样,是正常大小的石头之后,到此为止虚拟场景的地板就已经准备就绪,接下来就是在地板上搭建虚拟场景的各类电力设备。

图 3.49　正常表面纹理的地面

按照在第一章中所提到的电力系统中的各个设备,一个变电站中的电力设备主要包括变压器、断路器、隔离开关等,最基础的就是变压器。变电站的职责就是升高或降低电压,以满足电力传输和分配的需要,因此变压器作为一个变电站的基础,应该在搭建虚拟场景的时候以变压器为核心,并围绕这个核心来进行周边设施的搭建。

在有了变压器之后,为了保证变压器的顺利工作,需要其他各种电力设备来辅佐变压器的工作。首先就是断路器,在变电站中用于控制电流的流动,保护其对应的电力设备免受过载和短路的损害。在变压器之后连接上断路器,就能在变压器发生故障时将变压器隔离在整个变电站的系统之外,以免故障进一步升级。

隔离开关也是在变电站的保护系统中不可缺少的电力设备,用于在无电流的情况下连接或断开电路,以确保安全操作。

断路器和隔离开关都是在设备出了故障或者在检修的时候才会使用到的设备。除了这两个后置保护之外,还有前期的日常的保护措施,那就是电压互感器和电流互感器,这两个互感器都兼具保护和测量的功能。

变电站还包括供巡检小车巡检用的巡检跑道。电力设备之间的关系可通过如图 3.50 中所示的连线链接起来。

图 3.50　电力设备之间的连线

在对变电站中存在的电力设备有了一个基础的了解之后,设计人员可以开始将各电力设备的模型拖入地图中,来组建虚拟场景。

本节提供的设计思路和呈现效果都仅供读者参考,因为每个人都有自己对于变电站外观的想象。书中的交互技术与智能感知等部分都只是最为基础的操作参考,读者在搭建的过程中可以发挥自己的想象,天马行空,打造自己独一无二的虚拟变电站与巡检路线和过程。当然,有一些设计是不可改变的固定流程,例如巡检小车模型,以及一些电力设备之间的链接方式,这些都是不可修改的部分,在之后的设计过程中会一一指出。

首先是变电站中最不可或缺的变压器。可以在下面的内容浏览器中找到之前复制到"Content"文件夹中的"Assets"文件夹,在"Assets"文件夹中,有很多子文件夹,其中存放的都是一些提前准备好的模型文件。其中"Scene"文件夹中都是变电站中的各类电力设备的模型。"cailiao"中是一些常见的电力设备的模型,包含电流传感器、电压传感器、主变压器、断路器、电抗器、避雷器、隔离开关等设备,如图 3.51 所示。

图 3.51　内容浏览器中电力设备模型文件

如果要将这些电力设备的模型放到设计的地图中去,可以直接将选中的文件拖到正中视口中去。例如:要将这个主变压器放在地图中,就可以将主变压器拖进来。拖到视口中后,通常它不会直接位于我们希望它在的位置,因此,我们还需要选中向上的 Z 轴并平移这个模型,直到它符合我们的预期。

虚幻引擎是一个用来制作动画和交互效果的软件,并不是一个精确的建模软件,当我们把一个模型导入虚幻引擎中时,并不能精确地去调控它在虚幻引擎中的位置,因为没有这个物体精确的高度以及它的中心点的坐标。所以,在虚幻引擎中搭建虚拟场景的时候,只需要大致将这个物体放置在它应该在的位置即可,无须过度关注它是否严格贴地。

在虚幻引擎中,这种从外面导入的模型,一般称为静态网格体,顾名思义,首先它是静态的,其次它可以在网格之间移动。静态网格体在接下来的虚拟场景的搭建过程中十分重要,在各个场合都有使用到,大家要将这个专业术语牢记心中。

图 3.52　将主变压器模型拖入视口中

在大致调整好主变压器的位置之后,为了让变压器区域的效果与现实中的变电站类似,也可以为这片变压器创造一片草地。因为在现实中的变电站,变压器作为一个大电力设备,是使用油来保持绝缘的,这就不可避免地就会有绝缘油滴落、泄露。如果是石头地面,油滴落在地上的时候就会有一大片油渍,而且不易处理。因此现实中的变电站一般都会在变压器区域种下一片草地,来吸收处理泄露的绝缘油等,这也能隔绝变压器故障时的导电问题。

草地最后呈现的效果如图 3.53 所示。

根据图 3.50 中的连线关系,在变压器边上还有一个避雷器与变压器相连,将避雷器从"cailiao"文件夹中拖出,放置在变压器一侧。值得注意的是,变压器和避雷器这两个电力设备在这次搭建的虚拟场景中都是必须存在的电力设备,首先变压器是一个变电站最基本的电力设备,其次用摄像机去拍摄避雷器上的表计是我们这次搭建虚拟场景之后的任务之一,因此变压器和避雷器都是我们的虚拟场

图 3.53　变压器下草地效果

景中必不可少的电力设备。

首先将我们的视角对准变压器的正面,如图 3.54 所示。在变压器的正面,印有"1 号主变 A 相""1 号主变 B 相"和"1 号主变 C 相",其中主变 A 相在整个变压器组合中的最右侧,而 C 相在最左侧。

图 3.54　变压器正面视角

可以看到,在变压器的正上方,有 5 个凸出的出线口。我们可以将这 5 个出线口分为三类,第一类是最长的那根出线口,这一根出线口的主要作用是从外侧接收电流,作为变压器的高压侧,就相当于变压器的输入端,高压电从这个线口进入,再从出口流出。第二类是 3 根一样长短的端口,这 3 根中只使用到蓝色的 1 根,我们会在后面的操作中使用到,是用于三相之间的相互连接;最后一类是 1 根斜向前方的较长的出线口,这根出线口与避雷器相连,用于保障变压器的安全。

在设置好变压器这一最基础的电力设备之后,可以将变压器身边的避雷器也一并加入地图。我们将避雷器放置在如图 3.55 所示的位置,即贴有变压器数字编号的那一面前。避雷器不管在变压器前的左侧还是右侧都是可以的,只要与主变压器保持一定的距离即可。主变压器有"1 号主变 A 相""1 号主变 B 相"和"1 号主变 C 相"三相,因此需要在三相变压器前各放置一个避雷器,共 3 个。

在这里向各位读者介绍一个方便的快捷键使用技巧。"复制""粘贴"是常用

图 3.55　避雷器在地图中的位置

的快捷键,在虚幻引擎中,除了常用的"Ctrl+C"和"Ctrl+V"可以用来复制之外,也可以选中我们想要复制的物体,可以是一个单独的静态网格体,也可以是一系列的组合体。在选中想要复制的物体之后,可以按住键盘上的"Alt"键,再将鼠标移动至物体的 3 根坐标轴上。此时我们就可以将选中的物体沿着选择的坐标轴方向进行复制,鼠标按住想要物体复制的轴,并向一个方向移动,就会有一个复制体出现(见图 3.56)。之后就可以对复制出来的物体进行操作。

图 3.56　通过"Alt"键来复制物体的示意

如图 3.57 所示,拖出避雷器的时候,避雷器上有一个表计,用来检测避雷器上的电流。这个表计在虚拟场景测试过程中是第一个需要被观测的表计,因此需

图 3.57　避雷器上表计图

要将避雷器的表计转向巡检小车能够观测到的位置。对变压器,巡检小车会围绕变压器的四周移动,下一步设计就是为巡检小车设置巡检轨道。

如图 3.58 所示,选中避雷器这个物体,然后选择上方的旋转按钮,将避雷器旋转到想要的位置。旋转完成后,再选择平移按钮,按住"Alt"键,对旋转好的避雷器进行复制平移的操作,再次重复,得到三个一组的避雷器模型。至此,避雷器已经放置完成,接下来就是巡检轨迹的搭建。

图 3.58 变压器与避雷器总示意

巡检小车在变电站中的巡检任务不止变压器这一个电力设备,在巡检过程中需要观测变压器上的油压传感器和避雷器上的电流传感器这两表计上的数值,因此变压器旁的巡检轨道需要围绕变压器一周,以此为基础再向其他电力设备进行巡检拓展。

本节仅提供最简单最朴素的巡检轨道的搭建方式,读者可以根据自己的想法,设计独属于自己的巡检轨道。

我们可以把巡检轨道看作由围绕变压器一圈的凸出的方块组合而成的,我们以此去搭建巡检轨道,使用制做地板的几何体来完成整条巡检路线的搭建。在将左侧的几何体拖到场景中之前,设计人员需要在主视口底下先选中想给几何体穿上的皮肤,其余步骤都和搭建地板的步骤一模一样。

材质文件夹在内容主文件夹下的"初学者内容包"/"StarterContent"中(见图 3.59),"Materials"文件夹中包含了所有可用的材质包。

图 3.59 材质文件夹位置

设计人员可以选中一个与地板不同的材质,在此演示时本书选择了地板砖块右侧的"M_Brick_Clay_New",褐色的砖块在灰色的砖块上较为明显。选中褐色砖块材质后,再从左侧将几何体中的盒体拖曳到变压器前,并选中缩放按钮,将整个盒体的长度缩放到合适的长度(见图 3.60),即可以包裹住整个变压器的一侧。

图 3.60　变压器前的褐色地板巡检轨道(对齐前)

　　但是这时候很多读者肯定会很困扰,忘记怎么将盒体的纹路设置成与缩放前相同大小的砖块纹路,这里就再重复一遍"对齐"的操作过程。

　　需要注意的是,"对齐"操作的对象是一个几何体的面,因此如果需要将一个盒体的 6 个面都恢复原先的纹路大小的话,设计人员必须将"对齐"操作进行 6 次,或者在开始时就一并选择整个盒体的 6 个面,再进行"对齐"操作,这样我们就可以同时更改一个盒体 6 个面的表面纹路。在选中我们想要恢复原先纹路大小的几何体的面之后,不管是 1 个面还是 6 个面,在右边的"细节"窗口中的几何体一栏中可以看到有一个"对齐"的下拉菜单可供选择,在"对齐"中选择"对齐表面盒体",就能将这个盒体表面的纹理恢复到一开始的纹理尺寸。如图 3.61 所示,对齐表面盒体之后,盒体表面的纹路就与表面本身的砖块纹路大小一致,可以与周边电力设备的纹路大小相匹配。

图 3.61　变压器前的褐色地板巡检轨道(对齐后)

　　在得到了一段巡检轨道之后,可以结合之前讲的快捷键"Alt+沿轴拖动"来快速复制这些盒体,另外两条短边的巡检轨道可以通过"Alt+沿轴拖动+旋转+缩放+对齐"这一套组合机实现,也可以从选中材质拖入盒体开始从头来做,这些都是可以的,最终得到的结果图如图 3.62 所示,即 4 条各自独立的巡检轨道。接下来开始讲解转弯角的制作,以及另一个新知识:笔刷类型。

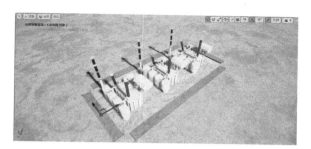

图 3.62　变压器周围独立的 4 条巡检轨道

在左侧的"放置 Actor"视口中,选中几何体后,如图 3.63 所示,在视口最底下

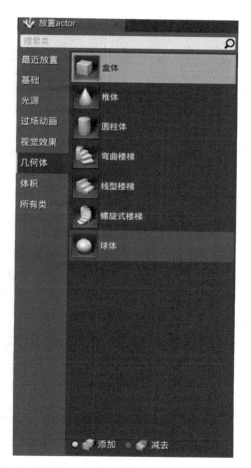

图 3.63　"放置 Actor"类中"添加"与"减去"型几何体

可以看到有两个选项,一个是"添加",另一个是"减去",默认情况下选择的是"添加"。"添加"型几何体就是在场景中添加一个几何体,同理,"减去"型几何体就是在场景中减去一个几何体的体积。值得注意的是,"减去"型几何体只能减去在它自身被添加进场景之前的"添加"型几何体。值得注意:一是要被减去的几何体只能在它自身被添加进场景之前就添加进了场景,二是只能减去几何体,不能减去除几何体之外的物体。

如果要在虚幻引擎中表现出类似转弯角的效果的话,就几何体而言,没有一个可以直接完成上述目标的几何体可供使用,所以我们需要两个或者更多的几何体组合来完成,其中包含"减去"型几何体。

设计人员选择几何体中的"圆柱体",然后将其拖入到场景之中,如图3.64所示。值得注意的是,此处虽然名字为"圆柱体",但在将其拖入到场景中之后,我们会发现这个圆柱体的表面并不是一个光滑的圆,而是一个有棱有角的六边形。不过不管是六边形还是圆形,对于预想表现的轨道的转弯都是可以实现的。

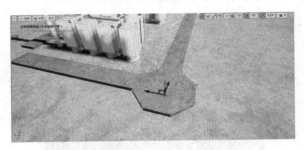

图3.64 将"圆柱体"放置在场景中

先将一个"添加"型"圆柱体"放置在两条垂直的轨道之间,来连接这两条各自独立的轨道。考虑到"减去"型"几何体"可能会将场景中其他的几何体一并减去,我们也使用几个"减去"型几何体来削去"添加"型"圆柱体"中的一些体积(见图3.65),使得这片转弯角更加逼真。在此处就不做演示,读者可以对此功能独立进行研究,制作出精美的变电站模型,如图3.66所示。

在完成了变电站中的重中之重——变压器部分建模之后,再回到之前提到的变电站中各电力设备之间的连线,然后进入到下一个环节——电流传感器和电压传感器。就如同我们之前在电路理论中学到的电流表和电压表,电流表是串联在电路中的,电压表是并联在电路中的,电流传感器与电压传感器也遵循该原理:电缆从电流传感器的一端流入电流传感器,再从电流传感器的另一端流出电流传感器;在总线路中连出一根电缆与电压传感器相连。

在放置电流传感器与电压传感器之前,可以先把变压器底下的草坪复制过

图 3.65 在左侧"放置 Actor"视口中选择"减去"型几何体

图 3.66 4 个角落都铺上几何体的完整环绕轨道

来,作为电流传感器与电压传感器的地面(见图 3.67)。根据电流传感器串联,电压传感器并联的规则,设计人员应该将电压传感器放在变压器与电流传感器之间。

图 3.67 复制草坪

电压传感器需要选择"PT01"（见图 3.68），该文件在"Assets"文件夹中"Scene"文件夹中的"cailiao"文件夹中。PT 表示电压传感器，CT 表示电流传感器，之后放置电流传感器时就不再赘述了。

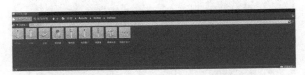

图 3.68　PT01 文件位置

如图 3.69 所示，将"PT01"拖到场景中，可以将电压传感器放置得与巡检轨道更近一点，因为在后面还要继续摆放电流传感器。

图 3.69　PT01 场景中大概位置

可以看到电压传感器上有 3 个接线口，这 3 个接线口就是分别连接三相变压器的三个相的输出电流，检测输出的电缆上的电压强度。

接下来放置电流传感器。电流传感器是文件夹中的"CT01"，电流传感器本身是一个独立的传感器，因此想要实现同时监测三相变压器输出的电缆上的电流，设计人员需要同时放置 3 个电流传感器在一排上。首先放置一个电流传感器在场景中，如图 3.70 所示，我们将电流传感器的两个接线口都用灰色圆圈圈出来了，左侧是进线的接线口，右侧是出线的接线口，串联在整个线路中。

图 3.70　CT01 场景中大概位置

如果朝向不同的话要将两个接线口重新旋转至与电压传感器垂直的方向。在准备就绪后设计人员可以使用"Alt＋沿轴拖动"的快捷键来复制出另外两个电流传感器。3 个电流传感器排成一排组成检测电流的传感器阵列(见图 3.71)。

图 3.71　3 个一排 CT01

在放置完电压传感器与电流传感器之后,可以开始考虑放置龙门架。龙门架是用来连接变电站中各电力设备的高空装置,高空的作用是为了防止带电电缆对人体的影响,以及各种其他安全隐患。

将最底下的"内容浏览器"中的文件夹路径转到"Assets"—"Scene"—"liantang"下,然后在过滤器右侧的搜索栏中搜索"171",本项目中龙门架组件之一的名字是 JG－LMJ－171(见图 3.72)。"liantang"文件夹中的各组件品种过于多样,直接寻找不太方便,因此借用搜索功能。

图 3.72　"内容浏览器"中搜索龙门架组件 JG－LMJ－171

将 JG－LMJ－171 拖入到场景中,JG－LMJ－171 是龙门架的组成部件之一。龙门架由两个基座和一个横梁组成,JG－LMJ－171 是其基座,而横梁则是 JG－LMJ－157。和 JG－LMJ－171 一样,JG－LMJ－157 也可以在内容浏览器中通过搜索得到。

JG－LMJ－171 在场景中的大概位置如图 3.73 所示,第一组龙门架的位置主要在变压器两侧,用来搭载变压器的各相的出线口,在另一端也有一个 JG－LMJ－171。在两个 JG－LMJ－171 之上横放一个 JG－LMJ－157,组成一个完整的龙门架,如图 3.74 所示。

将整体的龙门架放置在变压器上方,并由此开始向之后的电力设备扩展。

图 3.73 JG-LMJ-171 在场景中的大概位置

图 3.74 由 JG-LMJ-171 和 JG-LMJ-157 组成的龙门架

接下来介绍一下与龙门架息息相关的电缆。虚幻引擎作为一个成熟的用于制作游戏的引擎,拥有优秀的物理引擎,能够比较真实地模拟各种物理规律,而与电缆最像的基础模型就是日常生活中经常使用到的绳子。如图 3.75 中,在虚幻

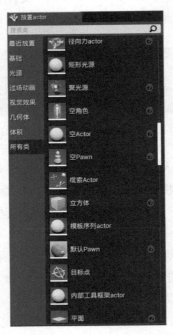

图 3.75 "放置 Actor"类中的"缆索 Actor"

引擎中有自带的"绳"模型,在左侧"放置 Actor"视口中的"所有类"中,名字叫"缆索 Actor",可以通过搜索栏来辅助搜索该模型。

"缆索 Actor"可以很好地模拟一根弹力绳的重力与弹力效果,如果在场景中拖动这根"缆索 Actor",可以明显感觉到绳子的物理特性(见图 3.76)。

图 3.76　"缆索 Actor"在场景中的表现

将缆索拖入到场景中,可以看到这个物体的中心点在绳子的一端(称为绳子的起点),自然另一端就是终点。我们可以像移动其他物体一样来移动缆索的起点,而终点的移动则需要点击终点。

在选择"缆索 Actor"后可以在右侧的细节中找到这个缆索的两个组件。主体是缆索的起点,而主体之下的继承类就是缆索的终点,选中继承一栏,然后再在绳子另一端出现透明菱形的位置单击一下,物体的轴中心就回到缆索的终点上,此时我们就可以正常移动缆索的终点(见图 3.77)。

图 3.77　选择"缆索 Actor"的终点

在右侧的细节菜单中还可以设置缆索的一些其他特性(见图 3.78),例如"缆索长度",可以增加或者缩短缆索的长度;"分段数"可以修改缆索的段数,就像几何体中的圆柱体一样,虚幻引擎中没有完美的曲线,只能用直线来代替曲线;"解算器迭代"可以更改绳子的软硬程度,数字越小绳子越硬,数字越大绳子越软。

图 3.78 "缆索 Actor"的其他特性设置

我们将缆索的一端移动到三相变压器其中一相的进线口上,作为缆索的起点,如图 3.79 所示。

图 3.79 缆索 1 的起点位置

然后在右侧的细节视口中点击继承类来移动缆索的终点。这条缆索模拟的是从外界引入的电缆,因此整条电缆的长度和软硬程度也应模拟真实情况。我们将终点移动到如图 3.80 所示的位置。

图 3.80 缆索 1 的终点位置

缆索的细节处参数如图 3.81 所示。因为是带电电缆所以硬度是有要求的，之后的电缆也都和这条电缆的硬度相同。长度可以设置得长一点，终点在虚空处表示这是从变电站外引入的高压电。

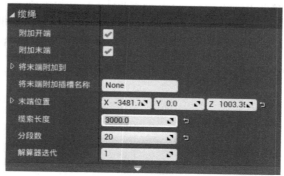

图 3.81　缆索 1 的参数设置

一相的变压器的进线口是有两个接口的，因此设计人员应该在接线口处也连接两根电缆，与接线口一一对应，如图 3.82 所示。

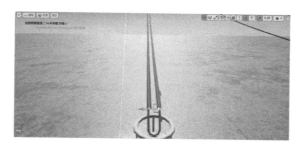

图 3.82　两根电缆在接线口处

在确定了其中一相的电缆之后，我们再次使用"Alt＋沿轴拖动"来复制这两根已经确定好的带电电缆。一共三相，所以一共需要复制 3 份，每一份电缆的起点都与该相的接线口相连，如图 3.83 所示，一共 6 根。

图 3.83　3 根缆索的位置

在已经完成了引入电缆的设置之后,我们可以将变压器的输出也用电缆连接上。但是在连接变压器的输出之前,还需要将电流传感器与我们变压器上的龙门架相连。不能直接将输出的电缆连接在龙门架上,因为变压器的输出电缆是带电的,如果不做一些保护措施的话龙门架也会带上高压电,容易引发安全事故,所以龙门架与带电电缆之间需要有一个绝缘子来隔绝带电部分和不带电部分。

因此在电流传感器上方也需要搭建一个龙门架,用来保持与电流传感器之间的电气绝缘,如图 3.84 所示。

图 3.84　电流传感器上方的龙门架

首先,从左侧拖出一个"缆索 Actor",将起点固定在变压器上的龙门架上,然后再在右侧的细节处选择缆索的终点,并将终点移动到电流传感器上方的龙门架,如图 3.85 所示。

图 3.85　龙门架-电流传感器之间的连接

因为这段连接比较长,因此需要合适地设置这根缆索的长度和硬度。具体的参数设置如图 3.86 所示。

此处需要注意:第二组龙门架下的电流传感器之间的距离与第一组龙门架下的变压器相邻两相之间的间隔并不相同,可以明显看到,变压器三相之间的间隔要比电流传感器之间的间隔大得多。因此在复制电流传感器上方的龙门架与变压器上的龙门架之间的电缆连接后还需要移动缆索的另一端。首先对第一根缆

图 3.86　龙门架-电流传感器之间的缆索参数

索进行位置上的微调，如图 3.87 所示，让缆索的终点更靠近下方的电流传感器一点。

图 3.87　缆索移动终点后大致位置

在移动过缆索之后会发现原本的缆索长度不太逼真，所以我们还需要对这根缆索的参数进行调整，如图 3.88 所示，我们需要略微加长缆索的长度。

图 3.88　移动缆索终点后参数修改

在第一组缆索已经准备完成之后,可以把这一份缆索组合复制到其他组上。与前述操作类似,在复制后我们需要将终点侧向电流传感器的位置移动。复制时以下方的变压器为参照物,按住"Alt"键并将缆索终点沿轴拖动到第二组的位置,如图 3.89 所示。

图 3.89　电缆复制情况 1

在完成复制之后,还需要将电缆的起点移动到中间的电流传感器的正上方,以此来使整个电缆的设计看起来更简洁更舒适,如图 3.90 所示。对每一根缆索需要进行相同的操作。与上述操作一样,点击细节中的继承类后再单击透明菱形,来移动缆索终点,如图 3.90 所示,中间这一组的电缆的终点应在中间的电流传感器的上方。

图 3.90　电缆复制情况 2

对最右侧的一组缆索进行同样操作,得到电缆总体最终效果如图 3.91 所示。

图 3.91　电缆总体情况示意

在龙门架之间建设好电缆之后,还需要在缆索中补充绝缘子来保持龙门架的绝缘状态。绝缘子可以在内容浏览器中搜索来找到,在内容浏览器的搜索栏中输入"jyz"三个字母,即绝缘子三个字的拼音首字母,如图 3.92 所示,在搜索出来的所有静态网格体中,可以找到一个称为"FTZBZSB - JYZ - 091"的绝缘子,在本项目搭建的虚拟场景中,这种绝缘子可以夹在两根电缆之中。

图 3.92　绝缘子搜索情况

把 091 的绝缘子拖到场景中来,如图 3.93 所示。

图 3.93　绝缘子初始状态

一开始拖出来的时候可能绝缘子的朝向是比较方正的,需要将这个绝缘子调整到与两根电缆一致的角度和位置,如图 3.94 所示。

图 3.94　绝缘子最终位置

绝缘子并不只存在于电缆一侧,所以在这一组电缆的另一侧和另外两组电缆的两侧上都需要安装绝缘子,如图 3.95 所示。

图 3.95　电缆上 6 个绝缘子位置分布

　　至此,龙门架之间的连接就已经全部完成了,接下来的操作是龙门架之间的电缆与底下变压器和电流传感器、电压传感器的连接。

　　由于现在的电缆都是两根一组,因此在连接变压器和龙门架之间的时候,要先在靠近变压器这一侧的两根电缆之间连一根小电缆,如图 3.96 所示。

图 3.96　两根电缆之间的连接电缆

　　在这根连接电缆的基础上,再用两根一组的电缆连接龙门架与变压器。可以看到,三相变压器的每一相上都会有一个出线口,其特征如图 3.97 所示,两根出线接口被一根红色的套管套住,这就是变压器的出线口。

图 3.97　变压器上的出线口

　　可以注意到，变压器的出线口也是两根，与龙门架之间的电缆是匹配的。因此可以从两个出线口引出两根电缆接到之前在龙门架之间的电缆上的那根小电缆，最后连接效果如图 3.98 所示。

图 3.98　变压器与龙门架的连接

　　至此，A 相变压器已经连接好了，接下来设置 B 相和 C 相，三相变压器的连接与上述操作类似，只需要利用"Alt＋沿轴拖动"来复制粘贴就可以了，最终变压器与龙门架连接效果如图 3.99 所示。

图 3.99　变压器与龙门架的连接

　　在连接好变压器和龙门架之后，可以先对变压器进行一些微调，也是变压器这边最后一部分内容。变压器与变压器之间有一大片空地，两个变压器之间需要有一片石墙来隔绝两个变压器之间可能会产生的事故。由于这片墙的主要目的是为了防火，所以也可以称为防火墙。防火墙比较简单，在虚拟场景中我们可以使用水泥材质作为设置的防火墙的材质，如图 3.100 所示。

图 3.100　内容浏览器中选取水泥材质

然后再从左侧的"放置 Actor"中拖出盒体来,再调整合适的大小来作为两个变压器之间的防火墙,如图 3.101 所示。

图 3.101 防火墙示意

作为拉伸过的几何体,我们需要对这个几何体的各个面进行对齐操作,如图 3.102 所示。

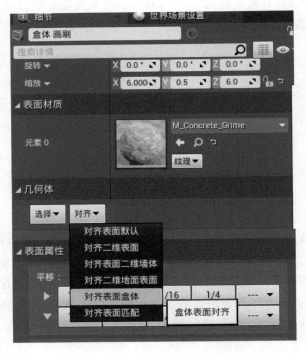

图 3.102 拉伸后对齐操作复习

在对齐操作完成之后,可以将这一个盒体复制到另外一个空隙之间,即 B 相与 C 相之间的空隙中,如图 3.103 所示,最后呈现出的效果就是三相变压器中有两个防火墙。

图 3.103　两个防火墙示意

在现实中的变电站,变压器与变压器之间需要连接在一起,并与这两堵防火墙连接在一起,在搭建虚拟场景的时候可以把这一要点考虑进去。设计人员可以在下方的内容浏览器中搜索"绝缘柱 270",如图 3.104 所示,这一个绝缘柱是安放在防火墙上的,用来保持变压器之间的连接与防火墙之间的绝缘。

图 3.104　内容浏览器中搜索绝缘柱

将绝缘柱从内容浏览器拖曳到场景中,具体位置如图 3.105 所示,与变压器上两个一排的出线口位置并排。

图 3.105　绝缘柱位置示意

在两个防火墙上都有绝缘柱,可以通过"Alt＋沿轴拖动"的快捷键组合来复制绝缘柱到另一面防火墙上,如图 3.106 所示。

图 3.106　两个绝缘柱位置示意

其次,要在这两个绝缘柱上连接一整根铁柱,来让三相变压器连接在一起。既然是铁柱我们就可以选择材质包中的钢铁来做铁柱的几何体材质,钢铁材质在内容浏览器中的位置如图 3.107 所示。

图 3.107　钢铁材质位置示意

在虚拟场景中,可以用一根圆柱体来表现铁柱,如图 3.108 所示,圆柱横着放置在两个绝缘柱之上。

图 3.108　铁柱示意

我们在将圆柱体拖入到场景之中后可以先将圆柱体在竖直方向上旋转 90°,然后如图 3.109 所示调整参数,再进行对齐操作,这样就可以做出一根逼真的铁柱。各参数也不用完全一致,这张图主要想要表示的主体就是在转了 90°之后拉

长是调整 Z 轴的数值，而不是 X 轴或 Y 轴的。

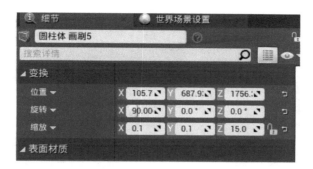

图 3.109　铁柱参数设置

在每一相的变压器上都有一个出线口，如图 3.110 中方框所示，可以注意到的是，这个出线口在每一相的变压器上的颜色都是一样的，因此这些颜色相同的接线口就应该全部连接起来。

图 3.110　铁柱参数设置

从左侧"放置 Actor"中拖一个"缆索 Actor"到场景中，将起点设置在蓝色的出线口上，然后终点设置在铁柱上，如图 3.111 所示。

图 3.111　电　　缆

这一根短电缆的参数如图 3.112 所示。

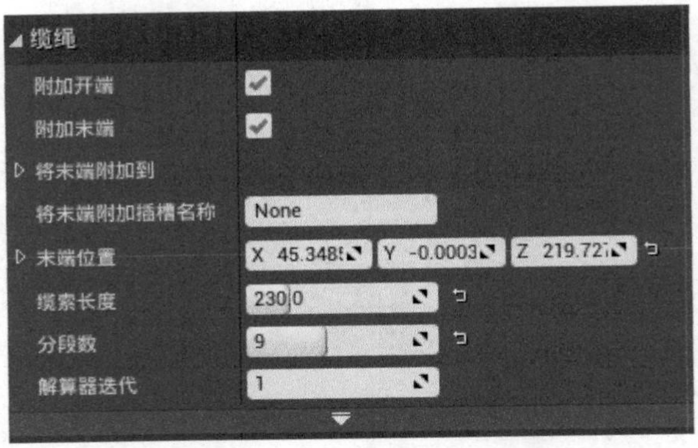

图 3.112　短电缆参数设置

在完成一根短电缆的搭建之后，可以把这根电缆复制到另外两相的变压器上去，如图 3.113 所示。最终三相变压器上的电缆都通过铁柱连接在了一起。

图 3.113　三根电缆位置示意

可以注意到变压器旁的避雷器至今还没有和其他任何设施进行连接。和变压器的出线口连接处一样，先在变压器出线口引出的两根一组的电缆中间连一根短电缆，就像龙门架之间的连接一样，如图 3.114 所示。

图 3.114　短电缆位置示意

这根电缆为避雷器和变压器之间的连接提供了可能。此时从左边"放置 Actor"中拖出"缆索 Actor"到避雷器上,放大之后仔细观察一下避雷器,可以发现避雷器上的出线口也是两个一组的,因此将缆索的起点放置在其中一个出线口上即可,如图 3.115 所示。

图 3.115　避雷器上接线口示意

将这条电缆的终点(见图 3.116)设置在之前在变压器出线口引出的电缆上的短电缆上,形成避雷器与变压器之间的连接。

图 3.116　电缆终点示意

避雷器上的电缆除了这一根之外还有其他的,可参照上述操作处理,复制即可,稍做调整,如图 3.117 所示。

图 3.117　两根一组电缆示意 1

每一相变压器上都需要有这么一组电缆,因此可以将这三根电缆一同选中,然后再使用"Alt 组合"快捷键复制,得到最终效果如图 3.118 所示。

图 3.118　两根一组电缆示意 2

在搭建完变压器这边的内容之后,再回到两个龙门架中间的电力设备,即电流传感器与电压传感器。首先将目光集中到电压传感器,可以看到每一相电压传感器的顶部都有一个独立的绝缘柱,如图 3.119 所示。

图 3.119　电压传感器近距离示意

和其他接线口不一样,电压传感器只需要一根电缆就可以。一根电缆与龙门架之间的连接与其他连接方式一样,先在龙门架上的电缆上连接一小段电缆之后,再从电压传感器上连接一根到龙门架上的电缆,如图 3.120 所示,电缆的起点放置在电压传感器上。

图 3.120　电压传感器上缆索起点示意

上述电缆的终点在龙门架之间的电缆上,因此可以将这条电缆的终点向上移动,如图 3.121 所示。

图 3.121 电压传感器上缆索终点示意

终点的具体位置是在龙门架之间的两根电缆正中间,如图 3.122 所示,放大看就是在两根电缆中的空白区域,也就是之后要布置短电缆的地方。

图 3.122 缆索终点放大示意

缆索的具体参数如图 3.123 所示。

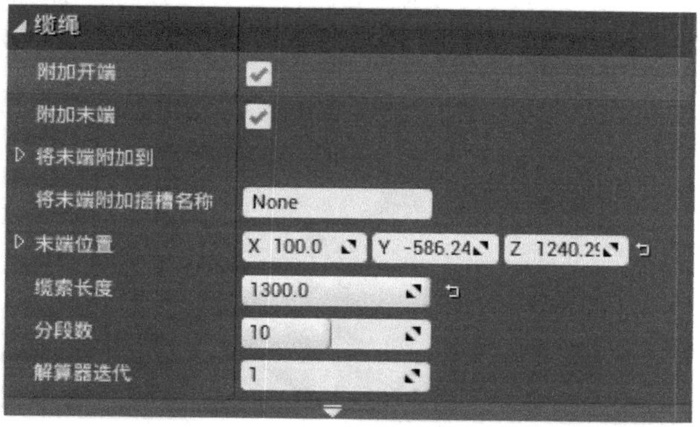

图 3.123 缆索参数示意

在确定好终点后,不能忘记在龙门架上补充一根短电缆来连接电压传感器,如图 3.124 所示。

图 3.124　缆索终点短电缆示意

一相的电压传感器搭建完毕之后,另外两相的电压传感器也按照上述流程进行搭建,最终效果如图 3.125 所示。

图 3.125　缆索最终效果示意

在搭建完成电压传感器的内容之后,接下来就轮到电流传感器建模。电流传感器的连接方式和其他电力设备相似,电流传感器的接线口如图 3.126 所示,一个接线口可以连接两根电缆,因此电流传感器所接的电缆也都是两根一组的。

图 3.126　电流传感器接线口示意

　　既然都是两根一组的电缆,与龙门架之间的连接也就和之前的操作比较类似,先在龙门架上的电缆中连接一小根电缆,然后再从电流传感器上引出两根电缆到龙门架上的电缆之上,如图 3.127 所示,先从电流传感器上引出两根电缆接到龙门架电缆上的相应位置。

图 3.127　电流传感器接线示意

　　然后在这两根电缆与龙门架连接的位置搭建一根短电缆,与之前的流程类似,效果如图 3.128 所示。

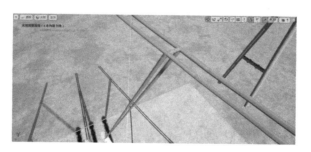

图 3.128　电缆中短电缆示意

　　搭建完一相电流传感器的连线之后,另外两相的电流传感器也按照这一相的电流传感器的连接方式来搭建,最终效果如图 3.129 所示。

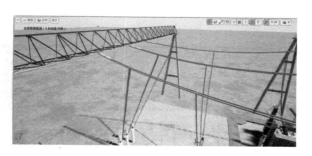

图 3.129　电流传感器连接方式示意

在从变压器引出经过处理的电流之后,经过电流传感器和电压传感器对电力质量进行监测,将这些处理好的电能传输到下一个节点。此时就需要引入一些电力设备来保证变压器出现故障时不会影响到之前或者之后的节点,因此在电流传感器之后要连接隔离开关和断路器。

在放置隔离开关之前,还可以先规划虚拟场景的样子。已知的电力设备包括:变压器、避雷器、电压传感器、电流传感器、隔离开关和断路器。本项目围着变压器建设了一圈巡检轨道,当然在真实的巡检任务中,需要巡检的不只是变压器这一个电力设备,工作人员需要巡检场地中几乎所有的电力设备,因此一条能够包裹住所有电力设备的巡检轨道是必不可少的。在搭建好电压传感器与电流传感器之后,巡检轨道就要包裹住这两个电力设备。

在这一步骤可以先不将轨道付诸实际中,先将电力设备全部准备就绪之后再回到巡检通道的搭建上。此时设计人员可以先复制一块草坪地皮,以供场景中的隔离开关和断路器使用,如图 3.130 所示。

图 3.130　第三块草坪示意

图 3.130 中预留出来的空地就是之后搭建巡检轨道时使用的地方,在后文中会再提到。

在虚拟场景中搭建的隔离开关可以在图 3.131 所示的内容浏览器中找到,就在"cailiao"文件夹中。本项目选用的是"隔离开关"这一静态网格体,而不是右边的"隔离开关 01"。

图 3.131　内容浏览器中隔离开关的位置

将隔离开关拖到场景中来,并放置在电流传感器的后面,如图 3.132 所示,在第三块草坪之上。隔离开关不分前后，有一端翘起来了是因为在实景变电站中的隔离开关由于位置关系这一端需要翘起来以节省空间、排布规整，而在虚拟变电站的搭建过程中并不考虑这一因素，因此翘起的一端在搭建虚拟场景时不做特殊考虑，当作普通接线口即可。

图 3.132　隔离开关位置示意

接下来就是接线环节，从左侧拖出"缆索 Actor"到场景中，起点设置在电流传感器的另外一端上，终点设置在隔离开关的接线口上，如图 3.133 所示。

图 3.133　隔离开关位置示意

另外两相的接线也是如此，使用"Alt 组合"快捷键来复制电缆组，如图 3.134 所示。

图 3.134　隔离开关接线示意

至此,我们就已经完成了隔离开关与电流传感器之间的连接。接下来要对隔离开关的另外一边进行搭建。电能穿过电流传感器,经过隔离开关之后来到断路器。断路器是保障电能故障不影响其他节点的主要电力设备,在变电站中的作用也是非同小可。可以在下方的内容浏览器中的"cailiao"文件夹中找到"断路器",如图 3.135 所示。

图 3.135 断路器在内容浏览器中的示意

将断路器拖入场景,如图 3.136 所示,位置就在隔离开关之后,接线口与接线口齐平。

图 3.136 断路器位置示意

把目光聚焦到断路器本身,断路器一共有两边的接线口,其中一边的接线口的高度处于整个断路器的中间,另一边的接线口的高度处于整个断路器的最上方。我们规定接线口中间,如图 3.137 方框圈出来的地方所示,作为进线口,与前方的隔离开关进行连接。

图 3.137 断路器进线口位置示意

处于断路器最上方的接线口被规定为出线口,与下一个环节相连接,如图 3.138 方框圈出的位置所示。

图 3.138 断路器出线口位置示意

接下来就是隔离开关与断路器之间的连接。从左侧拖出"缆索 Actor"到隔离开关之上,将缆索的起点设置在隔离开关上,再将终点设置在断路器的进线口上,如图 3.139 所示,两根电缆是如此连接的。

图 3.139 一相断路器与一相隔离开关连接示意

三相断路器和隔离开关之间的连接如图 3.140 所示,在上图一相的基础之上,使用"Alt 组合"快捷键来快速复制粘贴。

图 3.140 三相断路器与隔离开关连接示意

在将断路器与隔离开关连接完成之后,接线工作就只剩下断路器与下一个环节的连接,从左侧拖出"缆索 Actor",将起点设置在断路器最上方的接线口,终点设置在虚空之中,表现出与下一个环节连接的遐想感。其中一相的一根电缆的具体位置如图 3.141 所示。

图 3.141　断路器后电缆示意

然后继续重复使用"Alt 组合"快捷键来复制粘贴这根电缆,最终效果如图 3.142 所示。

图 3.142　断路器后所有电缆示意

最后一步,可以进行整片变电站的整体规划。首先可以对几片草坪的大小进行调整,将几片草坪的大小调整到合适的大小,只须包裹住变电站中的各电力设备即可,如图 3.143 所示。

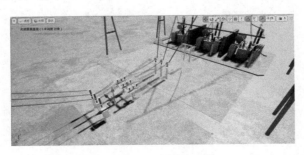

图 3.143　调整草坪示意

接下来根据草坪的大小设置巡检轨道,巡检轨道的搭建也和我们第一次搭建巡检轨道的流程一样,使用几何体中的盒体来搭建轨道的主体,并用圆柱体来做轨道的转角处。当然,也有一个比较简单的方法,就是将第一次搭建的巡检轨道的后三段全部选中并复制,得到后面的几段选件轨道铺设完成,如图 3.144 所示,设计人员可以先选中第一次搭建的巡检轨道中的后半部分。

图 3.144　调整草坪示意

选中这些轨道之后,再利用"Alt 组合"快捷键来快速复制粘贴这些轨道,如图 3.145 所示。这是一种比较快速、方便的做法,但美观上有欠缺,本节仅为大家提供一个思路,在实际搭建虚拟场景的过程中,设计人员可以发挥自己的想象力,来搭建独属于自己的变电站。

图 3.145　变电站总体框架示意

在变压器周围的巡检轨道除了正常的巡检任务之外,还需要让巡检小车从地面沿着一个斜坡来到巡检轨道上。因此在完成了所有巡检轨道的铺设之后,还需要在最前面的巡检轨道上设计一个斜坡。虽然在虚幻引擎中可能没有一个可以直接使用的斜坡,但是可以发挥想象:既然地面也是一个巨大的几何体,那为何不能直接使用一个盒体然后倾斜角度来完成斜坡的设计呢? 因此,可以从左侧的几何体中拖出一个盒体,需要注意的是应该选择和巡检轨道一样的材质来制作斜坡。拖出盒体之后,可以将盒体旋转一个想要的角度如图 3.146 所示。例如设置

图 3.146　拖出盒体并旋转一定角度

一个 30°的斜坡,可以将斜坡设置在下车开始巡检的位置,作为小车从地面进入巡检轨道的入口,如图 3.147 所示。

图 3.147　设置斜坡

如此一来,虚拟场景搭建就告一段落了。在虚幻引擎中构建虚拟变电站是一项创新的技术实践,它将现实世界的复杂电力设施数字化,为电力行业带来了多维度的价值。

首先,这种虚拟环境为工程师和技术人员提供了一个无风险的实验平台,他们可以在这里测试新的设备配置、优化操作流程,甚至模拟故障排除,从而在不影响实际运行的情况下积累宝贵经验。

其次,虚拟变电站在教育和培训方面展现出巨大潜力。新员工可以通过这种互动式学习,更快地熟悉变电站的布局和操作,而无须直接接触有潜在危险的高压设备。此外,虚拟场景可以根据培训需求进行个性设计,提供不同难度级别的模拟任务,有助于逐步提升操作者的技能。

从设计验证的角度来看,虚拟变电站允许设计师在建造之前,对变电站的布局、电缆路径和设备配置进行详尽地审查。这不仅有助于发现设计缺陷,还能优化空间利用和提高能效。

在风险评估方面,虚拟变电站可以模拟各种极端情况,如自然灾害或设备故障,帮助工程师评估系统的韧性和响应能力。这种模拟为制订应急预案和改进措施提供了实证基础。

此外,虚拟变电站的可视化特性极大地促进了跨部门的沟通和协作。通过三维模型,非技术背景的决策者和利益相关者可以直观地理解变电站的运作和潜在影响,从而做出更明智的决策。

随着技术的进步,虚拟变电站还可以集成实时数据和智能分析工具,实现对实际变电站运行状态的监控和预测。这种集成不仅提高了变电站的运维效率,还为智能电网的发展奠定了基础。

总之,虚拟变电站的建立,不仅是一种技术展示,更是一种对传统电力行业工作方式的革新。它通过提供安全、经济、高效的学习和操作环境,推动了电力系统教育、设计、运维和决策的现代化,也展现了虚拟现实技术在工业应用中的深远影响和重要价值。

第4章 智能巡检装备控制交互技术

4.1 ▶ 基于虚幻引擎蓝图的巡检仿真

在第3章虚拟场景中，我们已经搭建了一个完整的简易变电站，所有必需的电力设备都已经被放置就位，下面就需要对这个虚拟变电站进行巡检了。在虚幻引擎中，有很多方法可以使一个物体运动起来，本节要介绍的就是虚幻引擎的蓝图功能。

虚幻引擎是一款功能强大的游戏开发和可视化平台，它提供了一套名为"蓝图"（Blueprint）的可视化脚本系统（见图4.1）。之后在创建文件的时候会用到它的英文名称或者缩写BP，因为在虚幻引擎中命名文件最好不用中文。蓝图功能允许开发者通过拖放节点的方式而非传统的手写代码方式来创建游戏逻辑、交互和用户界面，这种设计方式对于没有什么编程经验的新人来说十分友好，使他们能够更方便地对巡检过程进行设计。

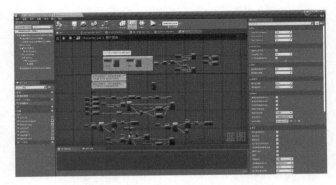

图4.1 虚幻引擎蓝图示意

蓝图允许开发者设计复杂的游戏逻辑，如角色控制、敌人行为、游戏规则等，而无须编写代码，这大大降低了开发虚幻引擎的学习成本。通过蓝图，开发者可以创建玩家与游戏世界的交互,包括输入响应、触发事件和反馈系统,用户可以通过读取在虚幻引擎中发生的事情来触发下一件事情在虚幻引擎的地图上发生。例如:可以将一辆巡检小车放入场景之中,然后当小车移动到某一个位置后,被虚幻引擎中的触发器读取到后,就可以通过采集到的信号来触发小车上摄像头的运动。

蓝图同时提供了创建和管理游戏用户界面(UI)的工具,如菜单、抬头显示(HUD)、对话框等。通过蓝图,开发者可以设计复杂的菜单系统、动态的 HUD、交互式的对话框等 UI 元素。利用蓝图的可视化节点系统,可以轻松实现 UI 元素的动画、过渡效果和交互逻辑,以及与游戏数据的实时绑定。此外,蓝图还支持多语言 UI、可访问性功能和动态内容生成,使得游戏 UI 设计更加灵活和用户友好。开发者可以使用蓝图的调试工具来实时监控和优化 UI 表现,确保提供流畅且吸引人的游戏体验。总之,蓝图极大地简化了 UI 设计流程,提高了开发效率,同时保证了 UI 的高质量和高性能。

蓝图可以控制角色和物体的动画,实现动画与游戏逻辑的同步。蓝图在虚幻引擎中提供了一种直观的方式来控制角色和物体的动画,这使得动画的触发和流程能够与游戏逻辑紧密结合。通过蓝图,我们可以定义特定事件或条件来触发动画状态的改变,如角色受伤、跳跃或执行特定动作时播放相应的动画序列。此外,蓝图允许开发者使用变量和逻辑节点来同步动画状态,确保动画的流畅过渡和正确播放。例如,可以在角色接触地面时平滑过渡到行走动画,或者在角色受到攻击时切换到防御姿态。蓝图的动画控制功能还包括对动画蓝图的支持,这使得开发者可以创建复杂的动画状态机和混合空间,实现高级动画效果。通过这种方式,蓝图不仅简化了动画控制的编程工作,也为创造生动和反应灵敏的游戏角色提供了强大的工具。

蓝图的功能十分多样,作为一个可视化编程的平台,虽然操作简单,但我们也需要学习怎么去使用蓝图。我们可以先从巡检小车这个实例出发,学习从如何创建一个蓝图类。

4.1.1　巡检小车的设置

首先需要在下方的内容浏览器中创建一个文件夹,可以把文件夹的名字命名成"Blueprint"表示这个文件夹中的文件都是蓝图,或者按照内容来命名,因为接下来要做有关巡检任务的事情,所以可以把文件夹命名为"xunjian"。如图 4.2 所示,我们在内容浏览器中新建一个文件夹,并将其命名为"xunjian"。

创建文件夹,首先要在内容浏览器中回到"内容",然后在内容浏览器的空白处单击鼠标右键,选择最上方的新建文件夹,然后修改名称。

图 4.2 创建新文件夹示意

进入"xunjian"文件夹后,就要开始本章的第一个实例:创建巡检小车蓝图。

在文件夹中的空白区域单击右键,找到"创建基础资产"中的第三项——蓝图类,如图 4.3 所示。根据 C++的定义,在编程中,类是一种定义对象结构和行为的模板,它允许创建具有相同属性和方法的对象实例。类封装了数据和操作这些数据的函数,支持继承和多态性,是面向对象编程的核心概念。而蓝图类也就是指这个类是以蓝图为承载主体的。

图 4.3 创建新蓝图类示意

在点击蓝图类之后,会跳出一个"选取父类"的选项。因为要控制这个巡检小车的移动和转向,所以就借用蓝图类中已经集成好的可以直接使用的角色控制蓝图类来创建巡检小车蓝图类。这里直接选择第三个选项"角色",来作为巡检小车蓝图类的类型,如图 4.4 所示。

创建了新的蓝图类之后,要对这个蓝图类进行命名。可以给巡检小车的蓝图类制订一个命名规则:在对象名字的后面加上两个大写字母——BP,表明是蓝图类。对象是小车,英文名称为 car,或者 robotcar,为简单起见,本项目以 car 命名。

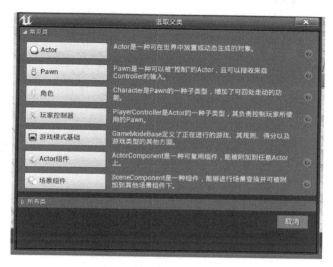

图 4.4 创建新蓝图类示意

所以这个小车蓝图类的名称为"carBP",如图 4.5 所示。

图 4.5 创建新蓝图类示意

现在已经创建好了一个角色类的蓝图类来作为巡检小车的载体,可以开始对这个蓝图类进行编辑了。

此时双击这个蓝图类,可以看到有一个新的窗口弹了出来,这个窗口就是这个蓝图类的编辑窗口,如图 4.6 所示。在这个窗口中一共有 3 个小窗口,分别为"视口""Construction Scrip""事件图表"。其中"视口"就像之前虚幻引擎的主视口一样,可以改变这个蓝图类的外观;"Construction Scrip"在这次巡检程序设计中使用不到;"事件图表"就是本次设计巡检程序中主要使用的功能,设计人员可以在"事件图表"中编辑计划让这个蓝图类实现的功能。

如图 4.7 所示,我们可以把这个小窗口拖动到虚幻引擎中,这样就像网页浏览器的标签页一样,一个虚幻引擎中同时显示各窗口,可以加快开发效率。

图 4.6　角色类窗口示意

图 4.7　虚幻引擎窗口示意

关于巡检小车的外形设计,我们先回到"视口"窗口,在这里修改巡检小车的设置。可以看到最左侧有一个"组件"窗口,如图 4.8 所示,这里就是设计人员管理蓝图类中各组件的地方,可以在这里的"添加组件"来添加想要的功能组件。

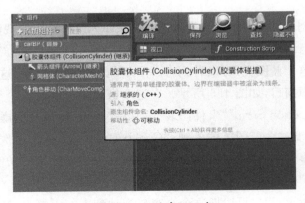

图 4.8　组件窗口示意

　　之前在搭建虚拟场景的时候就已经知道了这种从外部引入的物体称为静态网格体,这里的小车也是从外部引入的静态网格体。因此在左侧的"添加组件"中搜索静态网格体组件,如果只搜索静态的话就选择位于最底部的静态网格体组件,如图 4.9 所示。

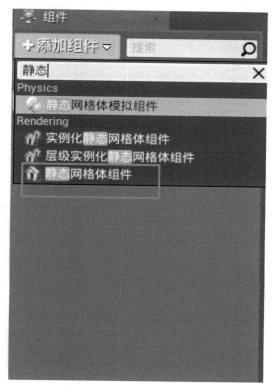

图 4.9　静态网格体添加示意

　　巡检小车在巡检过程中除了整体移动之外,设计人员还需要对小车的相机进行旋转控制,因此小车的主体部分和相机部分都需要分开控制。先将模型的第一个静态网格体命名为"body",意思是小车的主体部分,也可称为底盘,主要就是巡检小车的下半身,如图 4.10 所示。

　　如图 4.11 所示,可以在静态网格体窗口右边看到静态网格体的选项,设计人员可以在静态网格体选项中选择想要的静态网格体的外形。在资源包中,有小车的各个部分的静态网格体,"body"部分就是小车的底盘,底盘的英文为"chassis",所以在静态网格体中搜索"chassis"就可以找到小车底盘的静态网格体。但是需要注意的是,因为需要添加的是静态网格体,因此在静态网格体选项中选择的是下面的那个"ChassisStaticMesh",上面那个不带"StaticMesh"的底盘是上下颠倒

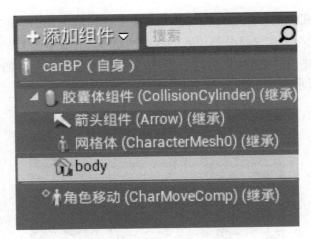

图 4.10　组件窗口示意

的,并不适合在本情况下使用。

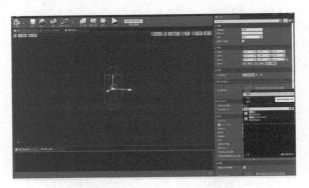

图 4.11　静态网格体窗口示意 1

选择好之后我们就可以看到在视口中出现了小车底盘,如图 4.12 所示。

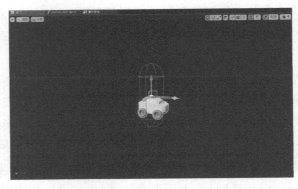

图 4.12　静态网格体窗口示意 2

可以明显观察到角色蓝图类自带的那个胶囊体比这个小车的底盘要低很多。角色类自带的胶囊体就是这个蓝图类的碰撞体积,如果就这样拖入场景中的话会出现小车底盘悬浮在空中的情况,因此设计人员需要调整胶囊体的长度。如图 4.13 所示,先点击左侧的胶囊体以选中胶囊体组件,然后再在右侧的细节中找到"形状"一栏,并修改这一栏的"胶囊体半高",将其值设置成 60,就和小车底盘的高度差不多了。

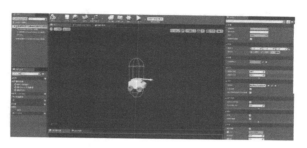

图 4.13　修改胶囊体示意

设置好底盘之后,将目光聚焦到小车上方的相机部分。小车的底盘与相机之间需要一个连接的组件,所以需再添加一个静态网格体组件,将其命名为"connect",意为底盘与相机之间的连接,如图 4.14 所示。我们先选中"body"静态网格体,在底盘的基础上,再点击添加组件,来将连接的"connect"与"body"绑定在一起。

图 4.14　连接静态网格体示意

与前文操作一样,这个"connect"静态网格体也一样需要填充从外部引入的静态网格体(见图 4.15)。选中"connect"之后,在右侧的静态网格体一栏中搜索"gimbal",意思是常平架,它将作为底盘与相机之间的连接。与之前操作一样的是,这次同样要选择下方的"GimbalStaticMesh","Gimbal"是上下颠倒的,不适合用于此场景。

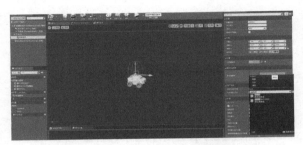

图 4.15　选择"connect"静态网格体示意

连接部分已经准备就绪,如图 4.16 所示。

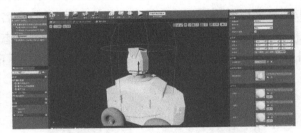

图 4.16　"connect"静态网格体示意

接下来就是最顶上的相机部分,整体流程与前文一致,先选中"connect"静态网格体,然后添加新的静态网格体组件,紧接着在视口右侧的细节中选择"CameraStaticMesh"。在选择好之后,会看到双筒相机是几乎紧贴在底盘上方的,所以还需要调整"camera"的位置,将其上移至合适的位置,如图 4.17 所示。

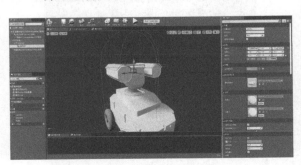

图 4.17　"camera"静态网格体示意

至此，小车的基本外形就已经确定了，但是还需要对这个小车的模型进行编辑。首先在控制小车的时候需要一个能够自动跟随小车的相机来提供小车的第三人称视角，其次小车的相机功能不只是一个摆设，还需要在相机的位置放置一个真正可以拍摄图片的相机。

首先解决第一个问题，就是一个能够实时跟随小车移动的第三人称视角相机。在蓝图类的组件中，有一个可以完美解决这个问题的组件，称为弹簧臂，它可以将一个物体凭空固定在另一个物体的固定距离之外，这就可以完美解决小车设计视角的问题。

在左侧的组件列表中，先选中"body"静态网格体，然后添加组件"弹簧臂组件"，如图4.18所示，英文名为"SpringArm"，因为在巡检小车中只存在一条弹簧臂，所以不需要更改名字。

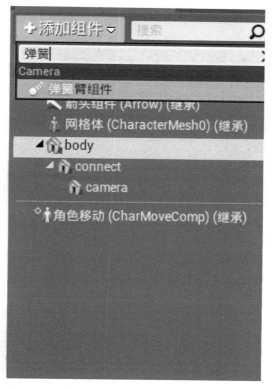

图4.18 添加弹簧臂组件示意

添加弹簧臂组件（见图4.19）之后，可以看到在"body"静态网格体之后出现了一根红线（实际操作时可看到），这根红线就是弹簧臂组件的长度。接着需要在这个弹簧臂上安装一个相机，让设计人员的视角可以跟随相机一同移动。

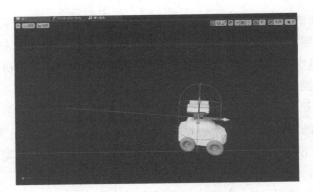

图 4.19 弹簧臂组件示意

可以在左侧添加组件中搜索"摄像机组件",如图 4.20 所示,选择第一个"摄像机组件"。摄像机组件可以给予其所在位置的视野,并通过屏幕实时向我们传递所拍到的画面。

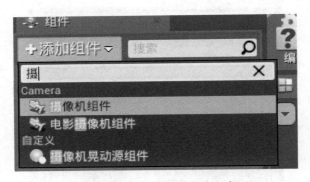

图 4.20 添加摄像机组件示意

因为这个相机所提供的画面是小车的后方,也就是小车的第三人称视角,所以可以把这个摄像机的名字命名为"ThirdPerson",如图 4.21 所示。

图 4.21 摄像机组件示意

接下来添加小车的相机功能，因为小车的相机功能要跟随相机模型的旋转而旋转，所以先选中小车的相机模型，即"camera"静态网格体，然后在相机模型的基础上添加"摄像机组件"，如图 4.22 所示，并命名为"FirstPerson"，代表相机功能是小车的第一人称视角。

图 4.22 第一人称摄像机组件示意

可以看到相机在刚放入蓝图类中时位置是几乎在蓝图类的中心的，而我们希望相机在小车的相机模型附近。因此需要把摄像机组件拖到相机模型附近，如图4.23 所示。

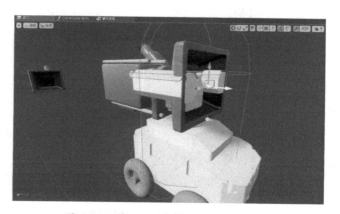

图 4.23 第一人称摄像机组件位置示意

在有了摄像机组件之后，就能够通过小车的相机位置观察周围情况，但是如果要将所看到的全部拍下来，那就还需要一个快门，正如一台真正的相机一样，如果没有快门，那么照片就无法被保存下来。设计人员可以在左侧选中刚刚添加的第一人称视角相机，然后在该相机的基础上，添加"场景捕获组件 2D"。在搜索栏中我们只需搜索"2"即可找到这个组件，如图 4.24 所示。

4

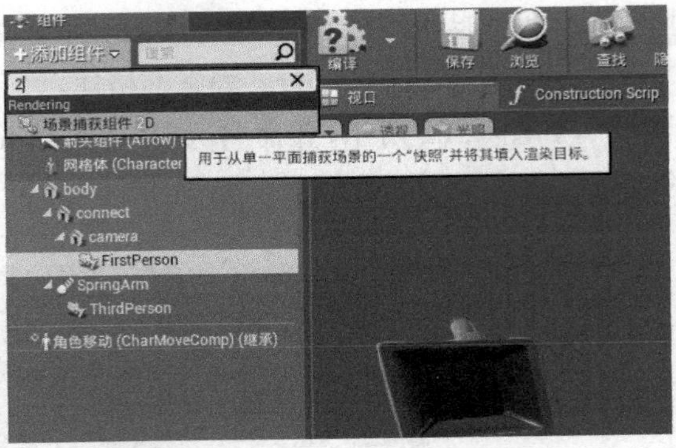

图 4.24　添加快门组件示意

　　因为在巡检小车上只需要一个快门,所以就不需要改名,直接使用它的原名即可。添加的快门组件就在小车的相机模型附近,设计人员无需进行更多更改,如图 4.25 所示。

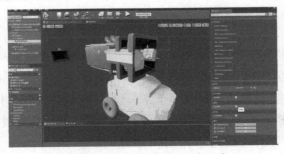

图 4.25　快门组件示意

　　巡检小车的外观模型到此就建设完毕了,接下来还需要更改一个参数,在视口左侧选中第一人称视角的摄像机组件。为了防止在程序运行时不知道启用哪个相机作为显示画面的相机,可以手动把这个第一人称相机取消自动启用。开关按钮在视口右侧细节的最底下,如图 4.26 所示,"自动启用"开关取消勾选即可。

图 4.26　取消第一人称视角示意

在编程过程中,设计人员应养成好的编程习惯,即随时编译并保存,如图 4.27 所示,编译和保存之后就可以在场景中看到保存后的景象,若是没有编译并保存,设计人员在蓝图类中做的修改就不会实时反映在场景之中。

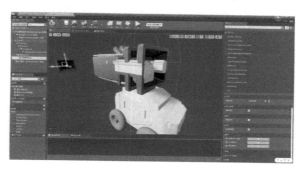

图 4.27　编译并保存示意

接下来就可以把小车拖到场景中,观察一下小车的模型,如图 4.28 所示,将小车拖入场景中的方式与之前搭建虚拟变电站一样,从新建文件夹中将"carBP"拖入到场景中,放在设想的位置。

图 4.28　巡检小车在场景中示意

将小车放到场景中之后,再回到巡检小车的蓝图编辑上来。至此已经完成了小车的模型搭建,那么接下来的首要目标就是让这个小车动起来。首先来移动我们观察小车的视角。

设计人员可以通过移动鼠标来移动观察物体的角度,比如将鼠标从左向右开始滑动的时候,我们看到的小车视角也会从左边变到右边,或者使用我们之前在搭建小车模型时使用的组件来描述这件事情,弹簧臂上的相机会从右边移动到左边。下一节将详细介绍如何在蓝图中完成这件事情。

4.1.2　映射的设置

既然需要读取鼠标的移动方向,那么必然需要应用一个设置——映射。在虚幻引擎的最上方的一行，点击其中的"编辑"，在下拉菜单中找到"项目设置"，如图 4.29 所示。

图 4.29　菜单栏中项目设置示意

在项目设置窗口中，如图 4.30 所示，往下翻可以看到"引擎"大栏中的"输入"一栏，点开"输入"，其右边有一个轴映射的调整界面，设计人员就可以在这里设置读取操作对应的名字，方便在蓝图中对其进行操作。

图 4.30　项目设置示意

现在将鼠标的输入设置到虚幻引擎中来，有两个英文单词，一个是"Yaw"，代表偏转，另一个是"Pitch"，代表了倾斜，把偏转对应到鼠标的 X 轴运动，把倾斜对应到鼠标的 Y 轴运动，如图 4.31 所示。值得注意的是，这里的 Pitch 轴所对应的鼠标 Y 轴是相反的，所以后面的缩放的数量应设置为"−1"。

在设置好轴映射之后，我们可以在巡检小车的蓝图中读取到我们所设置的轴的输入，点击回到巡检小车的"事件图表"。如图 4.32 所示，在"事件图表"中可以看到有三个框，这三个框可以算是比较标准的程序开头，目前做巡检小车的视角运动不需要用到这些程序开头，只需要简单地调用轴输入即可。

在空白区域单击右键，然后输入刚才设置的轴的名字，我们就可以在蓝图所

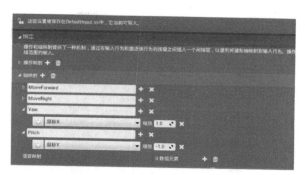

图 4.31 轴映射示意

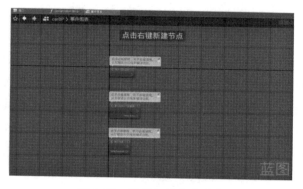

图 4.32 蓝图初始画面示意

有操作中的输入中找到一个名为"坐标轴事件"的蓝图,如图 4.33 所示,可能初始情况会默认让你选择坐标轴值,但是我们需要用的是读取坐标轴状态的"坐标轴事件蓝图"。

图 4.33 蓝图初始画面示意

在选择了"坐标轴事件"后,"事件图表"中会出现对应的蓝图函数框,如图 4.34 所示。

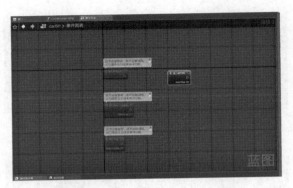

图 4.34　蓝图中"坐标轴事件"示意

这个蓝图的函数框代表了这个函数可以读取对应的轴的输入,一旦对应轴有输入信号传入,那么就会触发这个函数,以及这个函数所连接的其他函数。

在空白的地方点击鼠标右键,输入"Pitch 输入",就可以在蓝图的所有操作中找到我们想要的"添加控制器 Pitch 输入",如图 4.35 所示。

图 4.35　蓝图中"Pitch 输入"示意

观察刚才加入的两个蓝图函数框,如图 4.36 所示,它们的两边都有对应的箭

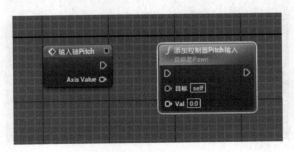

图 4.36　蓝图中两个函数示意

头或者圆圈,以及圆圈上对应的颜色。很显然,这种颜色或者形状对应的空当就应该被已连接在一起。

首先是白色箭头,白色箭头在虚幻引擎的蓝图编辑中代表了函数触发的顺序,也代表了函数之间的联系。先点击"输入轴 Pitch"上的白色箭头,然后按住鼠标拖到"添加控制器 Pitch 输入"左侧的白色箭头上,这样就在两个蓝图函数框之间形成了一条白色连线,如图 4.37 所示,表示从"输入轴 Pitch"中读取到的任何输入都将被传入到"添加控制器 Pitch 输入"函数中。可以看到"添加控制器 Pitch 输入"函数中有一个输入值为"self"的目标,表明了从"输入轴 Pitch"中读取到的输入控制将对这个蓝图类本身起作用,即巡检小车自身。

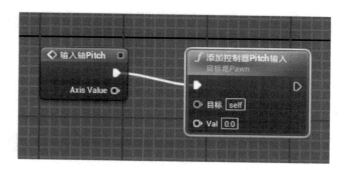

图 4.37 蓝图中函数连接示意

在连接上这两个函数之后,还观察到"输入轴 Pitch"的输出是一个绿色的圆圈(实际操作时可看到),名称为"Axis Value",就是从输入设备读取到的输入。在虚幻引擎中,一个颜色对应的就是一种变量类型,如图 4.38 所示。

图 4.38 虚幻引擎变量类型示意

　　绿色对应的是浮点值,将这个绿色的圆圈与后面"添加控制器 Pitch 输入"函数中的绿色输入"Val"连接,就完成了这两个函数之间的信息传递,如图 4.39所示。

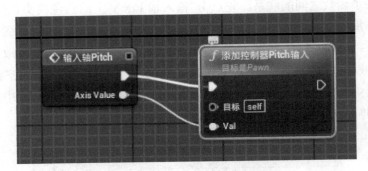

图 4.39　蓝图中函数连接示意

　　这样就完成了鼠标 X 轴向上的移动对小车的控制,鼠标 Y 轴向上的控制也是如此,将之前步骤中的"Pitch"全部换成"Yaw"即可,最终效果如图 4.40 所示。

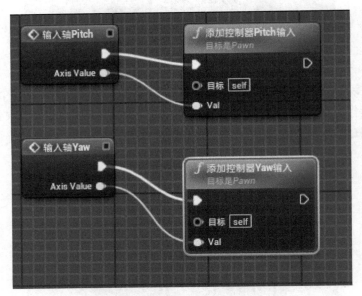

图 4.40　蓝图中控制小车视角示意

　　如果想要通过鼠标移动来控制小车的视角的话,还需要回到巡检小车的视口中,选中小车第三人称相机与小车之间的弹簧臂,然后再在右侧的摄像机设置中将"使用 Pawn 控制旋转"勾选上,如图 4.41 所示,这样就可以通过鼠标来直接控制弹簧臂的移动。

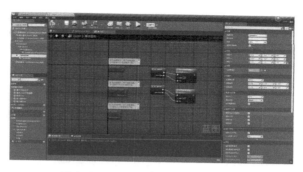

图 4.41　巡检小车弹簧臂设置示意

　　然后再找到左侧添加组件的位置，有一个角色移动，如图 4.42 所示，可以在这里控制小车的各种移动的参数。

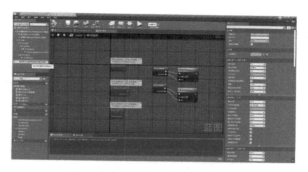

图 4.42　巡检小车角色移动示意

　　在选中角色移动之后，可以在右侧的细节中找到一个称为"角色移动（旋转控制）"的大栏，这一栏修改是使巡检小车也跟着旋转操作一同旋转，且始终面朝旋转的方向。将其中的"将旋转朝向运动"这一选项勾选上，如图 4.43 所示。上面还有旋转速率可供设计调整，数字越大，物体旋转得越快，可以在之后继续修改。

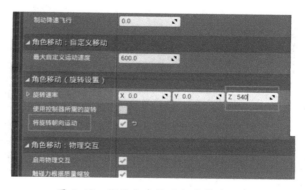

图 4.43　巡检小车运动朝向修改示意

最后在左侧找到"carBP"（自身）的选项，选中后看到右侧的细节中有"Pawn"大栏，其中有一个选项是"使用控制器旋转 Yaw"，将其取消勾选，如图 4.44 所示。

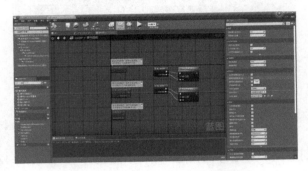

图 4.44 "使用控制器旋转 Yaw"示意

4.1.3 游戏模式的设置

上一小节的编译保存之后，在回到场景中之前，还需要调整整个游戏的模式，让小车成为游戏开始时首先掌控的对象。回到虚幻引擎主窗口的内容浏览器中，在之前创建巡检小车蓝图类的文件夹中再新建一个蓝图类，点击进蓝图类之后，选择游戏模式基础，如图 4.45 所示。

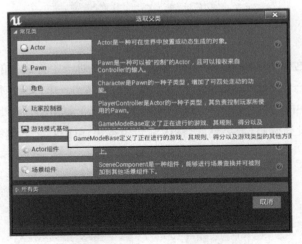

图 4.45 新建游戏模式示意

因为巡检小车是游戏中的主角，所以可以把这个游戏模式命名为"carmode"，双击"carmode"点开，就可以设置游戏模式蓝图类了，如图 4.46 所示，设计人员在右侧细节中的"类"这一项中进行修改。

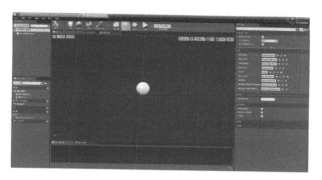

图 4.46　游戏模式示意

设计人员只需要调整"默认 Pawn 类",这一项决定的是点击虚幻引擎的"运行"之后控制的物体。如图 4.47 所示,设计人员将"默认 Pawn 类"后面的选项修改为正在开发的小车的蓝图类即可,如本项目给小车命名"carBP",这里选择"carBP"就行。记住,在修改完游戏模式之后,应对蓝图类进行编译保存。

图 4.47　游戏模式最终结果示意

在设置完游戏模式之后,回到虚幻引擎的主窗口,点击编辑中的项目设置,但是这次不设置输入轴映射。点开"项目"大栏中的"地图和模式",在这里修改整个虚幻引擎项目的模式。如图 4.48 所示,在默认模式中将默认游戏模式更改为刚创建的游戏模式"carmode"。

设计人员还可以点开视口下方的"选中的游戏模式"来确认此时游戏模式中的"默认 Pawn 类"是否是我们正在设计的"carBP",如图 4.49 所示,选中的游戏模式中的所有设置都和"carmode"中的设置一样。

图 4.48　项目设置游戏模式示意 1

图 4.49　项目设置游戏模式示意 2

除了在这里要对项目的游戏设置进行修改之外,还需要在世界场景设置中将游戏模式也一并修改了。可能虚幻引擎的初始状态下世界场景设置并不会显露出来,因此需要打开世界场景设置。在虚幻引擎的上方点击窗口,并点击世界场景设置,如图 4.50 所示,让世界场景设置出现在主窗口中。

图 4.50　勾选世界场景设置示意

　　然后就可以在右侧细节的旁边看到一个标签页，上面写着"世界场景设置"。点开后就可以看到下面有游戏模式可供选择，设计人员在游戏模式重载中也选中之前新建的 carmode 即可，如图 4.51 所示。

图 4.51　世界场景设置中游戏模式示意

4.1.4　控制玩家的设置

　　在上一节设置完游戏模式之后，我们还需要给小车设置控制的玩家。项目设置了"默认 Pawn"类如同告诉玩家，你要去操控的是这辆小车，但是小车还没有接收到这个信息，小车并不知道自己会被玩家控制，所以现在要做的事就是要告诉小车，哪一个玩家即将控制你。在场景中点击小车，然后在右侧的细节中拖到最底下，找到有一个大类称为"Pawn"，如图 4.52 所示，然后在其中找到"自动控制玩家"的选项，小车就是通过这个选项来知晓自己会被哪个玩家控制，将这里的"已禁用"更改为"玩家 0"即可。

图 4.52　巡检小车控制玩家修改示意

4

点击主窗口中运行,得到画面如图 4.53 所示。

图 4.53　虚幻引擎运行示意

点击运行之后,再将鼠标移动到画面内,再次点击画面,进入到场景中,可以使用键盘和鼠标控制项目中的角色,此时移动鼠标,就可以控制视角观察小车,但是小车的朝向不会发生变化。这就达成了我们第一个目标,即旋转巡检小车的视角。

接下来尝试如何让小车动起来,最简单的一种方法就是像其他游戏一样使用键盘上的 4 个键"W""S""A""D"来分别控制小车的前后左右。

和使用鼠标控制观察小车的视角一样,首先在设置中将"W""S""A""D"这 4 个键盘上的按键绑定到我们想要的轴映射上。流程与前文一致,在编辑中打开项目设置,然后找到引擎中的输入,将"W""S""A""D"绑定,如图 4.54 所示。"W""S"这两个键对应的是前后轴向上的运动,因此放在了一个轴映射中,后退"S"的缩放为"-1";左右移动的轴映射同理,右为正,左为负。

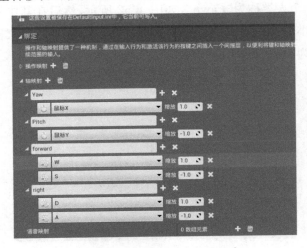

图 4.54　项目设置绑定按键示意

由前文已知如何将输入轴的信号读取进蓝图中：只要输入对应的轴的名字，然后选择对应的输入轴事件，就可以读取到输入轴的信号输入。按照如图 4.55 所示的函数和顺序相连，就可以让小车运动起来。其中每一个函数的添加都是通过右键单击空白区域，然后再输入对应的函数名称并选择对应的函数。函数与函数之间的连接方式也如图 4.55 所示。

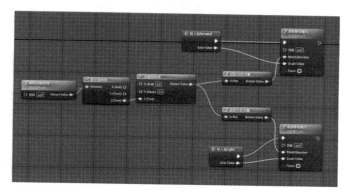

图 4.55　项目设置绑定按键示意

以上的步骤可以让大家对蓝图的功能更加熟悉，这些也是基本功能，接下来就正式开始巡检小车的巡检工作。

巡检小车的巡检过程就是按照小车运行的规定路线来完成其巡检工作，巡检工作包括拍摄电力设备检查其是否异常以及拍摄变压器上的油压表和避雷器上的电流表。主要有两个动作：①沿路线移动；②拍照。接下来就围绕这两个动作进行介绍。

首先是沿路线移动，巡检路线在虚幻引擎中的体现称为样条。样条的创建和其他蓝图类一样：在蓝图类的文件夹中新建一个蓝图类，但是这次选择的不是角色类，也不是游戏模式基础，而是最普通的 Actor 类，如图 4.56 所示。作为第一条样条，将其命名为"line1"。

图 4.56　Actor 类创建示意

双击点开这个 Actor 类,在左侧添加组件处搜索样条,如图 4.57 所示,点击添加后编译保存,然后再回到巡检小车的蓝图。

图 4.57　蓝图中添加样条示意

因为样条是在另一个蓝图类中,要想在小车的蓝图类中找到这个样条,就需要先从其他类中读取到巡检小车的类中。单击蓝图内的空白处,并搜索"获取类的 Actor",如图 4.58 所示,选择工具集中的"获取类的 Actor",这样就可以从 Actor 类"line1"中读取到样条的数据。

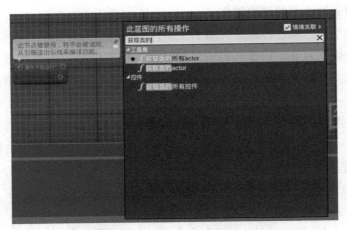

图 4.58　蓝图中搜索"获取类的 Actor"示意

在添加了这个函数之后,可以看到在窗口下面有一个输入和一个输出。在输入的位置选择刚才创建的样条的蓝图类的名字,如图 4.59 所示,蓝图类的名字是"line1"。然后把鼠标移到输出的位置,并右键单击输出,在下拉菜单中选择"提升为变量",这样就使样条在巡检小车的蓝图类中成为一个可以随时访问引用的变量。

图 4.59 蓝图中"获取类的 Actor"示意

提升到变量之后，可以对这个变量进行命名，因为样条称为 line1，因此这个变量名也可命名为"line1"，如图 4.60 所示。

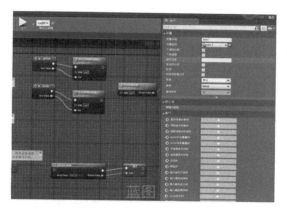

图 4.60 蓝图中变量命名示意

然后可以把一开始看到的三个标准开头中的其中一个，即"事件开始运行时"挪下来放在"获取类的 Actor"旁边，并将这两个的白色箭头连接在一起，表示在虚幻引擎一运行就开始获取样条类的变量，如图 4.61 所示。

图 4.61 蓝图中与"事件开始运行时"连接示意

接下来介绍蓝图中另一个特别重要的功能——时间轴，右键单击空白地方，如图 4.62 所示,搜索"时间轴"。

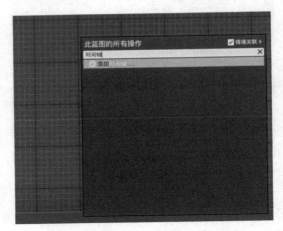

图 4.62　蓝图搜索"时间轴"示意

新放的"时间轴"可以改名,因为在后面的编程过程中,"时间轴"用来规定巡检的时间,所以可以将其命名为"运行时间",如图 4.63 所示。

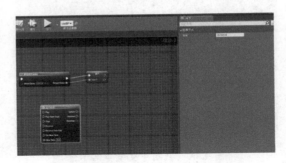

图 4.63　蓝图修改时间轴名字示意

双击点开"时间轴",可以点击添加浮点型轨道,即视口上面一排按钮的第一个按钮。轨道就是一个时间轴,其中横轴是时间,纵轴是对应的数值,如图 4.64 所示。

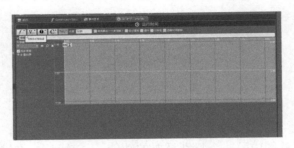

图 4.64　"时间轴"添加新轨道示意

　　具体的数值可以之后再来填写，先来添加前面的内容。设计人员可以在前面先添加一个变量，用来设置完成这一条巡检路线的时间。添加变量的位置如图 4.65 所示，在左侧的变量的最右侧有一个加号，单击后就可以添加一个变量。

图 4.65　添加新变量示意

　　如果设计人员想要添加的变量是一个浮点数，需要先把变量的名字设置为"time to complete"，就是想要这个巡检路程完成的时间，如图 4.66 所示，同时将变量的类型转变为浮点数。

图 4.66　设置变量参数示意

然后将这个变量从变量库中拖出来,如图 4.67 所示,在蓝图中选择"获取 time to complete"一个绿色的小框。

图 4.67 设置变量示意

然后利用这个巡检路程完成的时间来设置时间轴的运行速率。因此需要把这个时间的数字转换成速率,用 1 去除以这个完成的时间,完成"除以"这个操作的蓝图函数只需要在空白处右击并搜索"/"即可,如图 4.68 所示,选择浮点数之间的相除操作。

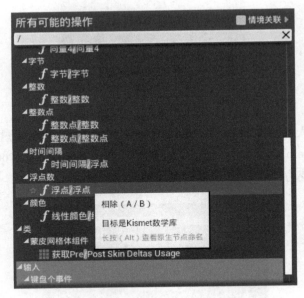

图 4.68 搜索"相除"操作示意

然后在空白区域单击右键,搜索"设置时间速率",如图 4.69 所示,很多用户可能会直接选择这个跳出来的"设置播放速率",但是如果想要设置的播放速率是时间轴的播放速率,就需要关注蓝图的所有操作的菜单栏的右上角,其中有一个情景关联,需要把这个情景关联取消掉。

图 4.69　搜索时间轴"设置播放速率"示意 1

取消情景关联之后,就可以找到关于时间轴的"设置播放速率",如图 4.70
所示。

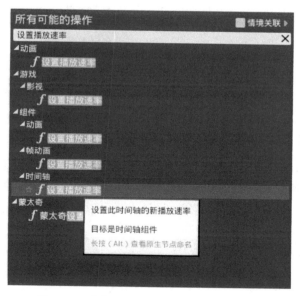

图 4.70　搜索时间轴"设置播放速率"示意 2

在添加了时间轴"设置播放速率"之后,还需要在这个函数身边引用一个已经添加的时间轴,输入之前那个时间轴的名字"运行时间",如图 4.71 所示,点击"获取运行时间",即获取一个刚才创建的时间轴,把这个时间轴作为一个函数可以引用的变量。

图 4.71　添加获取时间轴示意

然后将前面的所有的函数按照如图 4.72 所示的顺序连接。变量与相除的除数相连,被除数设置为 1。

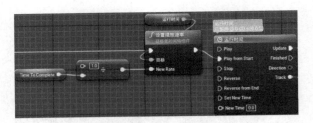

图 4.72　前半段连接示意

接下来双击打开时间轴函数框,对其中的时间轴进行修改。因为已经设置了一个播放速率,所以时间轴的横轴只需要 0～1 即可。在时间轴空白处单击右键,可以看到如图 4.73 所示的下拉菜单,设计人员可以添加一个关键帧到时间轴上。

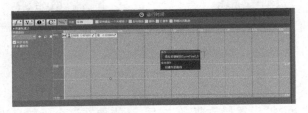

图 4.73　添加时间轴关键帧示意

　　然后左键点击关键帧的小点,在时间轴的左上角的"时间"和"值"处修改具体的值。如图 4.74 所示,第一个点的位置在时间轴的(0,0)处,第二个位置在时间轴的(1,1)处。在设置好两个点的位置后,再次点击上方的两个按钮,将两个点都显示在屏幕中。

图 4.74　设置时间轴关键帧示意

　　然后右键点击两个关键帧,在"关键帧插值"中选择自动,如图 4.75 所示,让整个时间轴的曲线更加平滑。

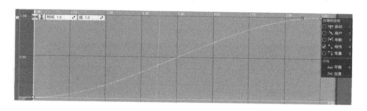

图 4.75　平滑设置时间轴关键帧示意

　　其次,时间轴中另一个比较重要的因素就是时间轴长度。如图 4.76 中框起来的部分所示,这个长度指的是时间轴函数中的时间长度,因此如果在添加的时间轴中设置的两个点最远为 1,那么也应该把时间轴函数的长度设置为 1。

图 4.76　设置时间轴长度示意

　　接下来就需要将之前创建的样条引入到蓝图中来,在空白处搜索"获取样条长度",如图 4.77 所示。

图 4.77 蓝图添加"获取样条长度"示意

然后从左侧的变量库中将"line1"拖出来,并连接到获取样条长度上,这样会在中间自动出现一个转换函数,将变量转换为样条,如图 4.78 所示。

图 4.78 蓝图连接样条与"获取样条长度"示意

接下来在空白处搜索插值,选中浮点数的插值,如图 4.79 所示,插值可以让

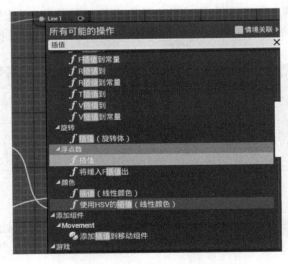

图 4.79 蓝图搜索插值示意

设计人员设置的 0~1 时间轴映射到整个巡检的过程,根据时间轴的数值来变相表现巡检小车的运动。

前面两部分蓝图函数与插值函数的连接如图 4.80 所示。

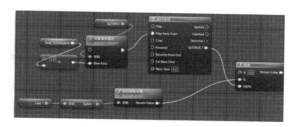

图 4.80　蓝图与插值连接示意

接下来在蓝图中搜索"获取沿样条的距离处位置"和"获取沿样条的距离处旋转",并且如图 4.81 方式连接,插值的输出值与两个函数的"Distance"输入值相连。上方的目标输入值与样条相连,方式与前文操作一致,将样条变量从变量库中拖出并与目标相连。

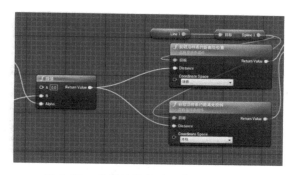

图 4.81　蓝图沿样条的距离处连接示意

最后的函数名为"设置 Actor 变换",通过这个函数对巡检小车蓝图类进行控制,根据已知的样条位置和旋转来对小车进行平移控制,如图 4.82 所示。黄色输出与黄色输入相连,紫色输入与紫色输出相连,完成连接。

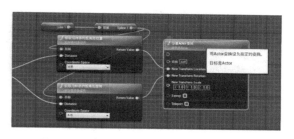

图 4.82　蓝图与设置 Actor 变换连接示意

完成一部分操作之后先编译保存,然后回到场景中,对样条进行编辑。在创建样条的时候就只在蓝图类中放置了一个样条巡检轨迹,并没有设置它的长度与位置,这些都是将其拖入场景之后再设置的。如图 4.83 所示,我们先把"line1"拖到巡检小车边上。

图 4.83　将样条拖到场景中示意

可以看到拖到场景中的样条有一根白色的细线,点击白色细线的端点,见图 4.84,就可以拖动端点,每一个端点之间都会有一条线相连,这就是样条的轨迹。

图 4.84　样条端点示意

在移动好第一个端点之后,如果想要再延长样条的话,可以使用"Alt 组合"快捷键来快速复制一条想要的巡检轨迹。我们先将终点设置在变压器边上的避雷器对面如图 4.85 所示,然后开始第二个任务,对表计拍照。

图 4.85　设置样条终点示意

拍照这个行为在虚幻引擎中没有直接对应的动作，所以需要设计人员编写一个蓝图函数，来帮助完成这个动作。在虚幻引擎最上方的选项中选择文件，然后新建 C＋＋类。如图 4.86 所示。

图 4.86 新建 C＋＋类示意

新建的 C＋＋类是我们想要在蓝图中实现的功能，所以在选择父类的时候要多往下翻一下，找到蓝图函数库并确定，如图 4.87 所示。

图 4.87 新建蓝图函数库示意

蓝图函数库的名字可以修改，因为原本有一个蓝图函数库，这是虚幻引擎自带的，如果想要自己编辑一个新的蓝图函数，函数的名字最好与原本的蓝图函数有一点区别，如图 4.88 所示，然后点击创建类。

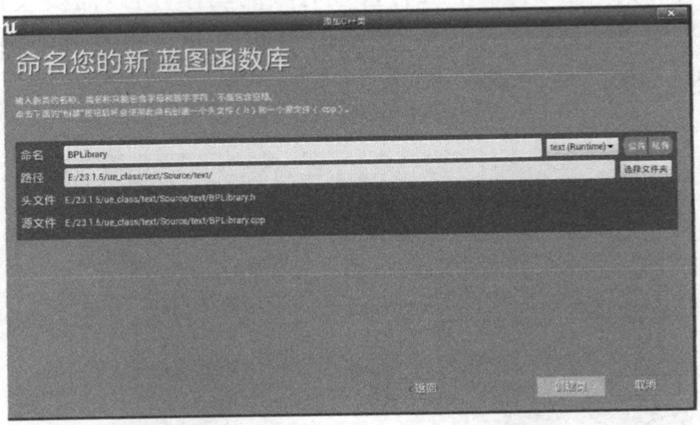

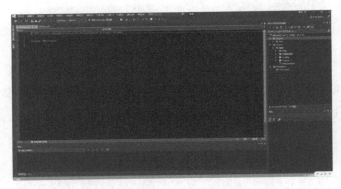

图 4.88　新建蓝图函数库命名示意

在创建了 C＋＋类之后，会有一个 Visual Studio 的窗口弹出，如图 4.89 所示。

图 4.89　VS 界面示意

在这个界面可以看到有两个文件，一个是 h 文件，一个是 cpp 文件。首先对 h 文件进行编辑。

```
# include "Engine/TextureRenderTarget2D.h"
# include "Components/SceneCaptureComponent2D.h"
# include "Kismet/BlueprintFunctionLibrary.h"
 # include "Runtime/Engine/Public/ImageUtils.h"
```

先用这四句话代替原本的代码（见图 4.90）。

```
# include "Kismet/BlueprintFunctionLibrary.h"
```

然后在 generat_body 下补充如下代码（见图 4.91）：

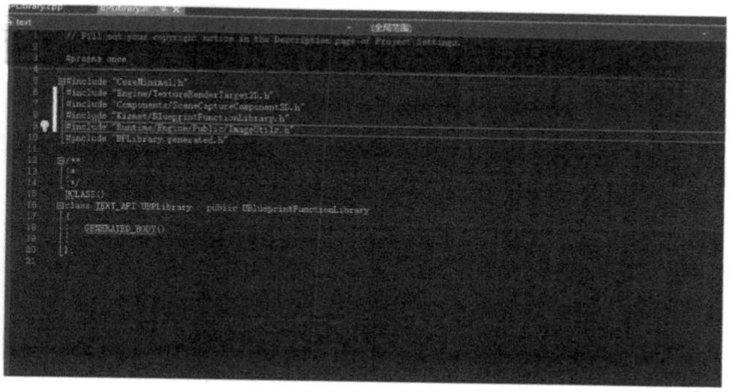

图 4.90　h 文件界面示意图

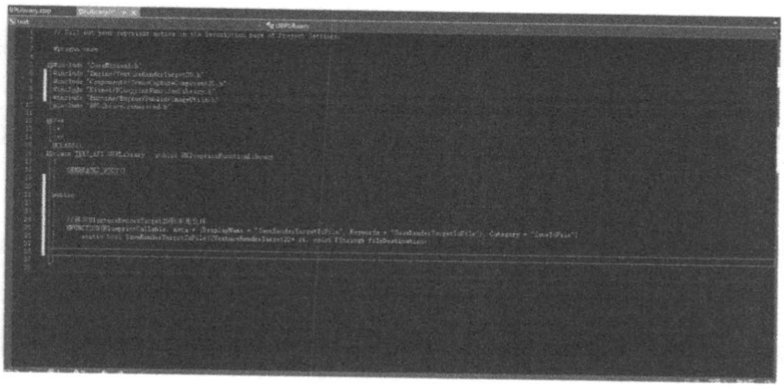

图 4.91　h 文件代码示意

```
public:
    //保存 UTextureRenderTarget2D 到本地文件
    UFUNCTION(BlueprintCallable, meta=（DisplayName= "SaveRenderTargetToFile",
Keywords= "SaveRenderTargetToFile"), Category= "SaveToFile")
        static bool SaveRenderTargetToFile(UTextureRenderTarget2D* rt, const
FString& fileDestination);
```

文件解决好了后，再来关注 cpp 文件。

cpp 文件其实简单很多，只需要把这个函数的功能代码放进去就好了，其代码如下（见图 4.92）：

```
bool UBPLibrary:: SaveRenderTargetToFile（UTextureRenderTarget2D* rt, const
FString& fileDestination)
    {
    FTextureRenderTargetResource* rtResource= rt- > GameThread_GetRenderTar-
getResource();
    FReadSurfaceDataFlags readPixelFlags(RCM_UNorm);
```

```
TArray< FColor> outBMP;

for (FColor& color : outBMP)
{
color.A= 255;
}

outBMP.AddUninitialized(rt- > GetSurfaceWidth() * rt- > GetSurfaceHeight
());
rtResource- > ReadPixels(outBMP, readPixelFlags);

FIntPoint destSize(rt- > GetSurfaceWidth(), rt- > GetSurfaceHeight());
TArray< uint8> CompressedBitmap;
FImageUtils::CompressImageArray(destSize.X, destSize.Y, outBMP, Compressed-
Bitmap);
    bool imageSavedOk = FFileHelper:: SaveArrayToFile (CompressedBitmap, *
fileDestination);
    if (imageSavedOk) GEngine- > AddOnScreenDebugMessage(- 1, 5.0f, FColor::
Blue, TEXT("Image Saved"));
    return imageSavedOk;
}
```

图 4.92　cpp 文件代码示意

在复制完代码之后,还需要将 UE 设置为启动项,如图 4.93 所示,在 VS 右侧的方案资源管理器中找到"UE4",然后右键点击"UE4"并将其设为启动项目。

设置好后回到虚幻引擎中,如图 4.94 所示,点击最上方的编译,就可以实时地将 VS 中编写的代码编译出来。

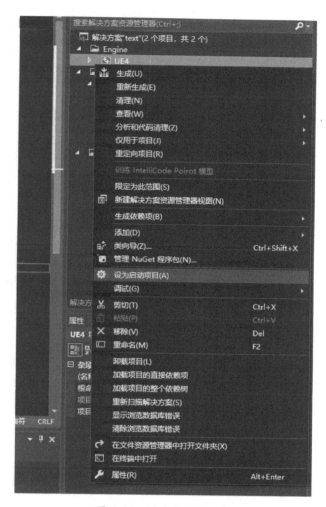

图 4.93 设为启动项示意

图 4.94 虚幻引擎编译示意

如果想要检验编译函数是否完成了该有的效果,设计人员可以将鼠标点到小车的蓝图中来,然后右键单击空白地方,搜索"saverendertargettofile",如果能看到如图4.95所示有对应名字的蓝图函数,就说明已经成功安装了所编写的代码,编译成功(见图4.95)。

图4.95 检验代码效果示意

然后先回到之前创建蓝图的文件夹中,我们要创建一个承载相机拍到的图像的文件。在虚幻引擎中,它称为渲染目标,如图4.96所示,材质和纹理是虚幻引擎中的一个选项。刚才编程引入的代码就是将这个渲染目标转换为我们可以操作的图片。

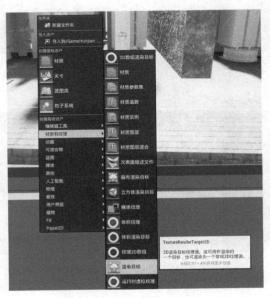

图4.96 新建渲染目标示意

然后对拍照的摄像机进行一些设置。首先回到小车的蓝图中来,然后点击左侧组件中的快门,也就是"场景捕获组件 2D",设计人员可以在右侧的细节中看到场景捕获中可以选择的纹理目标,将刚刚创建的渲染目标放进去,如图 4.97 所示。

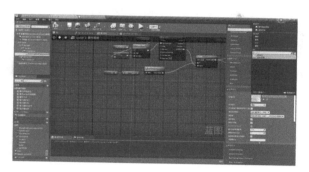

图 4.97　修改小车配置示意

编译保存之后,双击点开这个渲染目标,并将其中渲染目标格式更改为"RTF RGBA8 SRGB",如图 4.98 所示。

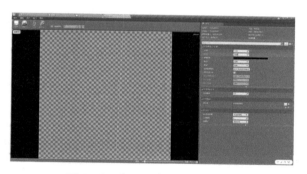

图 4.98　修改渲染目标配置示意

回到虚幻引擎主窗口中就可以看到刚刚创建的"picture 渲染目标",其能够显现出我们小车正对着的景象,如图 4.99 所示。

图 4.99　渲染目标示意

在巡检小车拍照之前还需要将小车的相机旋转到我们想要的角度,所以在保存图片之前,需要旋转小车的相机角度,旋转小车的蓝图如图4.100所示。

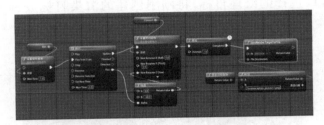

图4.100　小车拍照蓝图示意

其中转向时间轴中的时间轴与前文一致,也是一个0~1的平滑曲线,如图4.101所示。

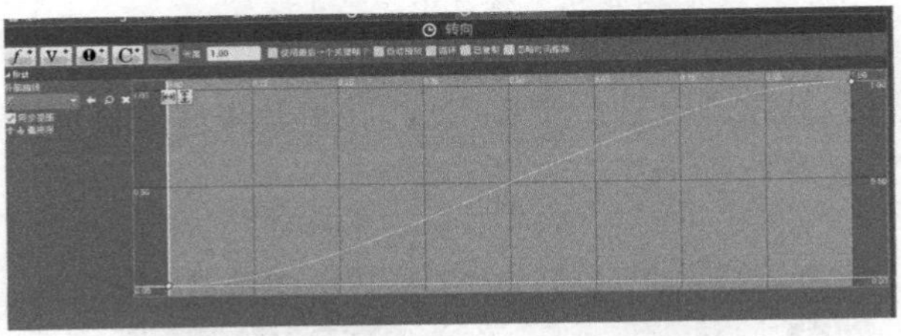

图4.101　时间轴内时间轴示意

需要注意:"saverendertargettofile"函数不能忘了选择输入值,也就是需要保存的渲染目标,其在函数中接口为Rt,如图4.102所示。

图4.102　新函数示意

至此,在蓝图中已经把需要完成的功能都开发完成了,但是如果此时去虚幻引擎主窗口点击运行,依旧不能让小车动起来,这是因为设计人员还没有应用这些函数功能。可在空白处点击右键,然后搜索"自定义事件",如图4.103所示。

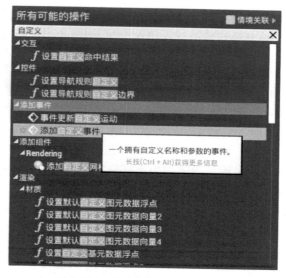

图 4.103　搜索"自定义事件"示意

　　"自定义事件"其实就像是一个函数的名字,给所开发的功能一个头衔,之后要是再需要使用这些函数时就可以直接使用这些头衔去引用这些函数。比如本项目给第一段巡检的功能加一个名字,称为"巡检 1",如图 4.104 所示,并将这个自定义事件与蓝图相连。

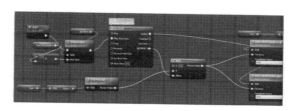

图 4.104　"自定义事件"连接示意 1

　　下文的拍照功能也是如此,添加一个自定义事件以其功能冠名(见图 4.105),比如"拍照 1"。

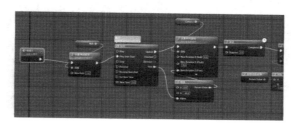

图 4.105　"自定义事件"连接示意 2

光有头衔是不够的,还需要引用这些头衔。"巡检1"是运行一开始就启动的,所以把"巡检1"和事件开始运行连接在一起,如图4.106所示。

图4.106 "巡检1"连接示意

巡检结束后的拍照是需要等巡检小车到位之后再做的事情,所以使用数字按键"1"来触发"拍照1",在空白处右键单击并搜索"1",如图4.107所示,可以找到"数字1"所触发的函数。

图4.107 "数字1"按键示意

"数字1"与"拍照1"之间的连接如图4.108所示。

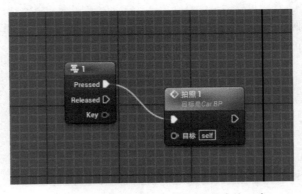

图4.108 "数字1"按键与"拍照1"连接示意

此时回到虚幻引擎中就可以实现巡检小车巡检的功能,从沿着巡检轨道运动,到对电力设备拍照,整个流程都可以按照设计人员预定的顺序来。

项目最后的目标就是要对整个变电站的电力设备完成巡检,也就是说巡检轨道要围绕整个变电站一周,以及对避雷器上的表计和变压器上的表计进行拍摄。接下来要做的事情就是重复"巡检 1"和"拍照 1",并多做几个样条蓝图类。至此,整个巡检过程就完成了。

4.1.5 虚拟巡检的意义和价值

虚拟巡检在变电站的应用具有多方面的意义和价值。虚拟巡检通过模拟真实的变电站环境,允许操作人员在无触电和设备操作风险的情况下进行训练。这种模拟减少了现场操作的安全顾虑,使员工能够在面对紧急情况时,更加自信并准确地作出反应。

虚拟环境中的培训可以按需定制,提供一致的培训体验,且不受天气、时间限制。新员工可以通过模拟实际操作来熟悉设备和流程,这种交互式学习方式可以加深对设备和流程的理解和记忆,加速技能掌握。在虚拟巡检中,技术人员可以对设备进行详尽的检查,识别潜在的缺陷和问题。这种预检有助于工作人员制订更加精确的维护计划,减少现场检修时间,提高维护工作的效率和效果。

虚拟巡检可以重现各种故障情况,如设备故障、系统崩溃等,让操作人员在无风险的环境中学习和练习应对策略。这种模拟训练有助于提高故障诊断能力和应急处理速度。虚拟巡检减少了对物理设备的需求,降低了培训和巡检的成本。重复使用虚拟环境,减少了实际巡检的频率,从而降低了与交通、设备损耗等相关的成本。在虚拟环境中,操作人员可以通过模拟练习来提高巡检的准确性。虚拟巡检系统可以提供即时反馈,帮助操作人员识别和纠正错误,从而提高巡检质量。

虚拟巡检减少了对实际变电站的物理访问,降低了能源消耗和碳足迹。这种数字化巡检方式是一种更加环保的解决方案,有助于推动电力行业的绿色发展。虚拟巡检技术可以与物联网、大数据和人工智能等技术相结合,实现更加智能化的变电站管理。这种技术融合为变电站提供了实时监控、预测性维护和智能决策支持。定期的虚拟巡检有助于及时发现设备老化和潜在故障,实现预防性维护。这种主动维护策略可以减少电网设备意外停机时间,提高变电站的可靠性和运行效率。

结合增强现实技术,虚拟巡检可以将虚拟信息叠加到现实世界中,为现场工作人员提供实时的指导和辅助。这种创新技术将提高电网现场巡检工作的准确性和效率。虚拟巡检支持远程协作,使不同地点的技术人员能够在同一个虚拟环境中共同工作和交流。这种协作方式打破了地理限制,提高了团队的工作效率和沟通效果。虚拟巡检还可以收集和分析大量的巡检数据,帮助管理人员识别常见问题和改进点。通过生成详细的报告,管理人员可以更好地理解变电站的运行状况和维护需求。

对于一些结构复杂或难以接近的变电站场景,虚拟巡检提供了更加直观和详细的视图。操作人员可以在虚拟环境中自由移动和观察,更好地理解和分析系统。

虚拟巡检作为一种创新技术,为变电站的运行和维护提供了新的思路和方法。随着技术的不断发展,虚拟巡检将不断优化和改进,为变电站带来更多的价值和可能性。

综上,虚拟巡检在变电站中的应用是多维度的,它不仅提高了安全性和效率,还降低了成本,促进了技术创新和持续改进。随着技术的进一步发展,虚拟巡检有望在电力行业中发挥更大的作用。

4.2 ▶ 典型问题与解决方法

1. 典型问题 1

1) 问题描述

运行后摄像头一直卡在车里,运行时存在两个小车,到达终点后会发生碰撞,如图 4.109(a)(b)所示。

(a) (b)

图 4.109 典型问题 1

2) 解决方法

打开小车蓝图,选中小车(自身)—细节—Pawn—自动控制玩家—勾选"玩家0",如图 4.110 所示。

图 4.110 问题 1 解决方法

2. 典型问题 2

1) 问题描述

沿样条巡检时小车只跑了一部分路程,每次都在同一位置停下。

2) 解决方法

双击检查时间轴函数,长度和时间是否匹配,如图 4.111 所示。

图 4.111　问题 2 解决方法

3. 典型问题 3

1) 问题描述

在文件夹中已经删除了 cpp 文件和 h 文件,但是在运行中这两个文件还是会重新出现(问题详细描述见 https://zhuanlan.zhihu.com/p/515035924 中的问题二)。

2) 解决方法

(1) 关闭 UE4 和 VS,找到想删除的 a.h 和 a.cpp 并删除。

(2) 删除 Binaries 文件夹。

(3) 重载 VS 的项目文件,具体如下:

① 右击项目的 test.uproject(项目根目录下),Generate Visual Studio project files。

② 如果没有 Generate Visual Studio project files,使用命令行手动重载。

a. 在 cmd 下进入 UnrealBuildTool.exe 所在文件夹(D:\Program Files\Epic Games\UE_4.24\Engine\Binaries\DotNET)。

b. 使用命令行:`UnrealBuildTool.exe - projectfiles - project= "D:\UE4\xx\XX.uproject" - game - rocket - progress`。

注意:XX 为项目路径,XX.uproject 是项目文件。

③ 打开 VS,提示重载,点击重载。

④ 打开 UE4,点击修复。

4. 典型问题 4

1) 问题描述

在新建蓝图函数库时,不能成功创建类,弹出显示日志,其中报错信息中提到升级.NET 版本,并且只有 Source\我的项目中生成.cpp 和.h 文件,但项目文件中没有对应的.sln 文件。

2）解决方法

（1）在网页中搜索.net dev pack，进入第一个网站，如图 4.112 所示。

图 4.112　问题 4 解决方法 1

（2）点击安装选择，之后下滑选中 4.8 版本，选择开发人员工具包，如图 4.113 所示。

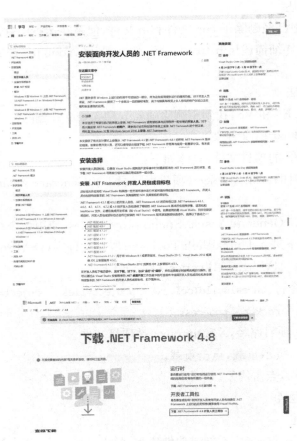

图 4.113　问题 4 解决方法 2

（3）自动下载后点击安装运行，再次新建蓝图函数库即可，如图 4.114 所示。

图 4.114 问题 4 解决方法 3

5. 典型问题 5

1）问题描述

在触发拍照操作后会闪退，如图 4.115 所示。

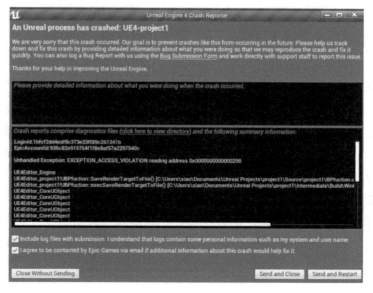

图 4.115 典型问题 5

2）解决方法

在"saverendenrtargettofile"中选中所创建的渲染目标，如图 4.116 所示。

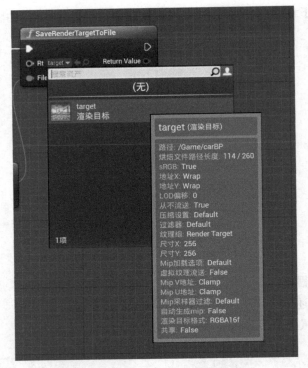

图 4.116　问题 5 解决方法

6. 典型问题 6

1) 问题描述

如果一开始的项目是中文名,那么在创建蓝图函数库运行. sln 文件的时候会报错,在创建的"BPFunction. h"(设计人员创建的名字)中显示找不到"BPFunction. generated. h"文件,同时 GENERATED_BODY()这一行也会报错。并且运行打开 UE 文件后依然找不到"saverendertargettofile"函数。

2) 解决方法

(1) 首先需要将项目名字全部改成英文名,首先需要删除项目文件夹里面的"Binaries"". vs""Intermediate""Saved"四个文件夹。(注意:改名应在建立蓝图函数库之前,可将刚刚生成的 Source\我的项目\BPFunction. cpp 和. h 文件删除——也可以同时将. sln 文件删除),如图 4.117 所示。

(2) 网上有很多改名方法,大家可以自行查找,尝试了许多不同方法,最终成功的是将所有文件名以及内部函数包含"我的项目"(旧名字)直接改为"myproject"(新名字)。包括项目文件夹、UEproject 项目、Source 里面全部文件名字以及用 VS 打开后里面所有项目名称的替换以及确保. uproject 文件用 VS

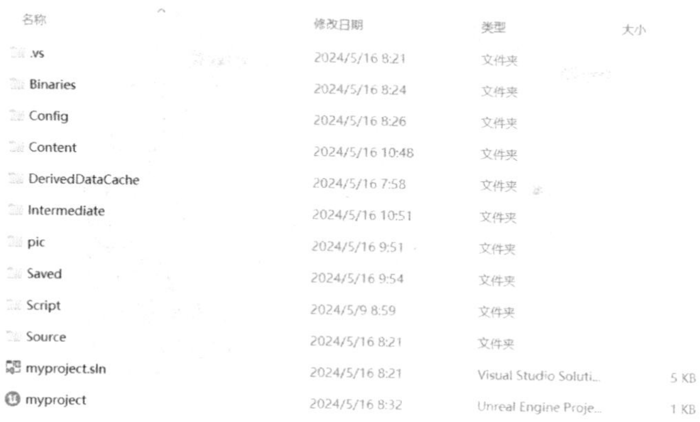

图 4.117　问题 6 解决方法 1

打开后，里面的"Name"后显示的是新名字，如图 4.118 所示。

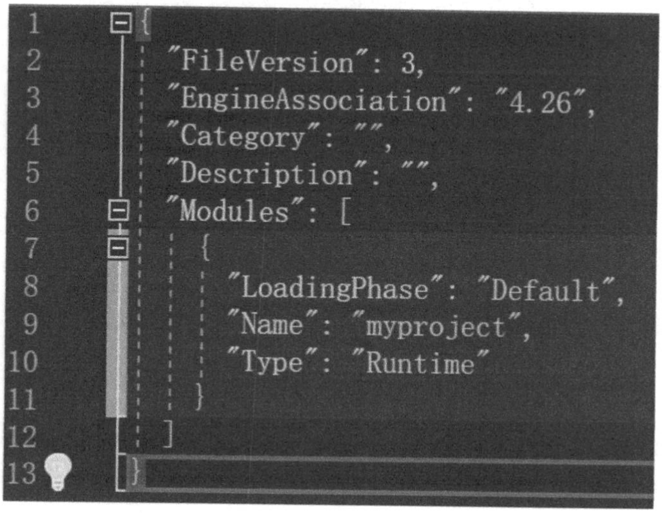

图 4.118　问题 6 解决方法 2

（3）全部替换后，重新运行 myproject 是成功的。再次创建新的蓝图函数库，创建成功后，关闭 UE，打开创建的 .sln 文件，在资源目录下再次修改 BPFunction.cpp 以及 .h 文件，设置项目为启动项，确保为 Development Editor。运行后如果此时还报刚刚一样的错误，可先将 Development Editor 模式改为 DebugGame Editor，运行无错误后，再改回原来的 Development Editor，即可运行成功，会自动打开 UE，并且在小车的事件图表内可以找到"saverendertargettofile"函数，如图 4.119 所示。

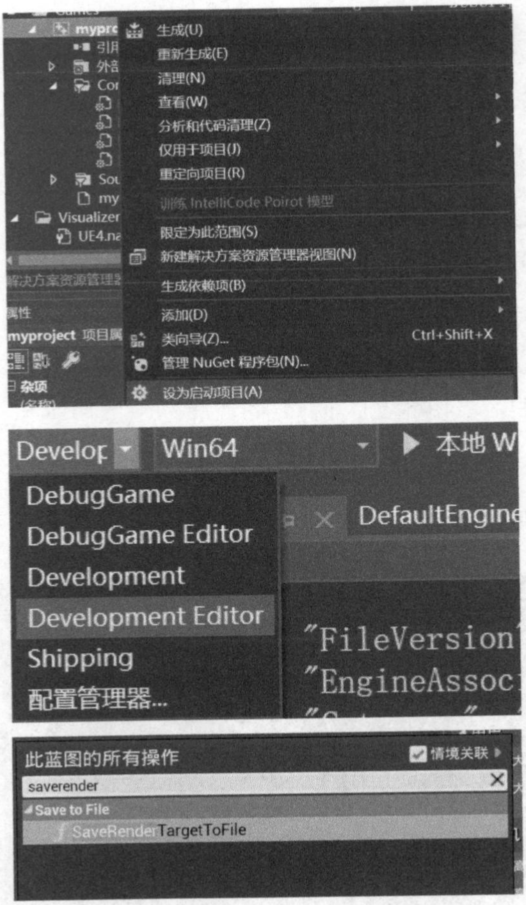

图 4.119　问题 6 解决方法 3

7. 典型问题 7

1）问题描述

如果拍摄的照片是黑白的，尝试更改以下参数后仍是黑白照片，如图 4.120 所示。

图 4.120　典型问题 7

2）解决方法

在小车细节场景捕获中修改参数，改为最终颜色，如图 4.121 所示。

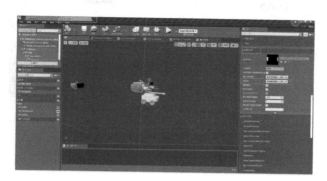

图 4.121　问题 7 解决方法

8. 典型问题 8

1）问题描述

如图 4.122 所示，在小车沿着样条运行时需要设置小车的运行时间，在右侧设置时间后，小车仍然用 1 秒时间完成巡检。

图 4.122　典型问题 8

2）解决方法

如果算法内容如图 4.123 所示，则不会按照设置的时间运行。

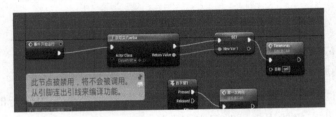

图 4.123　问题 8 解决方法 1

需要做如图 4.124 所示修改。

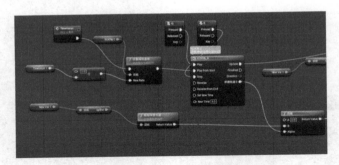

图 4.124　问题 8 解决方法 2

在左上角添加自定义事件，让程序从 Timetorun 处运行，这样小车就能按照设置的时间进行巡检了，如图 4.125 所示。

图 4.125　问题 8 解决方法 3

9. 典型问题 9

1）问题描述

在修改项目名称后创建 C++类时提示报错："Expecting to find a type to be declared in a target rules named 'dianzhan2Target'. This type must derive from the 'TargetRules' type defined by Unreal Build Tool."。其中"dianzhan2"是项目的名字。

2）解决方法

可参见 https://www. jianshu. com/p/ef0e7d8e2e45。这是因为在如图 4.126 所示的两个 C++文件中有设计人员的项目名字作为变量（中文项目名称无法正常创建 C++类也大概率是这个原因），需要将其更新为设计人员更改过后的项目名称（推荐用记事本打开，改完后保存即可）。

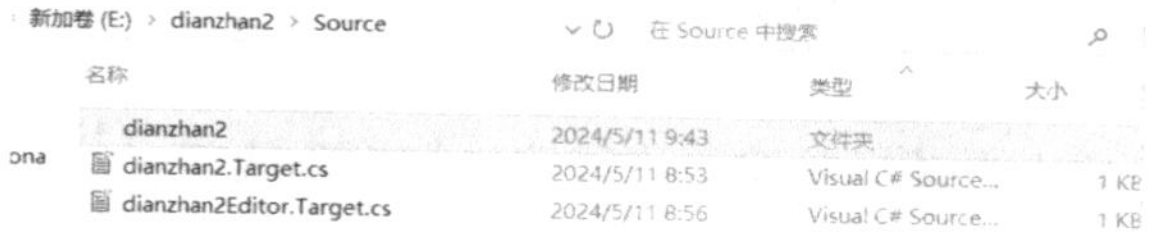

图 4.126　问题 9 解决方法 1

如图 4.127 所示，将画线部分改为设计人员自己的项目名称。

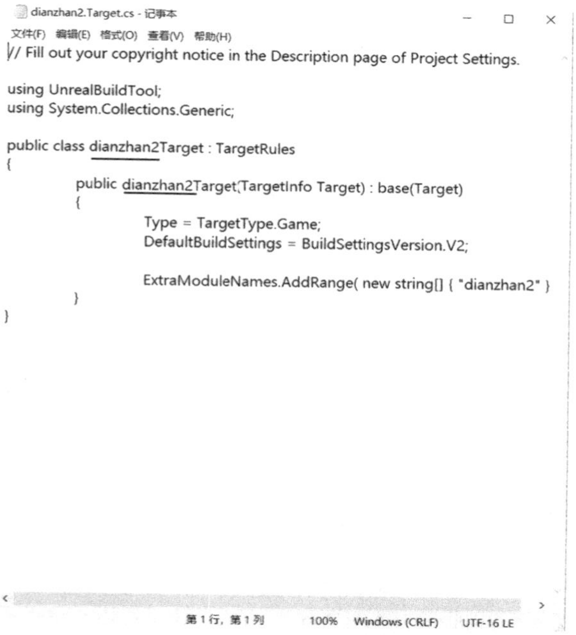

图 4.127　问题 9 解决方法 2

4.3 ▶ 基于实体环境模拟与智能可调的智能装备检测平台开发

1）平台功能设置

基于实体环境模拟与智能可调的智能装备检测平台包括的主要功能如下。

（1）自动巡视切换手动巡视。

描述：手动控制虚幻机器人。

（2）手动巡视切换自动巡视。

描述：虚幻机器人自动运动和拍照。

（3）例巡切换为特巡。

描述：虚幻机器人自动运动路线将线路一切换为线路二。

（4）特巡切换为例巡。

描述：虚幻机器人自动运动路线将线路二切换为线路一。

（5）检修区域"挂牌"避障功能。

描述：①在虚幻机器人的运动路线上设置栅栏，让虚幻机器人避障绕过去；②栅栏大概在线路后面；③如果无法实现，就设置坐标点，让机器人看起来像是绕过栅栏；④检修区域"挂牌"避障功能和绕障功能是一样的。

（6）一键返航功能。

描述：无论虚幻机器人在哪里运动，都可以返航起始点。

（7）运动功能[位姿调整（多选）]。

描述：机器人到达拍摄点位，机器人云台自动旋转和俯仰（设置模拟数据即可）

计算：初始每个停靠点设置好云台角度 ABC，机器人跑完后返回实际的 $A1B1C1$，计算 A 与 $A1$ 的差。

（8）自主导航及定位精度（多选）。

描述：虚幻机器人自动导航到点位，与点位的偏移度，是现虚幻评分算法。

（9）转弯半径检测（多选）。

描述：如图 4.128 所示，在虚幻机器人转弯处，设置一个点，测算虚幻机器人转弯过程中，点距离虚幻机器人的最远距离。

图 4.128　转变半径检测

（10）防碰撞功能（多选）。

描述：①在运动路线上设置栅栏，虚幻机器人在栅栏前面的 0.5 m 范围内能停下来就行了；②和检修区域"挂牌"避障功能联动、绕障功能联动；③障碍物大概在图 4.129 中红色方框位置（实际操作时可看到）；④同时选择防碰撞功能和制动距离，联动任务报告出来两个检测项；⑤场景描述，虚幻机器人在距离 0.5 m 内的栅栏或者雪糕筒前停下来，联动制动距离和绕障功能，绕过障碍物。

图 4.129　防碰撞功能检测

（11）越障能力（n 选一）。

描述：①虚幻机器人的运动路线上设置障碍，让虚幻机器人越过障碍；②实体机器人爬上 5.7°，长 1 m 的斜坡，实体机器人再运动直行 1 m，后爬下 5.7°，长 1 m 的斜坡。

（12）涉水能力（n 选一）。

描述：在虚幻机器人的运动路线上设置水贴图，让虚幻机器人经过水贴图（实体机器人可以经过不放水的水箱）。

（13）爬坡能力（n 选一）。

描述：在机器人的运动路线上设置斜坡和阶梯，让机器人爬上斜坡。

（14）防跌落功能（n 选一）。

描述：机器人经斜坡爬上阶梯，让机器人运动直行，在距离阶梯边缘 20 cm 处停下来。

①　在运动路线上设置一个栅栏，从栅栏前 0.5 m 开始到机器人停下来的距离就是制动距离；②和检修区域"挂牌"避障功能联动、绕障功能联动；③障碍物大概在图 4.130 红色方框（实际操作时可看到）位置；④同时选择防碰撞功能和制动距离，联动任务报告出来两个检测项。

图 4.130　防跌落功能检测

（15）绕障功能（多选）（见图 4.131）。

图 4.131　绕障功能检测

　　描述：①在虚幻机器人的运动路线上设置栅栏，让虚幻机器人避障绕过去。实体演示是放置雪糕筒；②和任务制订与调整—检修区域"挂牌"避障功能的功能、障碍物位置一致；③栅栏大概在图 4.131 中红色方框位置，线路后面；④如果操作有困难，就设置坐标点，使看起来像是机器人绕过栅栏。

　　（16）表计识别准确率。

　　描述：设置拍照 10 张表计有刻度且标记的图片，把其中 8 张自动标记 1 识别，2 张标记 0 不识别，则识别率为 8/10＝80％（虚幻机器人云台拍摄表计的图片，得分大概 70％～90％浮动，联动任务报告）。

　　（17）表计识别分析完成总时间。

　　描述：设置 3～5 s 分析完一张表计图片，共 30～50 s 分析完 10 张图片。

　　（18）红外测温准确率。

　　描述：可先不考虑，电力公司现场有黑体，到时候再测量黑体。

　　（19）变电设备一般缺陷识别。

　　一般缺陷包括表计、绝缘子、锈蚀等。

描述:对拍摄的一般缺陷图片调用并进行算法分析,输出结果。目前没有分析算法,模拟图片输出结果(设置拍照 10 张一般缺陷图片,把其中 8 张自动标记 1 识别,2 张标记 0 不识别),则识别率为 8/10=80%(虚幻机器人云台拍摄一般缺陷的图片,得分大概 70%~90% 浮动,联动任务报告)。

(20) 变电设备紧急/重大缺陷识别。

紧急/重大缺陷包括变压器渗漏(漏油)、管套过热、异物等。

对拍摄的紧急/重大缺陷图片调用并进行算法分析,输出结果。目前没有分析算法,模拟图片输出结果(设置拍照 10 张紧急/重大缺陷图片,把其中 8 张自动标记 1 识别,2 张标记 0 不识别),则识别率为 8/10=80%(虚幻机器人云台拍摄紧急/重大缺陷的图片,得分大概 70%~90% 浮动,联动任务报告)。

2) 二级菜单:参数设置(原名称:参数实则)

(1) 环境设置。

环境设置界面如图 4.132 所示。

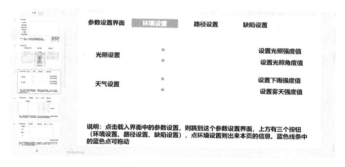

图 4.132 环境设置

描述:光照角度改边,如图 4.133 箭头所示。

图 4.133 光照角度改边

（2）路径设置。

路径设置界面如图 4.134 所示。

图 4.134　路径设置

（3）栅栏、雪糕筒、斜坡、水。

描述：① 选择巡视路径一或者巡视路径二，再点击栅栏、雪糕桶、斜坡、水其中之一，显示栅栏、雪糕筒、斜坡、水的图标在巡视路径一或者巡视路径二地图上。不需要和虚幻机器人运动场景联动；②水，用一个贴图放置在地面，不需要做效果。

（4）巡视路径一（线路一，原名称：正常道路）。

巡视路径一为正常道路，详情如图 4.135 所示。

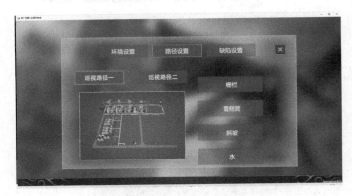

图 4.135　巡视路径一

（5）巡视路径二（线路二，原名称：异常道路）。

巡视路径二为异常道路，详情如图 4.136 所示。

（6）缺陷设置（多选）。

任务设置—缺陷设置：数据 0，50％，100％是指破损面积所占比例。

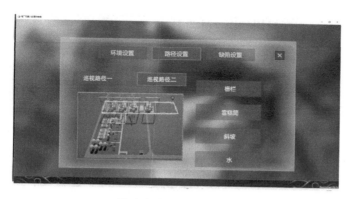

图 4.136　巡视路径二

添加滚动条则可以设置缺陷投屏的总数。

（7）表计缺陷。

缺陷严重程度：表现为表计模糊不同程度，如图 4.137 所示。

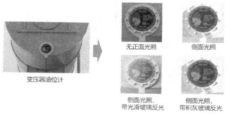

图 4.137　表计缺陷模拟

表计一的缺陷程度模拟如图 4.138 所示。

图 4.138　表计一变压器油位计模拟

表计二的缺陷程度模拟如图 4.139 所示。

图 4.139 表计二缺陷程度模拟

（8）绝缘子缺陷。

缺陷严重程度：表现为绝缘子缺陷严重程度 0%，无缺损；绝缘子缺陷严重程度 50%，绝缘子中的一片有缺损；绝缘子 100%，绝缘子中的两片有缺损（见图 4.140）。

图 4.140 绝缘子缺陷程度

（9）锈蚀缺陷。

缺陷严重程度：表现为生锈面积，生锈模型尽量真实，如图 4.141、图 4.142 所示。

图 4.141 锈蚀缺陷一模拟

图 4.142　锈蚀缺陷二模拟

（10）变压器缺陷（漏油）。

缺陷严重程度：表现为漏油面积。

补充：漏油更换新的位置，虚幻机器人在背面拍照，如图 4.143 所示。

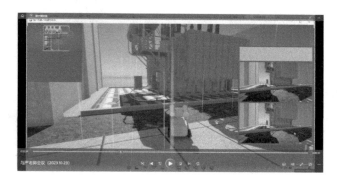

图 4.143　变压器缺陷模拟

（11）套管缺陷。

设置缺陷严重程度：表现为缺损面积，如图 4.144 所示。

4

图 4.144　套管缺陷模拟

（12）其他设备缺陷。

异物：风筝、塑料薄膜、鸟巢。

设置缺陷严重程度：红色框内蓝色圈是悬挂点，随便选择一个点位悬挂，悬挂物中50%为风筝，50%为塑料薄膜。

补充：塑料薄膜模型更换，应尽量逼真，方便机器人识别。

（13）一级菜单：任务发布（原名称：实体场布置）（见图4.145）。

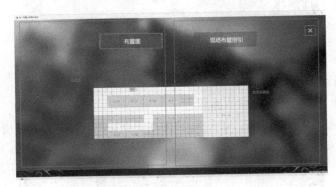

图4.145　现场布置指引

描述：如图4.146所示，左边是布置图，右边是实体场景图。

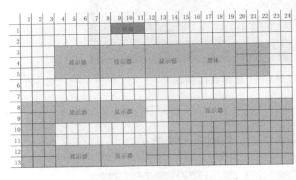

图4.146　布置图

① 得分计算：100－（测试值－标准值）＊δ＝分数

其中，δ是系数，可以调整。

② 识别样本库图片缺陷的完成时间、准确率、检出率（只有识别缺陷才有）。

补充描述：同一个缺陷抽检100个图片。80张有缺陷，20张正常，检测算法，检测出了60张缺陷。准确率：60/80＝75%，检出率：60/100＝60%。

（14）二级菜单：最新检测结果记录。

① 联动：与任务设置—运动功能、任务设置—识别功能（见图4.147）。

图 4.147　最新检测结果记录

② 报告预览。

描述：把最新检测结果导出 pdf 文件

（15）二级菜单：历史检测结果记录（见图 4.148）。

图 4.148　历史检测结果记录

① 报告预览。

描述：可以把历史检测结果导出 pdf 文件。

② 得分系数值设置。

描述：a. 按照加权的想法操作；b. 可以看到运算的公式。

（16）一级菜单：样本库管理（见图 4.149）。

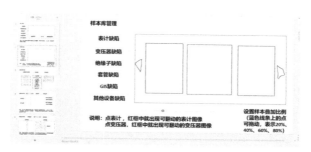

图 4.149　样本库管理

描述:样本库管理—缺陷设置是根据 0、20%、40%、60%、80%、100%随机抽取总缺陷数量的图片投屏到显示器给实体机器人拍照。假如一个专门投屏表计的显示器上,需要总缺陷图片 20 张,样本库的样本是 20%,20×20%=4 张,从样本库随机抽取 4 张现实的缺陷图片投屏到显示器即可。

图片设计:如图 4.150 所示缺陷图片可以设计成可以轮播翻动的形式。需改成虚实样本比例。

图 4.150　缺陷图片设计

第章　电力设备状态智能感知技术

5.1 ▸ 图像标注

5.1.1　定义

矩形框标注又称为拉框标注,是目前应用最广泛的一种图像标注方法(见图 5.1),能够以一种相对简单、便捷的方式在图像或视频数据中,迅速框定指定目标对象。

图 5.1　图像标注

关键点标注是指通过人工的方式,在规定位置标注上关键点,例如人脸特征点、人体骨骼连接点等,常用来训练面部识别模型以及统计模型。

三维立方体标注(见图 5.2)是基于二维平面图像的标注,标注员通过对立体物体的边缘框定,进而获得灭点,测量出物体之间的相对距离。

5.1.2　图像标注软件

图像标注软件界面如图 5.3 所示。

图 5.2　三维立方体标注

图 5.3　图像标注软件界面

5.1.3　光学字符识别(OCR)

光学字符识别(optical character recognition, OCR)是指对文本资料的图像文件进行分析识别处理,获取文字及版面信息的过程,即将图像中的文字进行识别,并以文本的形式返回。

1. OCR 的应用场景

(1) 卡片证件识别类,包括身份证、通行证、护照识别,卡类识别,车辆类驾驶证识别、行驶证识别,执照识类识别,企业证件类识别。

(2) 文字信息结构化视频类识别:字幕识别和文字检测,表格。

(3) 票据类识别:增值税发票识别、全电发票识别、银行支票识别、承兑汇票识别、银行票据识别、物流快递识别。

(4) 其他识别:二维码识别、一维码识别、车牌识别、数学公式识别、物理化学符号识别、音乐符号识别、工程图识别、流程图识别、古迹文献识别、手写输入识别。

除了以上列举的之外,还有自然场景下的文字识别、菜单识别、横幅检测识别、图章检测识别、广告类图文识别等审核相关的业务应用。

2. OCR 应用特点

OCR 应用特点包括提供通用的识别服务,部分能提供结构化文本的特定场景识别服务如身份证识别等,能保留识别文字结构。

但上述应用还存在一些明显缺点:①通用识别服务对图像要求高,通常针对扫描文档,要求输入图像背景干净、字体简单且文字排布整齐,对自然场景图像中的文字识别效果差;②大多缺少对常见特定场景文字的识别,如营业执照、银行卡、驾驶证等卡证类图像的识别,只注重识别文字内容本身,没有特定场景的版面分析;③特定场景文字识别,识别场景较为单一,如汉王 OCR 的特定场景只提供身份证识别等,无常见场景识别的功能整合;④无法进行定制化的功能扩展;⑤数据安全由厂商保证。

3. OCR 研究发展概述

OCR 的最早构想被认为是由奥地利工程师古斯塔夫·陶舍克(Gustav Tauschek,1899—1945)在 1920 年代后期最先提出的,他于 1929 年在德国获得了 OCR 技术专利。20 世纪 50 年代,美国发明家大卫·H. 谢泼德(David H. Shepard)首次发明并落地了商业用途的 OCR 设备。为了将与日俱增的报纸杂志、单据等纸质文档高速地录入计算机,欧美国家研究学者开启了英文字符识别技术的研究。20 世纪 70 年代起,美国各研究机构和企业开始攻坚手写字体识别。经过 50 年的发展,英文 OCR 技术已经非常强大,实现了海量信息处理的“电子化”。汉字识别由于种类繁多,结构复杂,字符之间的相似性以及字体或书写样式的变化等现实难点使得其发展是曲折的。最早关于汉字识别的研究工作于 1966 年开始,IBN 的学者在其论文中使用模版匹配的方式实现了一千个汉字印刷字符的识别。20 世纪 70 年代日本企业和学者也开始了汉字印刷识别的研究,到 20 世纪 90 年代时,日本企业东芝、松下、富士等相继研究出工业使用的汉字 OCR 系统,同时期也着手对手写字体识别进行研究。我国的字符识别研究从 20 世纪 70 年代末开始,1979～1985 年为起步探索阶段,从 1989 年开始,清华大学电子工程

5

系、中科院计算中心等高校科研机构响应国家重点科技攻关计划、国家自然科学基金的号召,各自开发出了可工业应用的汉字识别系统和设备。我国目前汉字识别的精度达到了顶尖水平,落地应用也非常多。

4. 卡证识别的发展

关于卡证识别的技术研究还不是十分完善。目前这项技术的识别范围主要停留在身份证、银行卡和特定类型的卡类,而且该技术对特定类型的卡类还有诸多限制,因为有些证件的内容复杂,如营业执照、证书等,这种类型的文件拥有差别较大的布局以及数量大小不一的图片。目前还没有高度精准商业化卡证识别产品对上述特定卡类进行识别和数据化,技术尚待完善。当前主要技术瓶颈如下:

(1) 背景图片和认证标志的千差万别导致识别障碍大。大部分证件上都带有水印以及纹章,不同环境和不同颜色的光源会导致识别出现较大误差,有用信息与其他信息杂糅,识别不准确。

(2) 不同的布局会使识别变得困难。在一张毕业证件上往往会有不同的字体,花纹,纹章,甚至不同语言,此时的识别会使对一种语言有效的 OCR 出现问题,如语言识别错误,纹章识别错误等。

(3) 证书多是彩色,其颜色也会带来不同的效果。不仅是上文提到的光源,采集设备、角度等要素在彩色文本识别的要求下,影响力就变得更大了。

5. 当前 OCR 技术面临的问题

尽管 OCR 技术已取得较大进展,但其针对不同场景的适应性,识别效果仍存在一些问题,如表 5.1 所示。

表 5.1　当前 OCR 技术存在的问题

存在的问题	问题描述
传统 OCR 系统适应性差	目前的 OCR 系统局限性主要在于场景文字的支持度差,真实场景中的文档图像常常受光照、角度、背景纹理的影响,现有识别系统无法做到这些场景下的准确识别
不同自然场景的特征差异巨大	常见的场景文字识别聚焦于街景、广告牌、车牌、完全文字等小范围场景,而真实场景文档图像的数据和这些场景存在明显的特征差异
缺乏符合要求数据集	常见的场景文字识别聚焦于街景、广告牌、车牌、完全文字等小范围场景,因此公开数据集缺乏真实场景下文档图像类型的数据
数据集样本单一	包含中文字符的数据集少,这些数据集还存在汉字覆盖受光照、角度、背景纹理等因素影响
文字识别泛化效果差	受光照、角度、背景纹理等因素影响,文字识别在真实场景文档图像条件适应性差

6. 典型 OCR 技术路线

第一,图像预处理,具体如下:

将每一个文字图像分检出来交给识别模块识别,这一过程称为图像预处理,即在图像分析中,对输入图像进行特征抽取、分割和匹配之前所进行的处理。

图像预处理的主要目的是消除图像中无关的信息,恢复有用的真实信息,增强有关信息的可检测性和最大限度地简化数据,从而改进特征抽取、图像分割、匹配和识别的可靠性。

第二,文字检测,具体如下:

文本检测即检测文本的所在位置和范围及其布局。通常包括版面分析和文字检测等。文字检测主要解决的问题是确定哪里有文字,文字的范围有多大。文字检测理念上和目标检测类似,但因为文字的展现复杂多样,存在长宽不定、形状扭曲旋转等特点,所以现成的目标检测方法并不能直接用于文字检测。

1) 目前主流的文本检测方法

本节主要介绍当前主流文本检测方法。各方法的特点及限制如下。

CTPN(基于 FasterRCNN):基于 FasterRCNN 的网络架构结合了卷积神经网络和循环神经网络,它的骨干网络采用 VGGNet,所以训练时长较长有一定提升空间,缺点是只能检测水平文本。

TextBoxes、TextBoxes++网(基于 SSD):将目标检测 SSD 网络的思想用于文本检测上,其针对目标分割设计的网络对英文的检测效果更好。

SegLink(CTPN+SSD):在 CTPN 的基础上引入了 Segment 即带方向的预选框,解决了 CTPN 只能检测水平文本的问题,"Link"关联多个 Segment 构成最后的预选框。其缺点是不能识别间隔大的文本。

DMPNet:与卷积神经网络矩形的滑动窗口不同,DMPNet 采用各种角度和宽高不同的四边形进行重叠滑动来定位出文字区域边界。

YOLO:利用单个网络做训练和检测,对每个包含检测对象的区块(bounding box)进行包含检测对象的概率计算,也可以用在物体检测上,缺点是对非常规态物体识别效果较差,而扭曲文字便是这种类型物体。

Pixel-Link:该方法采用"先分割再连接"的方式直接生成候选框,有速度快且对感受野要求低的特点。其缺点同 SegLink一样,基于连接关联所以对长文本效果不好。

2) 文字区域检测的方法

现有的文字区域检测的方法主要有基于连通域的方法、基于边缘特征的方法、基于笔画特征的方法、基于纹理的方法、基于机器学习的方法,以及神经网络的方法。

5

（1）基于连通域。

基于连通域的检测方法是通过设计一个特征检测器，利用颜色聚类和最大稳定极值等方法，提取图像中的连通区域，再利用分类器来区分文字的连通区域。此类方法的核心是文字内部具有色彩或灰度值的一致性，通过这些特点来寻找连通区域。基于连通域的方法对文字检测有很大的局限性，对于文字颜色单一且文字背景简单的图像，该算法的文字检测准确度较高。但是，对于文字颜色多样的图像，或者文字颜色与背景对比度低的图像，该类算法的检测准确度将大幅下降。另外，在压缩视频及自然场景图像中，很难满足该类算法基于图像文字颜色一致、亮度相似的条件。

（2）基于边缘特征。

边缘是图像最基本的特征之一，是人们识别图像中物体的重要依据，是信息最集中的地方。文字具有非常丰富的边缘信息，因此在图像文字检测的研究中，最早使用的是基于边缘特征的方法。基于边缘特征的检测方法首先利用边缘检测算子来获取边缘检测图像，然后分析边缘密度和强度，利用几何约束规则来判断边缘点是否属于文字区域，最后提取这些文字区域。

基于边缘特征的算法，其优点是不受文字颜色的影响，时间复杂度低，计算量小，能够满足实时性的需求。但对于背景较复杂的图像，由于背景中存在其他边缘丰富的物体，该算法容易将这些物体误认为是文字区域，造成误判。

（3）基于笔画特征的方法。

基于笔画特征的方法是利用文字由笔画构成的特性来进行检测。这种方法通过分析图像中的笔画结构，如笔画的宽度、方向和连接性，来识别文字区域。它通常包括笔画提取、特征量化和分类器设计等步骤。基于笔画特征的方法对于规范书写的文字检测效果较好，但对字体变化、笔画断裂或重叠等情况的适应性较差。

（4）基于纹理的方法。

基于纹理的方法是通过分析图像中的文字区域与非文字区域在纹理特征上的差异来进行文字检测。这种方法通常利用纹理分析技术，如灰度共生矩阵、局部二值模式等，来提取文字区域的纹理特征。基于纹理的方法对于背景纹理复杂或文字颜色与背景相似的情况有一定的鲁棒性，但在高噪声或纹理特征不明显的情况下，检测效果可能会受到影响。

（5）基于机器学习的方法。

基于机器学习的方法是利用机器学习算法，如支持向量机（SVM）、随机森林等，来对文字区域进行分类。这些方法首先需要从图像中提取特征，如颜色、纹理、形状等，然后使用这些特征来训练分类器。基于机器学习的方法能够从大量数据中学习文字的特征,适应性强,但对于未见过的特征或变化较大的文字样式,可能需要重新训练或调整模型。

（6）基于神经网络的方法

基于神经网络的方法是利用深度学习技术,尤其是卷积神经网络（CNN）,来识别和定位图像中的文字区域。这些网络能够自动从图像中学习复杂的特征表示,不需要人工设计特征提取器。基于神经网络的方法在处理大规模和高复杂度的数据集时表现出色,但需要大量的标注数据来训练模型,且计算资源消耗较大。此外,这类方法对于小样本或特殊字体的文字检测可能存在一定的局限性。

3）文本识别

文本识别是在文本检测的基础上,对文本内容进行识别,将图像中的文本信息转化为文本信息。文字识别主要解决的问题是每个文字是什么。识别出的文本通常需要再次核对以保证其正确性。文本校正也被认为属于这一环节。其中,当识别的内容是由词库中的词汇组成时,则称为有词典识别（lexicon-based）,反之称为无词典识别（lexicon-free）

关于文本识别目前主要有 4 种架构,大致可分为两种方法,分别为基于 CTC-based 方法和 Attention-based 方法。4 种架构具体内容如下。

CNN+softmax:这种网络架构虽然可以处理不定长的序列,但其结构简单,只适合简单的文字识别如字符和字母识别,而且存在序列长度过长,效果差的缺点。

CNN+RNN+CTC:该架构是以 CRNN 为典型代表的端到端识别架构,CRNN 是可以直接从不定长序列标签中学习并且支持无字典的学习。

CNN+RNN+attention:该架构引入注意力使得 word-level 和 sentence-level 的 attention 得以保留在上下文中。

CNN+stacked CNN+CTC:场景文字识别通常包含检测和识别两个任务并且分别对应使用不同的算法,这样就会增加计算消耗和计算时间,有研究提出能够同时完成检测和识别任务的端到端模型,通常这种模型结构使得两个子任务共享卷积层所学习到的特征进而节省算力和时间。

4）端到端方法

场景文字识别通常包含检测和识别两个任务,并且各分别对应使用不同的算法,这样就会增加计算消耗和计算时间。端到端模型,可使两个子任务共享卷积层所学习到的特征进而大幅节省算力和时间。

（1）主流端到端文本识别方法。

FOTS（fast oriented text spotting）方法提出新颖的 ROIRotate 操作,用于提取定向的文本感兴趣区域,使得检测与识别任务可以统一到一个端到端的系统当中。通过共享卷积特征,文字识别步骤的计算开销可以忽略不计,这个简洁高效的工作流使得 FOTS 可以以实时的速度运行。

STN－OCR 模型在检测部分加入了一个空间变换网络(STN)用来对输入图像和预选框进行仿射(affine)和空间变换,达到对样本的旋转不变性和平移不变性,使得识别部分对特征图的特征鲁棒识别。

(2)公开数据集。

关于文字识别的公开数据集包括 CTW、RCTW－17、ICPR MWI2018 等。读者可利用这些数据集做实验。

Chinese Text in the Wild(CTW):该数据集包含由 3 850 个字符组成的大约 100 万个汉字实例,由专家在共计约 3 万多幅街景图像中进行了标注。数据集包含平面文字、凸起文字、照明不佳的文字、远处文字和部分遮挡的文字等。

Reading Chinese Text in the Wild (RCTW－17):该数据集包含约 12 000 张图像。大部分图像是通过手机摄像头野外采集的,少部分是截图。这些图像包含街景、海报、菜单、室内场景,以及手机应用截屏。

ICPR MWI2018 挑战赛数据集:该数据集包含约 20 000 张图像。数据集全部由网络图像构成。这些图像包含合成图像、产品描述、产品广告。

Total-Text:该数据集包含约 1 500 张图像。数据集主要提供 3 种倾斜或弯曲文本图像。这些图像主要来源为街景、广告牌和室内图像。

COCO－Text:该数据集包括约 60 000 张图像,17 万个文本实例,主要由广告牌和交通指示图像构成。额外对清晰度和是否是印刷体进行了标注。

Synthetic Data for Text Localisation:该数据集包括约 850 000 张图像,700 万个文本实例,数据集全部由合成图像构成。这些图像包含各种自然场景,文本由合成算法添加。

Caffe-OCR 中文合成数据:数据集共有 360 万张图片,涵盖了汉字、标点、英文、数字共 5 990 个字符。图像全部为合成图像。数据来源为中文语料库。

5)场景文字数据集生成

生成数据集是机器学习和深度学习项目中的一个重要步骤,主要步骤如下:

(1)基础数据确认。首先,需要确定最终生成数据集中字符的个数,通常包括所有希望模型识别的字符,例如字母、数字和可能的符号。确认基础数据后,可以生成字符与标签的映射字典,这个字典将用于训练模型时将输入的图像像素映射到对应的字符标签。

(2)确定和收集字体文件。根据项目需求,确定需要使用哪些字体。字体的选择会影响模型的泛化能力,因此可能需要包含多种风格的字体以覆盖不同的应用场景。

（3）生成字体文件。使用选定的字体在不同的背景下生成文字图像。这些图像将构成数据集的主体。生成的字体文件应存储在规定的目录下，以便于管理和访问。

（4）数据增强。为了模拟真实场景中的文字背景并增强模型的泛化能力，需要进行适当的数据增强。数据增强可以通过多种方式实现，包括：

a. 旋转，随机旋转文字图像以模拟不同角度的阅读。

b. 缩放，改变文字的大小，以适应不同尺寸的文本。

c. 剪切，对图像进行随机剪切，以模拟不同的视窗和焦点。

d. 颜色变换，调整图像的亮度、对比度和饱和度，以模拟不同光照条件下的文本。

e. 添加噪声，在图像中添加随机噪声，以模拟低质量的图像捕捉。

f. 背景替换，将文字图像的背景替换为复杂的真实场景背景，如街道、建筑或自然景观。

（5）数据标注。对生成的图像进行标注，为每个图像分配正确的标签。这一步对于监督学习至关重要，因为模型需要知道每个图像的正确输出。

（6）数据分割。将数据集分割为训练集、验证集和测试集。这有助于评估模型在未见数据上的性能，并进行超参数调整。

（7）数据存储。将处理好的数据存储为适合模型训练的格式，如 PNG、JPG 图像文件或 HDF5、TFRecord 等二进制格式。

（8）数据预处理。在训练模型之前，可能需要对数据进行预处理，如归一化、中心化或调整图像尺寸等。

5.1.4　操作步骤

如本书附录所示，读者可以直接打开该文件进行标签，无须进行参数设置，以下给出完整步骤方便读者之后修改参数。

如图 5.4 所示，该参数设置只是一个示范，实际标注参数设置请参照模板。

步骤 1：进入 http://www.robots.ox.ac.uk/~vgg/software/via/via.html

图 5.4　参数设置示意

步骤 2：如图 5.5 所示，在左边中间位置，add files。

图 5.5　步骤 2 示意

步骤 3：打开图片（见图 5.6）。

图 5.6　步骤 3 示意

步骤 4：添加属性，右边中间 Attributes，在框中输入 name，并点击旁边的"＋"键，如图 5.7 所示。

图 5.7　步骤 4 示意

步骤 5：出现对话框，如图 5.8 所示，使用默认参数，无须做任何改变。

图 5.8　步骤 5 示意

步骤 6：继续添加，输入 type，按下"＋"号，出现对话框，选择如图 5.9 所示参数。

图 5.9　步骤 6 示意

5

步骤 7：如图 5.10 所示，在 id 处输入 transformer，并按下回车键。

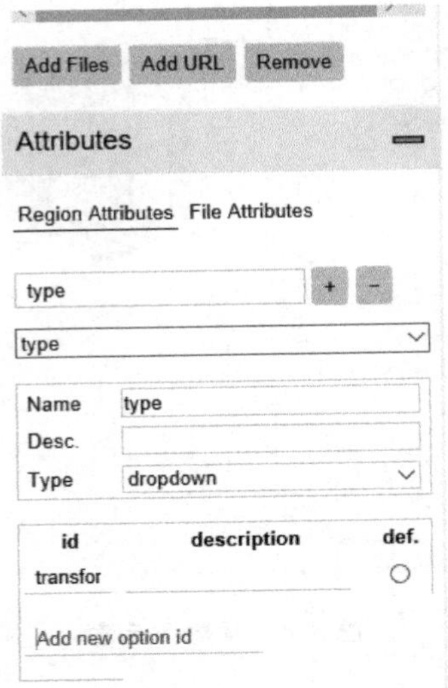

图 5.10　步骤 7 示意

步骤 8：如图 5.11 所示，依次类推，分别输入 GIS，insulator，tower，PT，

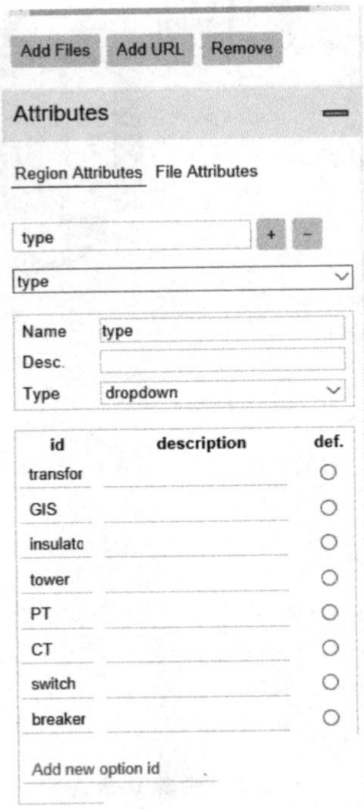

图 5.11　步骤 8 示意

CT，switch，breaker。

步骤 9：在这一步骤中就可以进行标注，如图 5.12 所示首先选择左边的多边形（红色即为选中），框出单个零件，顺时针连接，完成后按下回车键。

图 5.12　步骤 9 示意

步骤 10：单击连线即选中该部分，出现对话框，如图 5.13 所示输入参数（选中状态下可以移动该多边形也可移动单个点）。

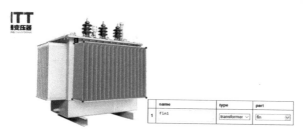

图 5.13　步骤 10 示意

步骤 11：如图 5.14 所示依次框完所有零件。

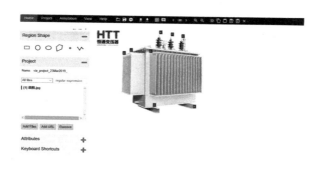

图 5.14　步骤 11 示意

完成以上 11 步后,图像标注工作就完成了。接下来是保存工程以及导出数据:

(1) 保存工程是为了下次能继续完成上一次的工程,其操作流程:视口左上角 Project—save—OK。

(2) 导出数据流程:视口左上角 Annotation—Export Annotations(as CSV)/Export Annotations(as json)。在这里建议两个版本(包括 CSV 以及 json)都保存。

完成上述操作后,重新进入该网页,依次选择视口左上角 Project—Load—选择之前保存的工程文件(见图 5.15)。

图 5.15　重新载入工程示意

如图 5.16 所示,若出现错误提示,点击蓝色字部分 browser's file selector。

图 5.16　错误提示示意

如图 5.17 所示,选择存放的对应图片。

图 5.17　选择图片示意

完成上述步骤之后,开始对标注进行复制(见图 5.18)。主要步骤如下。

图 5.18　复制标注示意

第 1 步:选择所有区域。

第 2 步:复制这些区域。

第 3 步:选择下一张要复制的图并将复制的标注粘贴在想要的位置上(见图 5.19 和图 5.20)。

图 5.19　选择标注

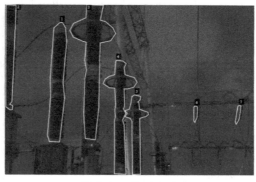

图 5.20　粘贴标注

5

5.2 ▶ 图像识别

5.2.1 图像在计算机中的表示

据研究统计,人类从自然界获取的信息中,视觉信息占 $70\% \sim 85\%$,俗话说"百闻不如一见",有些事物,不管花费多少笔墨也很难表达清楚,然而,若用一幅图像描述,可以做到"一目了然"。

但是要如何在计算机上显示和使用图像呢?

1. 图像获取方式

当前,可以通过数字图像获取设备来获取图像。数字图像获取设备是指从现实世界获得数字图像过程中所使用的设备,这种设备能够将现实的景物输入到计算机,并以图像的形式表示(见图 5.21)。

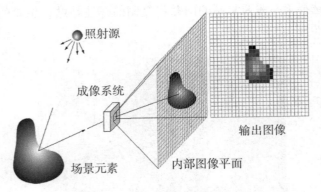

图 5.21　计算机中获取图像的方式

数字图像获取设备有以下两种分类:一种是二维图像获取设备,只能对图片或景物的二维投影进行数字化,比如扫描仪、数码相机等;第二种是三维图像获取设备,能获取包括深度信息在内的三维景物的信息,比如三维扫描仪。

2. 图像的数字化表示

从现实世界中获得数字图像的过程,实质上是模拟信号的数字化过程,一幅取样图像由 M(行) $*$ N(列)个取样点组成,每个取样点是组成取样图像的基本单位,称为像素(picture element, pel)。

有一种特殊的图像称为灰度图像。灰度图像是一种只有单一色彩通道的图像,它通常由黑白和不同灰度级别的像素组成。在灰度图像中,每个像素的颜色值表示该像素的亮度级别。最暗的像素值为黑色(0),最亮的像素值为白色

(255),中间的像素值则表示不同的灰度级别。灰度图像通常用于显示黑白图像或颜色信息较少的图像,例如卫星图像、航空照片等。其特殊性在于其二值图像的像素只有 1 个亮度值。早期的灰度图像如图 5.22～图 5.24 所示。随着时代的进

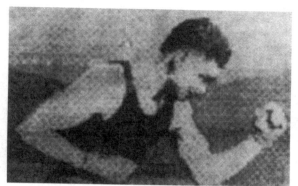

图 5.22　1921 年,电报打印机,5 个灰度级

图 5.23　1922 年,穿孔纸带,5 个灰度级

5

图 5.24　1929 年,15 级灰度

步与发展,灰度图像的灰度级也在逐步提升。

彩色图像的像素是矢量,它由多个彩色分量组成,所有颜色都可以用红绿蓝三原色的组合表示,彩色图像可用 RGB 三通道表示。其获取过程和表示如图 5.25～图 5.26 所示。

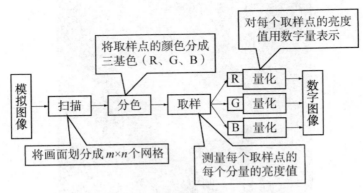

图 5.25　获取彩色数字图像的过程

RGB转YCbCr是这样定义的,对一个(r, g, b)元组,先归一化$(r', g', b') = (r/255, g/255, b/255)$.

通过以下公式得到亮度值 y:

$$y = 0.299r' + 0.587g' + 0.114b'$$

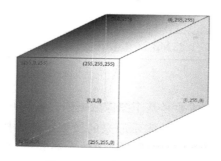

图 5.26　彩色图像的表示

3. 图像的描述

对不同图像和不同的图像特征,其数字表示也各不相同。具体如下。

单色图像:用一个矩阵来表示。

彩色图像:用一组(一般是 3 个)矩阵来表示。

矩阵的行数称为图像的垂直分辨率,列数称为图像的水平分辨率,矩阵中的元素是像素颜色分量的亮度值,使用整数表示,一般是 8～12 位。

图像深度:存储每个像素所用的位数(bits)。

当一个像素占用的位数越多时,它所能表现的颜色就更多、更丰富。

例 1:一张 400×400 的 8 位图,这张图的原始数据量是多少? 像素值如果是整型的话,取值范围是多少?

解:(1) 原始数据量计算:$400 \times 400 \times (8/8) = 160\,000$ Bytes(约为 160 K);

(2) 取值范围:2 的 8 次方,0～255。

一张图像的判断指标有以下 3 个:

(1) 图像大小,也称为图像分辨率(垂直分辨率×水平分辨率)。

(2) 颜色空间的类型,指的是彩色图像所使用的颜色描述方法,称为颜色模型。常用的颜色模型有 RGB 模型(红,绿,蓝)、YUV 模型(亮度,色度)等。

(3) 图像深度,即像素的所有颜色分量的位数之和,它决定了不同颜色(亮度)的最大数目。

一幅图像数据量的计算可使用如下公式:

图像数据量=图像水平分辨率×图像垂直分辨率×像素深度/8

其中图像数据量的以字节为单位。表 5.2 列出了几种常用图像的数据量。

表 5.2　常用图像的数据量

图像大小	8 位(256 色)	16 位(65 536 色)	24 位(真彩色)
640×480	300 KB	600 KB	900 KB
1 024×768	768 KB	1.5 MB	2.25 MB
1 280×1 024	1.25 MB	2.5 MB	3.75 MB

4. 图像的存储

图像的压缩存储原理主要是基于图像数据中存在的冗余。具体来说,图像压缩是以较少的比特有损或无损地表示原来的像素矩阵的技术,也称为图像编码。图像数据之所以能被压缩,就是因为数据中存在着冗余,数字图像中的数据相关性很强,冗余度极大。人眼视觉有一定局限性,即使压缩图像有失真,只要控制在人眼允许的误差范围之内,也是允许的。图像数据的冗余主要表现如下。

(1) 空间冗余:一幅图像表面上各采样点的颜色之间往往存在着空间连贯性,比如图像中相邻像素间的相关性引起的空间冗余。这些颜色相同的块就可以压缩,从而减少表示数据所需的比特数。

(2) 时间冗余:在视频中,不同帧之间可能存在相关性,这种相关性引起的冗余可以进行压缩。

(3) 频谱冗余:不同彩色平面或频谱带的相关性引起的频谱冗余。

最常用的图像压缩方法是变换编码。如图 5.27 所示,它可以将原始的像素阵列变换为一个在统计上无关联的数据集合,达到去除冗余的目的。在压缩过程中,一些重要的信息会被保留,而一些不重要的信息会被丢弃,从而达到压缩的效果。

图 5.27　图像的压缩

对图像进行数据压缩的方式一共有两种:无损压缩与有损压缩。无损压缩方式中重建的图像与原始图像完全相同,而有损压缩方式中重建后的图像与原始图像有一定的误差。

在日常生活中其实也一直能接触到图片格式与压缩。常见的图片格式 JPEG、PNG、BMP 等本质上都是图片的一种压缩编码方式。图像存储以矩阵格式,如图 5.28 所示。

例 2:JPEG 压缩

解:(1) 将原始图像分为 8×8 的小块,每个 block 里有 64pixels。

(2) 将图像中每个 8×8 的 block 进行 DCT 变换(越是复杂的图像,越不容易被压缩)。

(3) 不同的图像被分割后,每个小块的复杂度不一样,所以最终的压缩结果也不一样。

图 5.28　图像存储

附录　目标检测代码

　　以下是目标检测的 Python 代码。首先是 epu 文件，epu 文件对目标检测测试集进行了学习，并最后生成一个权重文件以供读者测试使用。

```
"""
Mask R-CNN
Train on the toy Balloon dataset and implement color splash effect.
Copyright（c）2018 Matterport，Inc.
Licensed under the MIT License（see LICENSE for details）
Written by Waleed Abdulla
------------------------------------------------------------

Usage: import the module（see Jupyter notebooks for examples），or run from the command line as such:

    #  Train a new model starting from pre-trained COCO weights
    python3 balloon.py train --dataset= /path/to/balloon/dataset --weights= coco
    #  Resume training a model that you had trained earlier
    python3 balloon.py train --dataset= /path/to/balloon/dataset --weights= last
    #  Train a new model starting from ImageNet weights
    python3 balloon.py train --dataset= /path/to/balloon/dataset --weights= imagenet
    #  Apply color splash to an image
    python3 balloon.py splash --weights= /path/to/weights/file.h5 --image= < URL or path to file>
    #  Apply color splash to video using the last weights you trained
    python3 balloon.py splash --weights= last --video= < URL or path to file>
"""

import os
import sys
import json
```

```python
import datetime
import numpy as np
import skimage.draw
import math
import cv2


# Root directory of the project
ROOT_DIR= os.path.abspath("../../")


# Import Mask RCNN
sys.path.append(ROOT_DIR)  # To find local version of the library
from mrcnn.config import Config
from mrcnn import model as modellib, utils
from PIL import Image
# modify...............................................................

select_obj= ['apple','banana','orange']
# select_obj= ['arrester','insulator','bushing','Bus','capacity','pt','ct','re-
actor','resistor','transformer']
# Path to trained weights file
# COCO_WEIGHTS_PATH= os.path.join("/home/user/mask RCNN/", "mask_rcnn_coco.h5")
COCO_WEIGHTS_PATH= "mask_rcnn_coco.h5"


# Directory to save logs and model checkpoints, if not provided
# through the command line argument -- logs
# DEFAULT_LOGS_DIR= os.path.join("/home/user/mask RCNN/", "logs")
DEFAULT_LOGS_DIR= "logs"


    ############################################################
#   Configurations
    ############################################################


class EpuConfig(Config):
    """Configuration for training on the epu dataset.
    Derives from the base Config class and overrides some values.
    """
```

```python
    # Give the configuration a recognizable name
    NAME= "epu"

    # We use a GPU with 12GB memory, which can fit two images.
    # Adjust down if you use a smaller GPU.
    IMAGES_PER_GPU= 2

    # Number of classes (including background)
    NUM_CLASSES= 1+ 3
# Background + insulator + PT + tower + arrester + resistor + capacitor + line
+ pedestal + bushing + reactor

    # Number of training steps per epoch
    STEPS_PER_EPOCH= 10

    # Skip detections with < 90% confidence
    DETECTION_MIN_CONFIDENCE= 0.5


    ############################################################
#    Dataset
    ############################################################


class EpuDataset(utils.Dataset):

    def load_epu(self, dataset_dir, subset):
        """Load a subset of the Balloon dataset.
        dataset_dir: Root directory of the dataset.
        subset: Subset to load: train or val
        """

        # select several types to train
        selecttype= select_obj
        sleng= len(selecttype)

        # Add classes
        for i in range(sleng):
```

```
        self.add_class("epu", i+ 1, selecttype[i])
'''

    self.add_class("epu", 1, "transformer")
    self.add_class("epu", 2, "GIS")
    self.add_class("epu", 3, "insulator")
    self.add_class("epu", 4, "switch")
    self.add_class("epu", 5, "breaker")
    self.add_class("epu", 6, "tank")
    self.add_class("epu", 7, "bushing")
    self.add_class("epu", 8, "fin")
    self.add_class("epu", 9, "pedestal")
    self.add_class("epu", 10, "conservator")
    self.add_class("epu", 11, "pipe")
    self.add_class("epu", 12, "arrester")
    self.add_class("epu", 13, "capacitor")
    self.add_class("epu", 14, "inductor")
    self.add_class("epu", 15, "bus")
    self.add_class("epu", 16, "CT")
    self.add_class("epu", 17, "PT")
    self.add_class("epu", 18, "line")
    self.add_class("epu", 19, "frame")
    self.add_class("epu", 20, "resistor")
    self.add_class("epu", 21, "whole capacitor")
    self.add_class("epu", 22, "bus+ bushing")
    self.add_class("epu", 23, "PT+ insulator")
    self.add_class("epu", 24, "CT+ insulator")
    self.add_class("epu", 25, "filter")
    self.add_class("epu", 26, "connecting port")
    self.add_class("epu", 27, "switch+ insulator")
    self.add_class("epu", 28, "tower")
    self.add_class("epu", 29, "pole")
    self.add_class("epu", 30, "nest")
'''

# Train or validation dataset?
# dataset_select_dir= os.path.join(dataset_dir,"train_select")
assert subset in ["train", "val", "test"]
dataset_dir= os.path.join(dataset_dir, subset)
```

```python
# print(dataset_dir)

# print(dataset_select_dir)
# sys.exit(0)
# print (dataset_dir)


# Load annotations
# VGG Image Annotator (up to version 1.6) saves each image in the form:
# { 'filename': '28503151_5b5b7ec140_b.jpg',
#     'regions': {
#         '0': {
#             'region_attributes': {},
#             'shape_attributes': {
#                 'all_points_x': [...],
#                 'all_points_y': [...],
#                 'name': 'polygon'}},
#         ... more regions ...
#     },
#     'size': 100202
# }
# We mostly care about the x and y coordinates of each region
# Note: In VIA 2.0, regions was changed from a dict to a list.
#  # annotations = json. load(open(os. path. join(dataset_dir, subset + ".
json")))
        annotations= json.load(open(dataset_dir+ ".json"))
        # print(dataset_dir+ ".json")
        # sys.exit(0)
        annotations= list(annotations.values())  # don't need the dict keys
        # print(annotations)


        # The VIA tool saves images in the JSON even if they don't have any
        # annotations. Skip unannotated images.
        annotations= [a for a in annotations if a['regions']]


        # Add images
        self.filename= []
        for a in annotations:
```

```
    # Get the x, y coordinaets of points of the polygons that make up
    # the outline of each object instance. These are stores in the
    # shape_attributes (see json format above)
    # The if condition is needed to support VIA versions 1.x and 2.x.
    polygons= []
    name= []
    ename= []
    if type(a['regions']) is dict:
      for r in a['regions'].values():
        # type_copy= r['region_attributes']['type'].replace('arrester','
insulator')
          if r['region_attributes']['type'] in selecttype:

            # print(type_copy)
            polygons.append(r['shape_attributes'])
            name.append(r['region_attributes']['type'])
            # name.append(type_copy)
            ename.append(r['region_attributes']['name'])
      else:
        for r in a['regions']:
          # type_copy= r['region_attributes']['type'].replace('arrester','
insulator')
          if r['region_attributes']['type'] in selecttype:

            polygons.append(r['shape_attributes'])
            name.append(r['region_attributes']['type'])
            # name.append(type_copy)
            ename.append(r['region_attributes']['name'])

    '''

    name_dict= {"transformer":1, "GIS":2, "insulator":3, "switch":4,
"breaker":5, "tank":6, "bushing":7, "fin":8, "pedestal":9, "conservator":10,
"pipe":11, "arrester":12, "capacitor":13, "inductor":14, "bus":15, "CT":16, "PT":17,
"line":18, "frame":19, "resistor":20, "whole capacitor":21, "bus+bushing":22,
"PT+insulator":23, "CT+insulator":24, "filter":25, "connecting port":26, "switch+
insulator":27, "tower":28, "pole":29, "nest":30}
    '''
```

```
        # print(polygons[1],end= "\n")
        # print(polygons[1]['all_points_x'],end= "\n")
        # print(polygons[1][1][1],end= "\n")
        # print(a['filename'])
        # sys.exit(0)
        # print(name,end= "\n")
        # print(ename,end= "\n")
        name_dict= {}
        for i in range(sleng):
          name_dict[selecttype[i]]= i+ 1
        name_id= [name_dict[a] for a in name]


        # load_mask() needs the image size to convert polygons to masks.
        # Unfortunately, VIA doesn't include it in JSON, so we must read
        # the image. This is only managable since the dataset is tiny.
        image_path= os.path.join(dataset_dir, a['filename'])
        image= skimage.io.imread(image_path)

        height, width= image.shape[:2]


        self.filename.append(a['filename'])
        self.add_image(
            "epu",
            image_id= a['filename'],  # use file name as a unique image id
            path= image_path,
            name= ename,
            class_id= name_id,
            width= width, height= height,
            polygons= polygons)
        # print(polygons)
        # sys.exit(0)
        # print(self.filename)
    return self.filename
    # def get_rgb()
def load_mask(self, image_id):
    """Generate instance masks for an image.
```

```
  Returns:
    masks: A bool array of shape [height, width, instance count] with
        one mask per instance.
    class_ids: a 1D array of class IDs of the instance masks.
    """
    flag= 0
    # If not a balloon dataset image, delegate to parent class.
    image_info= self.image_info[image_id]
    if image_info["source"] ! = "epu":
        return super(self.__class__, self).load_mask(image_id)


    name_id= image_info["class_id"]
    # print(name_id)
    # Convert polygons to a bitmap mask of shape
    # [height, width, instance_count]
    info= self.image_info[image_id]
    # mask= np.zeros([info["height"], info["width"], len(set(info["name"]))],
    #               dtype= np.uint8)
    mask= np.zeros([info["height"], info["width"], len((info["name"]))],
# ???????????????????????
                  dtype= np.uint8)
    class_ids= np.array(name_id, dtype= np.int32)


    # class_ids= np.zeros(len(set(info["name"])), dtype= np.int32)
    # sumn= np.zeros(len((info["name"])), dtype= np.int32)
    # sumnn= 0


    for i, p in enumerate(info["polygons"]):
        # Get indexes of pixels inside the polygon and set them to 1


        rr, cc= skimage.draw.polygon(p['all_points_y'], p['all_points_x'])
        rr= np.array(rr)
        # print(rr)
        cc= np.array(cc)
        # print(cc)
        # sys.exit(0)
        # cross-border
```

```
            cc[cc> = info["width"]]= info["width"]- 1
            cc[cc< 0]= 0
            rr[rr> = info["height"]]= info["height"]- 1
            rr[rr< 0]= 0
            mask[rr, cc, i]= 1

        # Return mask, and array of class IDs of each instance. Since we have
        # one class ID only, we return an array of 1s
        return (mask.astype(bool), class_ids)

    def image_reference(self, image_id):
        """Return the path of the image."""
        info= self.image_info[image_id]
        if info["source"] = = "epu":
            return info["path"]
        else:
            super(self.__class__, self).image_reference(image_id)


def train(model):
    """Train the model."""
    # Training dataset.
    dataset_train= EpuDataset()
    # print(args.dataset)
    dataset_train.load_epu(args.dataset, "train")
    dataset_train.prepare()

    # Validation dataset
    dataset_val= EpuDataset()
    dataset_val.load_epu(args.dataset, "val")
    dataset_val.prepare()

    # * * * This training schedule is an example. Update to your needs * * *
    # Since we're using a very small dataset, and starting from
    # COCO trained weights, we don't need to train too long. Also,
    # no need to train all layers, just the heads should do it.
    print("Training network heads")
    model.train(dataset_train, dataset_val,
```

```
                    learning_rate= config.LEARNING_RATE,
                    epochs= 10,
                    layers= 'heads')


def color_splash(image, mask):
    """Apply color splash effect.
    image: RGB image [height, width, 3]
    mask: instance segmentation mask [height, width, instance count]
    Returns result image.
    """
    # Make a grayscale copy of the image. The grayscale copy still
    # has 3 RGB channels, though.
    gray= skimage.color.gray2rgb(skimage.color.rgb2gray(image)) * 255
    # Copy color pixels from the original color image where mask is set
    if mask.shape[- 1] > 0:
        # We're treating all instances as one, so collapse the mask into one layer
        mask= (np.sum(mask, - 1, keepdims= True) > = 1)
        splash= np.where(mask, image, gray).astype(np.uint8)
    else:
        splash= gray.astype(np.uint8)
    return splash


def detect_and_color_splash(model, image_path= None, video_path= None):
    assert image_path or video_path

    # Image or video?
    if image_path:
        # Run model detection and generate the color splash effect
        print("Running on {}".format(args.image))
        # Read image
        image= skimage.io.imread(args.image)
        # Detect objects
        r= model.detect([image], verbose= 1)[0]
        # Color splash
        splash= color_splash(image, r['masks'])
```

```
        # Save output
        file_name= "splash_{:% Y% m% dT% H% M% S}.png".format(datetime.datetime.
now())
        skimage.io.imsave(file_name, splash)
    elif video_path:
        # import cv2
        # Video capture
        vcapture= cv2.VideoCapture(video_path)
        width= int(vcapture.get(cv2.CAP_PROP_FRAME_WIDTH))
        height= int(vcapture.get(cv2.CAP_PROP_FRAME_HEIGHT))
        fps= vcapture.get(cv2.CAP_PROP_FPS)

        # Define codec and create video writer
        file_name= "splash_{:% Y% m% dT% H% M% S}.avi".format(datetime.datetime.
now())
        vwriter= cv2.VideoWriter(file_name,
                                 cv2.VideoWriter_fourcc(* 'MJPG'),
                                 fps, (width, height))

        count= 0
        success= True
        while success:
            print("frame: ", count)
            # Read next image
            success, image= vcapture.read()
            if success:
                # OpenCV returns images as BGR, convert to RGB
                image= image[..., ::- 1]
                # Detect objects
                r= model.detect([image], verbose= 0)[0]
                # Color splash
                splash= color_splash(image, r['masks'])
                # RGB - > BGR to save image to video
                splash= splash[..., ::- 1]
                # Add image to video writer
                vwriter.write(splash)
                count + = 1
```

```
        vwriter.release()
    print("Saved to ", file_name)




        ###############################################
#   Training
        ###############################################


if __name__ == '__main__':
    import argparse


    # Parse command line arguments
    parser= argparse.ArgumentParser(
        description= 'Train Mask R-CNN to detect balloons.')
    parser.add_argument("command",
                        metavar= "< command> ",
                        help= "'train' or 'splash'")
    parser.add_argument('-- dataset', required= False,
                        metavar= "/path/to/balloon/dataset/",
                        help= 'Directory of the Balloon dataset')
    parser.add_argument('-- weights', required= True,
                        metavar= "/path/to/weights.h5",
                        help= "Path to weights .h5 file or 'coco'")
    parser.add_argument('-- logs', required= False,
                        default= DEFAULT_LOGS_DIR,
                        metavar= "/path/to/logs/",
                        help= 'Logs and checkpoints directory (default= logs/)')
    parser.add_argument('-- image', required= False,
                        metavar= "path or URL to image",
                        help= 'Image to apply the color splash effect on')
    parser.add_argument('-- video', required= False,
                        metavar= "path or URL to video",
                        help= 'Video to apply the color splash effect on')
    args= parser.parse_args()


    # Validate arguments
    if args.command = =  "train":
```

```
        assert args.dataset, "Argument -- dataset is required for training"
elif args.command = =  "splash":
        assert args.image or args.video,\
                "Provide -- image or -- video to apply color splash"


print("Weights: ", args.weights)
print("Dataset: ", args.dataset)
print("Logs: ", args.logs)


#  Configurations
if args.command = =  "train":
        config= EpuConfig()
else:
        class InferenceConfig(EpuConfig):
            #  Set batch size to 1 since we'll be running inference on
            #  one image at a time. Batch size= GPU_COUNT *  IMAGES_PER_GPU
            GPU_COUNT= 1
            IMAGES_PER_GPU= 1
        config= InferenceConfig()
config.display()


#  Create model
if args.command = =  "train":
        model= modellib.MaskRCNN(mode= "training", config= config,
                                model_dir= args.logs)
    else:
        model= modellib.MaskRCNN(mode= "inference", config= config,
                                model_dir= args.logs)


#  Select weights file to load
if args.weights.lower() = =  "coco":
        weights_path= COCO_WEIGHTS_PATH
        #  Download weights file
        if not os.path.exists(weights_path):
            utils.download_trained_weights(weights_path)
elif args.weights.lower() = =  "last":
        #  Find last trained weights
```

```python
        weights_path= model.find_last()
    elif args.weights.lower() = = "imagenet":
        # Start from ImageNet trained weights
        weights_path= model.get_imagenet_weights()
    else:
        weights_path= args.weights

    # Load weights
    print("Loading weights ", weights_path)
    if args.weights.lower() = = "coco":
        # Exclude the last layers because they require a matching
        # number of classes
        model.load_weights(weights_path, by_name= True, exclude= [
            "mrcnn_class_logits", "mrcnn_bbox_fc",
            "mrcnn_bbox", "mrcnn_mask"])
    else:
        model.load_weights(weights_path, by_name= True)

    # Train or evaluate
    if args.command = = "train":
        train(model)
    elif args.command = = "splash":
        detect_and_color_splash(model, image_path= args.image,
                                video_path= args.video)
    else:
        print("'{}' is not recognized. "
            "Use 'train' or 'splash'".format(args.command))
```

接着是 demo 文件。利用 demo 文件对测试集的图片进行测试,并对测试集中的图片进行检测,检测的结果会保存在文件夹中 result 文件夹中。

```python
# coding: utf-8

# # Mask R-CNN Demo
#
# A quick intro to using the pre-trained model to detect and segment objects.

# In[1]:
```

```python
import os
import sys
import random
import math
import numpy as np
import skimage.io
import matplotlib
import matplotlib.pyplot as plt
# from test_mask import *
# import mrcnn
import tensorflow as tf
os.environ["CUDA_VISIBLE_DEVICES"]= '0' # use GPU with ID= 0
config= tf.ConfigProto()
config.gpu_options.per_process_gpu_memory_fraction= 0.9 # maximun alloc gpu50%
of MEM
config.gpu_options.allow_growth= True # allocate dynamically
sess= tf.Session(config= config)


# Root directory of the project
# ROOT_DIR= os.path.abspath("../")
# ROOT_DIR= os.getcwd()
# sys.path.insert(0,ROOT_DIR)
# Import Mask RCNN
# sys.path.append(ROOT_DIR)  # To find local version of the library
from mrcnn import utils
# import mrcnn.model as modell
# ib
import mrcnn.model as modellib
from mrcnn import visualize
# Import COCO config
# sys.path.append(os.path.join(ROOT_DIR, "user/mask RCNN"))  # To find local ver-
sion
from epu import *


equipment = ['apple','banana','orange']
```

```
# equipment
= ['arrester','insulator','bushing','Bus','capacity','pt','ct','reactor','resis-
tor','transformer']


ROOT_DIR= os.getcwd()


dataset_val= EpuDataset()
image_ids= dataset_val.load_epu(ROOT_DIR+ "/datasets/substation/fruits","val")
dataset_val.prepare()


# get_ipython().run_line_magic('matplotlib', 'inline')


# Directory to save logs and trained model
# MODEL_DIR= os.path.join(ROOT_DIR, "user/mask RCNN/epu_logs")
MODEL_DIR= os.path.join(ROOT_DIR, "logs")
# Local path to trained weights file
# COCO_MODEL_PATH= os.path.join(ROOT_DIR, "mask RCNN/logs/epu20190719T1551/mask_
rcnn_epu_0030.h5")


EQU_MODEL_PATH= os.path.join(ROOT_DIR, "mask_rcnn_epu_0010.h5")
# Download COCO trained weights from Releases if needed
# if not os.path.exists(COCO_MODEL_PATH):
#     utils.download_trained_weights(COCO_MODEL_PATH)


# Directory of images to run detection on
# IMAGE_DIR= os.path.join(ROOT_DIR, "images")


# ## Configurations
#
# We'll be using a model trained on the MS-COCO dataset. The configurations of this
model are in the ```CocoConfig``` class in ```coco.py```.
#
# For inferencing, modify the configurations a bit to fit the task. To do so, sub-
class the ```CocoConfig``` class and override the attributes you need to change.


# In[2]:
```

```
class InferenceConfig(EpuConfig):
    # Set batch size to 1 since we'll be running inference on
    # one image at a time. Batch size= GPU_COUNT *  IMAGES_PER_GPU
    GPU_COUNT= 1
    IMAGES_PER_GPU= 1

config= InferenceConfig()
config.display()


# ##  Create Model and Load Trained Weights

# In[3]:



# Create model object in inference mode.
model= modellib.MaskRCNN(mode= "inference", model_dir= MODEL_DIR, config= config)

# Load weights trained on MS-COCO
model.load_weights(EQU_MODEL_PATH, by_name= True)

# ##  Class Names
#
# The model classifies objects and returns class IDs, which are integer value that identify each class. Some datasets assign integer values to their classes and some don't. For example, in the MS-COCO dataset, the 'person' class is 1 and 'teddy bear' is 88. The IDs are often sequential, but not always. The COCO dataset, for example, has classes associated with class IDs 70 and 72, but not 71.
#
# To improve consistency, and to support training on data from multiple sources at the same time, our ```Dataset``` class assigns it's own sequential integer IDs to each class. For example, if you load the COCO dataset using our ```Dataset``` class, the 'person' class would get class ID= 1 (just like COCO) and the 'teddy bear' class is 78 (different from COCO). Keep that in mind when mapping class IDs to class names.
#
```

```
# To get the list of class names, you'd load the dataset and then use the ```class_
names``` property like this.
# ```
# # Load COCO dataset
# dataset= coco.CocoDataset()
# dataset.load_coco(COCO_DIR, "train")
# dataset.prepare()
#
# # Print class names
# print(dataset.class_names)
# ```
#
# We don't want to require you to download the COCO dataset just to run this demo, so
we're including the list of class names below. The index of the class name in the list
represent its ID (first class is 0, second is 1, third is 2, ...etc.)


class_names= equipment
class_names.insert(0,'BG')


# ## Run Object Detection+ + + + + + + + + + + + + + + + + + + + + + + + + + + + + +
+ + + + + + + + + + + + + + + + + + + + + + + + + + + + + + + + + + + + + + + + + + +
+ + + + + + + + + + + + + + + + + + + + + + + + + + + + + + + + + + + + + + + + + + +
+ + + + + + + + + + + + + + +




APs = []
count_tmp= 0


for image_id in dataset_val.image_ids:

    image, image_meta, gt_class_id, gt_bbox, gt_mask = \
        modellib.load_image_gt(dataset_val, config,
                               image_id, use_mini_mask= False)
    # iamge_id= 10
    '''# Run RPN sub-graph
```

```
    pillar = model. keras _ model. get _ layer ( " ROI"). output    #  node to start
searching from

    #  TF 1.4 and 1.9 introduce new versions of NMS. Search for all names to support TF
1.3~ 1.10
    nms_node= model.ancestor(pillar, "ROI/rpn_non_max_suppression:0")
    if nms_node is None:
        nms_node= model.ancestor(pillar, "ROI/rpn_non_max_suppression/NonMaxSup-
pressionV2:0")
    if nms_node is None: # TF 1.9- 1.10
        nms_node= model.ancestor(pillar, "ROI/rpn_non_max_suppression/NonMaxSup-
pressionV3:0")

    rpn= model.run_graph([image], [
        ("rpn_class",
model.keras_model.get_layer("rpn_class").output),
        ("pre_nms_anchors", model.ancestor(pillar, "ROI/pre_nms_anchors:0")),
        ("refined_anchors", model.ancestor(pillar, "ROI/refined_anchors:0")),
        ("refined_anchors_clipped", model.ancestor(pillar, "ROI/refined_anchors_
clipped:0")),
        ("post_nms_anchor_ix", nms_node),
        ("proposals", model.keras_model.get_layer("ROI").output),])'''
    # Show top anchors by score (before refinement)
    '''limit= 100
    sorted_anchor_ids= np.argsort(rpn['rpn_class'][:,:,1].flatten())[::- 1]
    visualize.draw_boxes_and_save(image, boxes= model.anchors[sorted_anchor_ids
[:limit]], ax= get_ax(), path= ROOT_DIR+ "/results/test_new2/"+ str(image_id) )'
''

    # Show refined anchors after non-max suppression

    if len(gt_class_id) = = 0:
      continue
    r= model.detect([image], verbose= 0)[0]

    print(image_ids[image_id])
    print(r['class_ids'])
```

```
    print(r['rois'])
    print(r['scores'])


    detection= np.hstack((r['rois']/config.IMAGE_SHAPE[0],r['class_ids'].reshape
((- 1,1)),r['scores'].reshape((- 1,1)),r['probs']))
    visualize.display_instances_and_save(image, r['rois'], 0, r['class_ids'],
class_names, ROOT_DIR+ "\\results\\test_new\\"+ str(image_id), r['scores'],show_
mask= False)
    # visualize.display_instances(image, gt_bbox, gt_mask, gt_class_id, class_
names, ROOT_DIR+ "/results/test_new1/"+ str(image_id))
    if len(r['class_ids']) = = 0:
        APs.append(0)
        continue
    AP, precisions, recalls, overlaps= utils.compute_ap_for_bboxes(gt_bbox, gt_
class_id,
                r['rois'], r['class_ids'], r['scores'],
                iou_threshold= 0.5)


    if AP> 0:
        APs.append(AP)
        print(AP)
print("mAP: ", np.mean(APs))
```

参考文献

[1] Rumelhart D E, Hinton G E, Williams R J. Learning internal representations by error propagation [J]. Nature, 1986, 323(99):533 – 536.

[2] Deng J, Dong W, Socher R, et al. Imagenet: A large - scale hierarchical image database [C]. Miami, FL, USA: In IEEE Int'l Conf. Computer Vision and Pattern Recognition, 2009.

[3] Krizhevsky A, Sutskever L, Hinton G E. Imagenet classification with deep convolutional neural networks [C]. Lake Tahoe: In Proc. Neural Information Processing Systems, 2012.

[4] Huang G B, Ramesh M, Berg T, et al. Labeled faces in the wild: A database for studying face recognition in unconstrained environments [K]. Technical report, Amherst: University of Massachusetts, 2007.

[5] Kumar N, Berg A C, Belhumeur P N, et al. Attribute and simile classifiers for face verification [C]. Kyoto, Japan: In IEEE Int'l Conf. Computer Vision, 2009.

[6] Turk M, Pentland A. Eigenfaces for recognition [J]. Journal of Cognitive Neuroscience, 1991, 3(1):71 – 86.

[7] Chen D, Cao X, Wen F, et al. Blessing of dimensionality: High dimensional feature and its efficient compression for face verification [C]. Portland OR, USA: In Proc. IEEE Int'l Conf. Computer Vision and Pattern Recognition, 2013.

[8] Sun Y, Wang X, Tang X. Deeply learned face representations are sparse, selective, and robust [J/OL]. arXiv:1412.1265, 2014.

[9] LeCun Y, Bottou L, Bengio Y, et al. Gradient - based learning applied to document recognition [J]. Proceedings of the IEEE, 1998, 86:2278 – 2324.

[10] Girshick R, Donahue J, Darrell T, et al. Rich feature hierarchies for accurate object detection and semantic segmentation [C]. Columbus, OH, USA: In Proc. IEEE Int'l Conf. Computer Vision and Pattern Recognition, 2014.

[11] Luo P, Wang X, Tang X. Hierarchical face parsing via deep learning [C]. Providence, RI, USA: In Proc. IEEE Int'l Conf. Computer Vision and Pattern Recognition, 2012.

[12] Luo P, Wang X, Tang X. Pedestrian parsing via deep decompositional network [C]. Sydney, NSW, Australia: In Proc. IEEE Int'l Conf. Computer Vision, 2013.

[13] Sun Y, Wang X, Tang X. Deep convolutional network cascade for facial point detection [C]. Portland, OK, USA: In Proc. IEEE Int'l Conf. Computer Vision and Pattern Recognition, 2013.

[14] Toshev A, Szegedy C. Deeppose: Human pose estimation via deep neural networks [C]. Columbus, OH, USA: In Proc. IEEE Int'l Conf. Computer Vision and Pattern Recogni-

tion, 2014.

[15] Ouyang W, Wang X. Joint deep learning for pedestrian detection [C]. Sydney, NSW, Australia: In Proc. IEEE Int'l Conf. Computer Vision, 2013.

[16] Ouyang W, Luo P, Zeng X, et al. Deepidnet: multi - stage and deformable deep convolutional neural networks for object detection [J/OL]. arXiv:1409.3505, 2014.

[17] Clarifai. The world's leading computer vision platform[EB/OL]. [2024 - 07 - 02]http://www.clarifai.com/.

[18] Szegedy C, Liu W, Jia Y, et al. Going deeper with convolutions [J/OL]. arXiv:1409.4842, 2014.

[19] Razavian A S, Azizpour H, Sullivan J, et al. CNN features off - the - shelf: an astounding baseline for recognition [J/OL]. arXiv:1403.6382, 2014.

[20] Gong Y, Wang L, Guo R, et al. Multi - scale orderless pooling of deep convolutional activation features [J/OL]. arXiv:1403.1840, 2014.

[21] Sun Y, Wang X, Tang X. Hybrid deep learning for computing face similarities [C]. Sydney, NSW, Australia: In Proc. IEEE Int'l Conf. Computer Vision, 2013.

[22] Sun Y, Wang X, Tang X. Deep learning face representation from predicting 10,000classes [C]. Columbus, OH, UAS: In Proc. IEEE Int'l Conf. Computer Vision and Pattern Recognition, 2014.

[23] Taigman Y, Yang M, Ranzato M, et al. Deepface: Closing the gap to human level performance in face verification [C]. Columbus, OH, USA: In Proc. IEEE Int'l Conf. Computer Vision and Pattern Recognition, 2014.

[24] Sun Y, Wang X, Tang X. Deep learning face representation by joint identification verification [J]. Montreal Canada: In Proc. Neural Information Processing Systems, 2014.

[25] Sun Y, Wang X, Tang X. Deeplylearned face representations are sparse, selective, and robust [J/OL]. arXiv:1412.1265, 2014.

[26] Sermanet P, Eigen D, Zhang X, et al. Overfeat:Integrated recognition, localization and detection using convolutional networks [C]. Banff, AB, Canada: In Proc. Int'l Conf. Learning Representations, 2014.

[27] Ouyang W, Luo P, Zeng X, et al. Deepidnet: multi - stage and deformable deep convolutional neural networks for object detection [J/OL]. arXiv:1409.3505, 2014.

[28] Lin M, Chen Q, Yan S. Network innetwork [J/OL]. arXiv:1312.4400v3, 2013.

[29] Simonyan K, Zisserman A. Very deepconvolutional networks for large - scale image recognition [J/OL]. arXiv:1409.1556, 2014, 2014.

[30] He K, Zhang X, Ren S, et al. Spatial pyramid pooling in deep convolutional networks for visual recognition. arXiv:1406.4729, 2014.

[31] Uijlings J R R, Van de Sande K E A, Gevers T, et al. Selective search for object recognition [J]. International Journal of Computer Vision, 2013, 104:154 - 171.

[32] Dollar P, Wojek C, Schiele B, et al. Pedestrian detection: A benchmark [C]. Miami, FL, USA: In Proc. IEEE Int'l Conf. Computer Vision and Pattern Recognition, 2009.

[33] Felzenszwalb P, Grishick R B, McAllister D, et al. Object detection with discriminatively trained part based models [J]. IEEE Trans. PAMI, 2010, 32:1627 - 1645.

[34] Tian Y, Luo P, Wang X, et al. Pedestrian Detection aided by Deep Learning Semantic

Tasks［J/OL］. arXiv 2014.

［35］ Zeng X, Ouyang W, et al. Multistage contextual deep learning for pedestrian detection ［C］. Sydney, NSW, Australia: In Proc. IEEE Int'l Conf. Computer Vision, 2013.

［36］ Luo P, Tian Y, Wang X, et al. Switchable deep network for pedestrian detection ［C］. Columbus, OH, USA: In Proc. IEEE Int'l Conf. Computer Vision and Pattern Recognition, 2014.

［37］ Zeng X, Ouyang W, et al. Deep learning of scene - specific classifier for pedestrian detection ［C］. Zurich, Switzerland: In Proc. European Conf. Computer Vision, 2014.

［38］ Ji S, Xu W, Yang M, et al. 3d convolutional neural networks for human action recognition ［J］. IEEE Trans. on Pattern Analysis and Machine Intelligence, 35（1）: 221 - 231,2013.

［39］ Simonyan K, Zisserman A. Two - Stream Convolutional Networks for Action Recognition in Videos. arXiv:1406. 2199,2014.

［40］ Yan X, Chang H, Shan S, et al, Modeling Video Dynamics with Deep Dynencoder ［C］. Amsterdam. Thte Netherland: In Proc. European Conf. Computer Vision, 2015.

［41］ Donahue J, Hendricks L A, Guadarrama S, et al. Long - term recurrent convolutional networks for visual recognition and description ［J/OL］. arXiv:1411. 4389,2014.

［42］ Karpathy A, Toderici G, Shetty S, et al. Large - scale video classification with convolutional neural networks ［C］. Columbus, OH, USA: In Proc. IEEE Int'l Conf. Computer Vision and Pattern Recognition, 2014.

［43］ Bruna J, Mallat S. Invariant scattering convolution networks ［J］. IEEE Trans. on Pattern Analysis and Machine Intelligence,2013,35(8):1872 - 1886.

［44］ Sawada J, Kusumoto K, Munakata T. A mobile robot for inspection of power transmission lines ［J］ IEEE Transactions on Power Delivery, 1991,1(6):309 - 315

［45］ Pinto J K C, Masuda M, Magrini L C, et al. Mobile robot for hot spot monitoring in electric power substation ［C］. Chicago, IL: IEEE Transmission and Distribution Conference and Exposition, 2008:1 - 5.

［46］ Debenest P, Guarnieri M, Takita K, et al. Expliner-robot for inspection of transmission lines ［C］. Pasadena, CA, USA: IEEE International Conference on Robotics and Automation,2008.

［47］ Barrientos A, Del Cerr J, Aguirre I. Development of a low cost autonomous mini helicopter for power lines inspections ［J］. IEEE the International Society for Optical Engineering, 2001,4195:1 - 7.

［48］ Wang B, Han L, Zhang H, et al. A flying robotic system for power line corridor inspection ［C］. Guilin, China: IEEE International Conference on Robotics and Biomimetics, 2009a:2468 - 2473.

［49］ Guo R., Li B, Sun Y, et al. Omni-directional vision for robot navigation in substation environments ［C］. Guiling, China: IEEE International Conference on Robotics and Biomimetics, 2009a:1272 - 1275.

［50］ Guo R, Li B, Sun Y, et al. A patrol robot for electric power substation ［C］. Changchun, China: IEEE International Conference on Robotics and Biomimetics, 2009b:55 - 59.

［51］ 杨炼. 架空输电线图像的断股诊断方法研究[D]. 武汉:武汉科技大学,2013.

［52］田野，孙凤杰．基于遗传微粒群算法的输电线路图像分割［J］．广西电业，2010,15（121）:88－90.

［53］郝艳捧，刘国特，薛艺为，等．输电线路覆冰厚度的小波分析图像识别［J］．高电压技术，2014,40(2):368－373.

［54］张烨，黄新波，周柯宏．基于图像处理的输电线路线下树木检测算法研究［J］．广东电力，2013,26(9):26－31.

［55］赵振兵，王乐．一种航拍绝缘子串图像自动定位方法［J］．仪器仪表学报，2014,35(3):558－565.

［56］张少平，杨忠，黄宵宁，等．基于特征检测的航拍图像电力线提取方法［J］．应用科技，2012,39(5):36－39.

［57］Yan G, Li C, Zhou G, et al. Automatic extraction of power lines from aerial images［J］. IEEE Geoscience and Remote Sensing Letters, 2007,4(3):387－391.

［58］赵振兵，王琴，高强．采用改进相位一致性检测方法的电力线图像分析及其提取［J］．高电压技术，2011,37(8):2004－2009.

［59］王亚萍，韩军，陈舫明，等．可见光图像中的高压线缺陷自动诊断方法［J］．计算机工程与应用，2011,47(12):180－184.

［60］李卫国，叶高生，黄锋，等．基于改进 MPEG－7 纹理特征的绝缘子图像识别［J］．高压电器，2010,46(10):65－68.

［61］Khalayli L, Al Sagban H, Shoman H, et al. Automatic inspection of outdoor insulators using image processing and intelligent techniques［C］. IEEE Electrical Insulation Conference, 2013:206－209.

［62］姚建刚，关石磊，陆佳政，等．相对温度分布特征与人工神经网络相结合的零值绝缘子识别方法［J］．电网技术，2012,36(2):170－175.

［63］Wu Q, An J. An active contour model based on texture distribution for extracting inhomogeneous insulators from aerial images［J］. IEEE Transactions on Geoscience and Remote Sensing, 2014,52(6):3613－3626.

［64］孙凤杰，赵孟丹，刘威，等．基于方向场的输电线路间隔棒匹配定位算法［J］．中国电机工程学报，2014,34(1):206－213.

［65］牛姣蕾，林世忠，陈国强．图像融合与拼接算法在无人机电力巡检系统中的应用［J］．电光与控制，2014,21(3):89－91.

［66］俞培祥，吴忠，林钧，等．一种高效的电力图像在线监测算法［J］．华东电力，2013,41(9):1985－1986.

［67］黄新波，张晓霞，李立涅，等．采用图像处理技术的输电线路导线弧垂测量［J］．高电压技术，2011,37(8):1961－1966.

［68］张成，盛戈皞，江秀臣，等．基于图像处理技术的绝缘子覆冰自动识别［J］．华东电力，2009,37(1):146－149.

［69］Reddy M J B, Chandra B K, Mohanta D K. A DOST based approach for the condition monitoring of 11 kV distribution line insulators［J］. IEEE Transactions on Dielectrics and Electrical Insulation, 2011,18(2):588－595.

［70］Murthy V S, Gupta S, Mohanta D K. Digital image processing approach using combined wavelet hidden Markov model for well-being analysis of insulators［J］. IET Image Processing, 2011,5(2):171－183.